企业高技能人才职业培训系列教材

智能楼宇管理师（城轨车站）（二级）

ZHINENG LOUYU GUANLISHI (CHENGGUI CHEZHAN)

主　编　王晓刚
副主编　严如珏
编　者　（按章节编写顺序排序）
杨玉娟　陈　治　夏伟俭　刘　悦　施　巍　张　洁　钦臻文
孙承洁
主　审　高国荣
审　稿　牟振英　翟　鸣　赵　健　时　金　高　飞

中国劳动社会保障出版社

图书在版编目（CIP）数据

智能楼宇管理师．城轨车站：二级 / 人力资源社会保障部教材办公室等组织编写．-- 北京：中国劳动社会保障出版社，2022

企业高技能人才职业培训系列教材

ISBN 978-7-5167-4525-0

Ⅰ．①智…　Ⅱ．①人…　Ⅲ．①智能化建筑－管理－职业培训－教材②城市铁路－铁路车站－管理－职业培训－教材　Ⅳ．①TU855

中国版本图书馆 CIP 数据核字（2022）第 187522 号

中国劳动社会保障出版社出版发行

（北京市惠新东街 1 号　邮政编码：100029）

*

三河市华骏印务包装有限公司印刷装订　　新华书店经销

787 毫米 ×1092 毫米　16 开本　25.75 印张　427 千字

2022 年 12 月第 1 版　　2022 年 12 月第 1 次印刷

定价：58.00 元

营销中心电话：400-606-6496

出版社网址：http://www.class.com.cn

内容简介

本教材由人力资源社会保障部教材办公室、中国就业培训技术指导中心上海分中心、上海市职业技能鉴定中心、上海申通地铁集团有限公司轨道交通培训中心依据智能楼宇管理师（城轨车站）（二级）职业技能鉴定细目组织编写。教材从强化培养操作技能、掌握实用技术的角度出发，较好地体现了当前最新的实用知识与操作技术，对于提高从业人员基本素质，掌握智能楼宇管理师（城轨车站）（二级）的核心知识与技能有直接的帮助和指导作用。

本教材既注重理论知识的掌握，又突出操作技能的培养，实现了培训教育与职业技能等级认定的有效对接，形成一套完整的智能楼宇管理师（城轨车站）培训体系。本教材内容共分为13章，包括低压配电系统、BIM系统、火灾报警系统、机电设备监控系统、维护支持系统、门禁系统、环控系统、固定灭火系统、给排水系统、电梯与自动扶梯系统、站台门系统、项目管理、综合素质。

本教材可作为智能楼宇管理师（城轨车站）（二级）职业技能培训与等级认定教材，也可供本职业从业人员培训使用，全国中、高等职业技术院校相关专业师生也可以参考使用。

前言

企业技能人才是我国人才队伍的重要组成部分，是推动经济社会发展的重要力量。加强企业技能人才队伍建设，是增强企业核心竞争力、推动产业转型升级和提升企业创新能力的内在要求，是加快经济发展方式转变、促进产业结构调整的有效手段，是劳动者实现素质就业、稳定就业、体面就业的重要途径，也是深入实施人才强国战略和科教兴国战略、建设人力资源强国的重要内容。

国务院办公厅在《关于加强企业技能人才队伍建设的意见》中指出，当前和今后一个时期，企业技能人才队伍建设的主要任务是：充分发挥企业主体作用，健全企业职工培训制度，完善企业技能人才培养、评价和激励的政策措施，建设技能精湛、素质优良、结构合理的企业技能人才队伍，在企业中初步形成初级、中级、高级技能劳动者队伍梯次发展和比例结构基本合理的格局，使技能人才规模、结构、素质更好地满足产业结构优化升级和企业发展需求。

高技能人才是企业技术工人队伍的核心骨干和优秀代表，在加快产业优化升级、推动技术创新和科技成果转化等方面具有不可替代的重要作用。为促进高技能人才培训、评价、使用、激励等各项工作的开展，上海市人力资源和社会保障局在推进企业高技能人才培训资源优化配置、完善高技能人才考核评价体系等方面做了积极的探索和尝试，积累了丰富而宝贵的经验。企业高技能人才培养的主要目标是三级（高级）、二级（技师）、一级（高级技师）等，考虑到企业高技能人才培养的实际情况，除一部分在岗培养并已达到高技能人才水平外，还有较大一批人员需要从基础技能水平培养起。为此，上海市将企业特有职业的五级（初级）、四级（中级）作为高技能人才培养的基础阶段一并列入企业高技能人才培养评价工作的总体框架内，以此进一步加大企业高技能人才培养工作力度，提高企业高技能人才培养效果，更好地实现高技能人才培养的总体目标。

为配合上海市企业高技能人才培养评价工作的开展，人力资源社会保障部教材办公室、中国就业培训技术指导中心上海分中心、上海市职业技能鉴定中心联合组织有关行业和企业的专家、技术人员，共同编写了企业高技能人才职业培训系列教材。本教材是系列教材中的一种，由上海申通地铁集团有限公司轨道交通培训中心负责具体编写工作。

企业高技能人才职业培训系列教材聘请上海市相关行业和企业的专家参与教材编审工作，以“能力本位”为指导思想，以先进性、实用性、适用性为编写原则，内容涵盖该职业的职业功能、工作内容的技能要求和专业知识要求，并结合企业生产和技能人才培养的实际需求，充分反映了当前从事职业活动所需要的核心知识与技能。教材可为全国其他省、自治区、直辖市开展企业高技能人才培养工作，以及相关职业培训和鉴定考核提供借鉴或参考。

新教材的编写是一项探索性工作，由于时间紧迫，不足之处在所难免，欢迎各使用单位及个人对教材提出宝贵意见和建议，以便教材修订时补充更正。

企业高技能人才职业培训系列教材

编审委员会

目录

第1章 低压配电系统

第2章 BIM系统

第 4 章　机电设备监控系统　PAGE 49

第 5 章　维护支持系统　PAGE 85

第8章 固定灭火系统

第 10 章　电梯与自动扶梯系统　PAGE 247

第 11 章 站台门系统 PAGE 275

第1章

低压配电系统

学习目标

- ✔ 了解交流变频调速系统
- ✔ 了解城市轨道交通低压配电系统运行与管理
- ✔ 了解PLC应用

知识要求

1.1 交流变频调速系统

交流变频调速技术是现代电力传动技术的重要发展方向。随着电力电子技术的发展，交流变频调速技术从理论到实践逐渐走向成熟。交流变频调速已逐渐取代过去的传统滑差调速、变极调速、直流调速等，越来越广泛地应用于城市轨道交通低压配电系统中。

1.1.1 交流变频调速系统的构成

交流变频调速系统一般由整流电路、滤波电路、控制电路和逆变电路四部分构成。

1. 整流电路

整流电路是将交流电转换成直流电的电路。整流电路一般为一个单独的整流模块。

2. 滤波电路

滤波电路在整流电路之后。整流后的直流电中一般含有高于电源 6 倍频率的脉冲电压，此外逆变器产生的脉冲电流也使直流电压变动。为了抑制电压波动，可采用电感和电容组成的滤波电路来吸收脉冲电压（电流）。一般通用型交流变频器电源的直流部分对主电路而言有余量，因此省去电感而采用简单电容滤波电路。

3. 控制电路

现在的交流变频器基本采用 16 位单片机、32 位单片机或 DSP（数字信号处理器）

为控制核心，从而实现全数字化控制。提供控制信号的回路称为控制电路。控制电路由以下电路构成：频率、电压的“运算电路”，主电路的“电压、电流检测电路”，电动机的“速度检测电路”。运算电路的控制信号送至驱动电路及逆变器和电动机的保护电路。交流变频器采取的控制方式为速度控制、转矩控制，以及 PID（比例、积分、微分）控制等。

4. 逆变电路

逆变电路的作用同整流电路的作用相反。逆变电路是将直流电转换为所需频率的交流电的电路，以在确定的时间使上桥、下桥的功率开关器件导通和关断，从而可以在输出端 U、V、W 三相上得到相位互差 120° 的三相交流电压。

1.1.2 交流变频调速系统的优点

交流变频调速系统之所以能广泛用于交流电机的调速中，主要是因为其具备以下优点。

1. 交流变频调速系统调速平滑。
2. 交流变频调速系统调速范围较大。
3. 交流变频调速系统调速效率高，能量损失较小。
4. 交流变频调速系统启动电流小。
5. 交流变频调速系统运行平稳。
6. 交流变频调速系统节能效果明显。

1.1.3 交流变频调速系统的应用

目前，交流变频调速系统的应用领域主要有三个：一般性能调速和节能调速，高性能的交流调速系统和伺服系统，特大容量、极高转速的交流调速。下面主要介绍普通异步电动机的变频运行。

1. 变频运行对普通异步电动机的影响

由于供电系统中的电压除有基波外，还不可避免地含有高次谐波分量，以及电动机运行速度范围扩大，普通异步电动机在用交流变频器进行调速时存在以下问题。

（1）电动机效率问题。变频调速虽然使综合效率提高，但是也会使电动机效率有所下降。无论哪种形式的交流变频器都会在运行中产生不同程度的谐波电压和电流，使电动机在非正弦电压、电流下运行，高次谐波会引起电动机定子铜耗、转子铜耗、铁耗及附加损耗加剧，其中最为显著的是转子铜耗。因为异步电动机是以接近基波频率所对应的同步转速旋转的，所以高次谐波电压以较大的转差切割转子导条后，便会产生很大的转子铜耗。除此之外，趋肤效应也会产生附加铜耗。这些损耗都会使电动机的效率变差。

（2）电动机温升问题。交流变频器产生的高次谐波会使电动机产生额外热量。

（3）电动机绝缘强度问题。普通异步电动机用交流变频器调速时，交流变频器载波频率为几千到几万赫兹，这就使得电动机定子绕组要承受很高的电压上升率，相当于对电动机施加巨大的冲击电压，使电动机的匝间绝缘承受较大的考验。

（4）电动机轴承强度问题。变频供电时，产生的轴电压和轴电流会对电动机轴承产生作用，缩短轴承使用寿命。普通异步电动机高频率运转时，电动机轴承受力增大，也对轴承强度形成考验。

（5）谐波电磁噪声与振动问题。

尽管存在以上问题，但采用交流变频器供电后，普通异步电动机可以在很低的频率和电压下以无冲击电流的方式启动，并可利用交流变频器所提供的各种制动方式进行快速制动。

2. 普通异步电动机在变频运行时的注意事项

（1）尽量采用绝缘等级高的电动机。绝缘等级越高，电动机绝缘强度越高，允许的工作温度越高，因交流变频器调速产生的温升、绝缘问题的影响越小。

（2）尽量选用强度高、质量好的轴承，并选用专用润滑脂。加强轴承的电气绝缘，或将电动机轴通过电刷接地，或设法隔断轴电流的回路，如采用陶瓷滚子轴承或实现轴承室绝缘，以减小轴电流对电动机轴承的影响。

（3）普通异步电动机在变频状态下工作，频率调整不要过于频繁，应根据电动机极对数，在适当的频率范围内进行频率调整：2 极为 20 ~ 65 Hz，4 极为 25 ~ 75 Hz，6 极为 30 ~ 85 Hz，8 极为 35 ~ 100 Hz。

1.1.4 PLC 应用

PLC（可编程逻辑控制器）是专为工业生产设计的一种数字运算操作电子装置，是工业控制的核心部分。它采用一类可编程的存储器用于其内部程序存储，执行逻辑运算、顺序控制、定时、计数、算术操作等面向用户的指令，并通过数字或模拟输入 / 输出控制各种类型的机械或生产过程。可编程逻辑控制器及其有关设备应按易于与工业控制系统形成一个整体、易于扩充功能的原则设计。

目前低压配电系统存在监控和管理不便、成本较高、控制复杂等问题。采用 PLC

控制技术，通过检测接触器及各种开关的状态来进行自动控制，再结合计算机及互联网技术，配合组态监控软件，使低压配电系统能够实时监控现场工作过程，从而实现智能化、可视化管理，为低压配电系统的遥控、遥测、遥信提供了可靠平台。结果表明，智能型低压配电监控系统具有人机界面友好、控制方便、过程直观等特点，有效地提高了系统的自动化水平和可靠性，方便了系统的信息化管理，合理地利用了计算机的软、硬件资源，提高了工作效率。

1.2　城市轨道交通低压配电系统运行与管理

城市轨道交通低压配电系统由降压变电站 400 V 配电柜或车站 400 V 环控电控室配电柜及相应的控制保护设备组成。车站低压配电系统由三部分组成，分别是电源、输电线路和负载。这三部分分别对应车站低压配电室配电柜、低压电缆线路和设备配电箱。车站低压配电系统采用 380 V 三相五线制、220 V 单相三线制方式为车站的多种机电设备供电。车站低压配电系统的供电范围包括车站的站台、站厅、设备用房和管理用房。

1.2.1　配电基础

1. 配电方式

根据国家标准《地铁设计规范》（GB 50157—2013）的要求，城市轨道交通用电负荷分为三级，用电负荷级别不同，其供电方式也不同。

Ⅰ类负荷由两路独立的电源供电，且采用末端切换。Ⅰ类负荷包括防排烟风机、车站废水泵、消防泵、防淹门、通信系统、信号系统、防灾报警系统、自动售检票系统、车站控制室（简称车控室）、屏蔽门（即站台门）、应急照明（含疏散指示照明）等，以及区间的风机和水泵。

Ⅱ类负荷由一路电源供电，当这路电源发生故障时，由变电站低压柜上的母线联络开关进行电源切换，保证供电。Ⅱ类负荷包括自动扶梯、电梯、普通风机、污水泵、一般照明系统、管理用房及设备用房照明等。

Ⅲ类负荷采用单电源供电。Ⅲ类负荷包括冷水机组及其配套的冷冻泵、冷却泵、冷却塔，茶水间热水器，维修电源等。

2. 配电设备运行方式

（1）正常运行方式。环控电控室（含现场环控电控柜）400 V 母线均采用双电源单母线分段运行方式，即环控电控室受电柜一路运行，另一路备用。

（2）非正常运行方式。环控电控室（含现场环控电控柜）400 V 一路进线失电时，另一路进线电源自动投入，由单电源供电。

3. 配电要求

每座车站各有一间 400 V 开关柜室、控制室，布置在站台层两端中任意一端，负责整个车站及区间的负荷。

每座车站一般有两间环控电控室，布置在站厅层两端，每间负责半个车站的环控负荷用电。

每座车站有一间蓄电池室，一般布置在站台层，负责车站断电后的应急供电。

1.2.2 供电范围

低压配电系统的供电范围具体如下。

1. 车站、停车场、车辆段、控制中心、主变电站中现场配电控制设备，具体包括各类水泵、FAS（火灾报警系统）、EMCS（机电设备监控系统）、AFC（自动售检票）系统、电梯、动力照明等的配电箱。

2. 车站和区间的照明灯具、插座等。

3. 环控电控室（含现场环控电控柜）中的进线配电柜、馈线柜、补偿柜、风阀柜、风机软启动柜、风机变频柜、水泵电源控制柜等。

4. 低压配电控制箱及环控电控柜的基本组成如断路器（自动空气开关、开关小车）、漏电开关、低压熔断器、软启动器、变频器、母线、互感器、接触器、继电器、PLC、指示仪表等。

1.2.3 操作维护要求

1. 维护单位应根据照明系统维护规程，制订维护作业计划，并建立设备维护档案，所有维护信息均应记录在相应档案中。

2. 维护单位应定期维护照明控制设备，进行照明线路绝缘检测等，更换失效灯具时应保持光源色温一致。

3. 维护单位应建立基础资料档案管理制度，基础资料档案包括竣工资料、测试资料、技术说明书、设备台账、操作手册、维修与保养手册等。

4. 作业人员应穿戴防护衣等防护用品。

5. 作业完毕后，应做到“工完料清、场地清”。

6. 作业人员应持有特种作业操作证。

1.2.4 管理制度

1. 运营维护单位应建立针对照明系统的安全风险管控机制、安全管理办法和应急预案。

2. 运营维护单位在开展维护工作时应采取保障运营安全和人员安全的措施。

3. 进入环控电控室内进行施工或维护作业的人员必须具有公司设施部及公司生产调度部门出具的相关证明，并且需具备相关资质。相关外来人员进入环控电控室工作前，必须至车控室按相关要求进行登记，经车控室值班人员同意后方可入室操作，并在机房内的出入登记本上进行登记。未经允许不得有外来人员入内。

4. 进入环控电控室的人员必须严格遵守相关设备操作维修规程，正确使用和维护各类设备，严禁违章作业。进入环控电控室的设备维护人员作业时必须穿戴必要的防护用品，并配备防护设备。

5. 进入环控电控室的人员在施工、维护作业完毕后，必须确认相关设备的工作状态，保证设备运行正常，并做到“工完料清、场地清”。环控电控室内严禁设备过载运行，以防止发生事故。

6. 环控电控室内各类移动电器使用必须遵守相关管理规定，严禁违规操作。环控电控室室内卫生由环控电控室内设备主体委外单位负责（定期清扫），确保设备、地面、墙面以及机房门体、门框无污垢，建筑结构及设备管道无渗漏，地面无积水，保持机房整洁。环控电控室内工器具等维修物品应放置在规定区域。

7. 环控电控室内严禁吸烟，不得存放有害环境的物品。不得在环控电控室内从事与工作无关的活动。

8. 交接规定。交接班制度是上、下两班之间交接车站设备运行情况，保证车站运行连续性的一项重要制度。交接班必须在交接人员到齐后进行。有接班人员未到时，交班人员应坚守工作岗位。迟到人员到站后应先办理交接班手续，再将迟到原因记录于工作记录本中。

9. 低压配电设备交接使用要求。交班人员在交班前必须检查低压配电设备是否运行正常，是否完整无缺。交班人员在交班前必须核对本班低压配电设备的工作记录、巡回检查记录、设备缺陷处理情况、故障处理情况等，必要时对要交接的内容列出书面提纲，以保证在向接班人员口述时不会遗漏。交接班时，由交班人员介绍本班低压配电设备运行情况及其他必须交接的事宜，接班人员仔细听取介绍，然后交接班人员共同确认设备状态，双方确认无误后，交接班才算结束。

10. 对于影响安全运行的重大设备缺陷、已检修变动过的设备情况，必须由交接班人员共同到现场进行交接，交班人员必须交代相关临时措施和处理意见。交接双方确认无遗留问题后，均应在值班交接记录本上做好交接班记录。交接班中如有疑问，双方必须沟通明确。交班人员必须做到看清、查清、点清、讲清，接班人员必须做到看清、查清、点清、听清、问清。

1.3 相关实训项目

1.3.1 车站 MNS 柜改造施工

1. 实训目的

（1）使学员能够制订施工方案。

（2）使学员能够根据施工方案拆除车站 MNS 柜（一种低压抽出式开关柜）电源接线。

（3）使学员能够更换车站 MNS 柜故障配件。

（4）使学员能够恢复车站 MNS 柜。

2. 实训设备及工具

（1）车站 MNS 柜。

（2）车站 MNS 柜接线图。

3. 实训内容

（1）实训要求

1）正确制订施工方案。

2）正确拆除车站 MNS 柜电源接线。

3）在规定时间内正确更换车站 MNS 柜故障配件。

4）正确安装车站 MNS 柜电源接线。

5）过程中没有出现违规操作。

（2）操作方法和步骤

1）施工前的现场排摸。项目负责人必须在车站 MNS 柜改造施工之前对施工现场进行踏勘，踏勘的注意事项如下。

①踏勘时，要对卷帘门损坏程度进行了解，对施工所需时间、施工难度进行估算，根据现场情况制订施工方案。

②踏勘时，要了解车站在该项施工中的相关配合工作有哪些。

2）施工前的准备工作

①制订施工方案，明确施工进度、施工保护措施，以及在夜间卷帘门无法关闭情况下的车站安全工作。

②施工方案编制完成后，联系车站等相关部门进行施工交底。

③施工过程中需要临时用电的，事先办理临时用电审批单。

④施工过程中需要动火的，必须事先办理动火证。

⑤安排施工现场联系人，以便在施工过程中相互联系、相互协助。

⑥施工负责人在施工前需联系公司安全部门，组织学习城市轨道交通车站相关安全规范，进行注意事项的培训工作。

⑦签订安全协议。

⑧到相关部门办理施工手续。

3）施工过程中的相关事项

①施工负责人在施工前需联系车站，向车站进行报备。车站张贴告示牌。施工前，现场负责人需对施工人员进行安全交底，陈述施工内容、施工任务、施工难度、安全注意事项等。

②施工负责人在施工前到车控室进行施工登记，对车站值班员陈述施工内容、施工任务、施工中所涉及的相关设备，车站值班员必须向施工负责人交代车站安全注意事项。若施工过程中需动火，现场负责人需事先出示公司安全部门出具的动火审批表、动火人操作证、动火人身份证、施工监护人员的监护证明，四证齐全后才能动火施工。

③施工现场需做好安全保障措施。施工现场应无可燃物、易燃物、助燃物，应配备灭火器、防爆毯等安全设备，应安排专职人员进行监护。施工临时用电需符合临时用电审批单中的相关内容，应使用带漏电保护的设备，临时用电的设备功率、数量不得超出临时用电审批单规定的范围。施工结束需按时恢复车站 MNS 柜运行。对于当日不能完全结束的施工，需做好临时安全措施，按施工前制订的方案执行。

4）施工步骤

①正确拆除车站 MNS 柜电源接线。

②正确更换车站 MNS 柜故障配件。

a. 拆开车站 MNS 柜外壳。

b. 拆下车站 MNS 柜故障配件。

c. 安装车站 MNS 柜配件。

③确定车站 MNS 柜配件安装正确、具备上电条件后，安装车站 MNS 柜电源接线。

5）施工收尾的注意事项

①需对施工现场组织清扫，要求“工完料清、场地清”，不遗留施工垃圾。

②施工负责人要对动用过的相关设备进行复位，对设备进行操作演示，向车站值班员证明设备完好，并进行注销登记。

1.3.2　轨道交通 PLC 人机界面应用（水泵启动）

1. 实训目的

（1）使学员能够配置输入 / 输出端口。

（2）使学员能够画出流程图。

（3）使学员能够编制语句表或梯形图。

（4）使学员能够使用软件输入指令。

（5）使学员能够调试设备。

2. 实训设备及工具

（1）装有 FX2N-MR，带有模拟输入开关（按钮）和输出指示灯，且装有人机界面触摸屏的考核箱。

（2）装有三菱编程软件（SWOPC-FXGP/WIN-C）的计算机。

3. 实训内容

（1）实训要求

1）输入 / 输出端口配置符合调试要求。

2）流程图符合设备动作顺序。

3）语句表或梯形图与流程图一致。

4）在计算机中找到正确软件并打开。

5）在软件中输入编制的语句表或梯形图。

6）按照考核要求调试设备。

（2）操作方法和步骤

1）配置输入 / 输出端口，见表 1-1 和表 1-2。

表 1–1　　输入端口配置

输入设备	输入端口编号	接考核箱对应端口
单号运行开关（按钮）	X0	触摸屏按键
双号运行开关（按钮）	X1	触摸屏按键
全部停止开关（按钮）	X2	触摸屏按键

表 1–2　　输出端口配置

输出设备	输出端口编号	接考核箱对应端口
一号泵	Y0	触摸屏显示
二号泵	Y1	触摸屏显示
三号泵	Y2	触摸屏显示
四号泵	Y3	触摸屏显示
五号泵	Y4	触摸屏显示
六号泵	Y5	触摸屏显示

2）画出流程图，如图 1–1 所示。

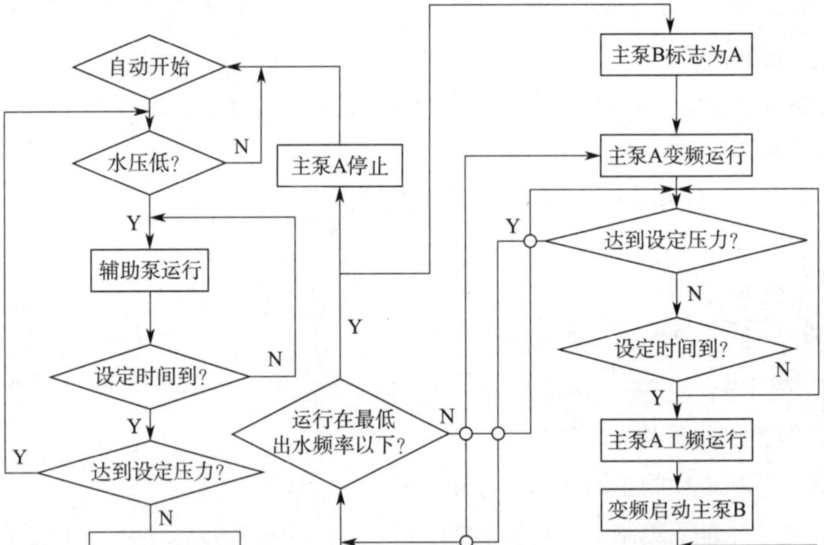

图 1–1　水泵启动流程图

3）编制语句表或梯形图（见图1–2）。

4）使用编程软件正确输入指令，并在编程软件中画出图形，如图1–3所示。

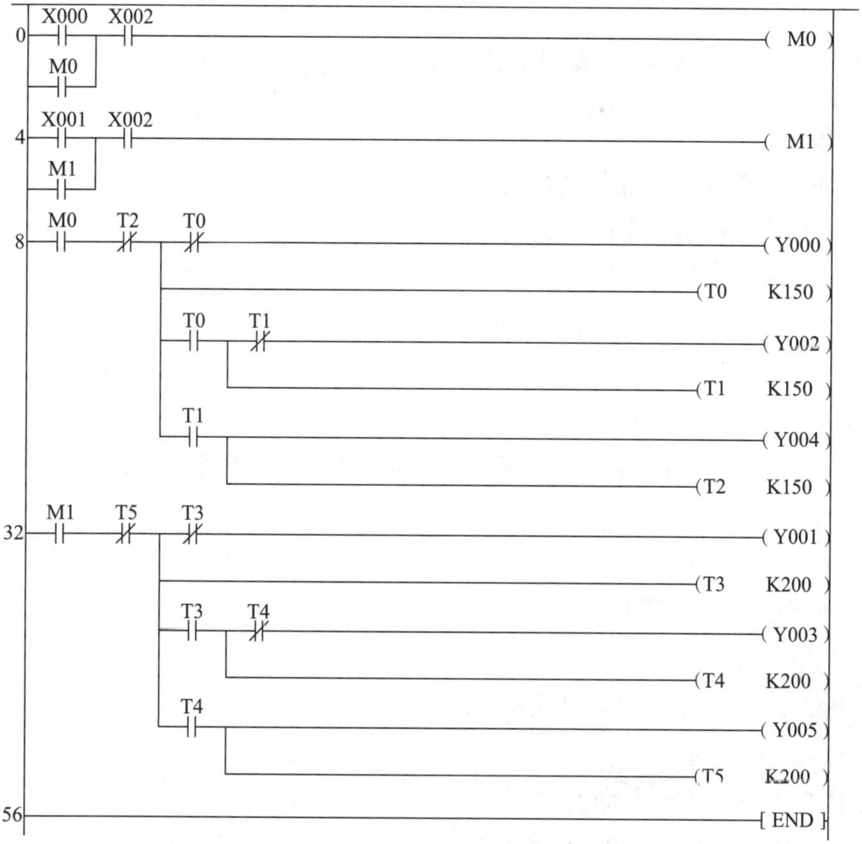

图1–2　水泵启动梯形图

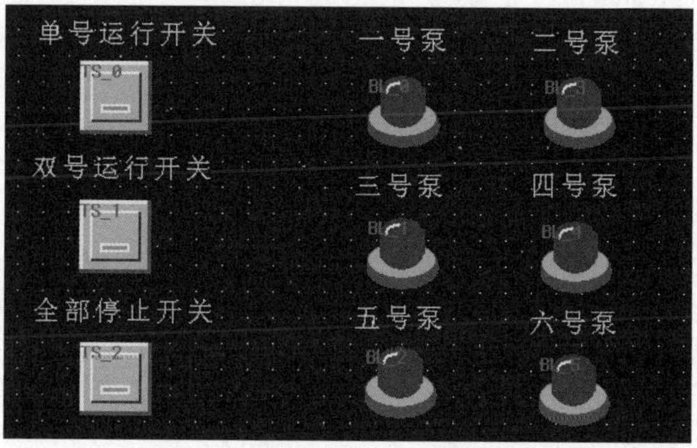

图1–3　水泵启动触摸屏效果图

5）正确调试设备。按下单号运行按键后，一号泵、三号泵、五号泵轮流运行，每个泵运行 15 s；按下双号运行按键后，二号泵、四号泵、六号泵轮流运行，每个泵运行 20 s；按下全部停止按键后，所有泵停止运行。

1.3.3 轨道交通 PLC 人机界面应用（风机、风阀操作）

1. 实训目的

（1）使学员能够配置输入 / 输出端口。

（2）使学员能够画出流程图。

（3）使学员能够编制语句表或梯形图。

（4）使学员能够使用软件输入指令。

（5）使学员能够调试设备。

2. 实训设备及工具

（1）装有 FX2N-MR，带有模拟输入开关（按钮）和输出指示灯，且装有人机界面触摸屏的考核箱。

（2）装有三菱编程软件（SWOPC-FXGP/WIN-C）的计算机。

3. 实训内容

（1）实训要求

1）输入 / 输出端口配置符合调试要求。

2）流程图符合设备动作顺序。

3）语句表或梯形图与流程图一致。

4）在计算机中找到正确软件并打开。

5）在软件中输入编制的语句表或梯形图。

6）按照考核要求调试设备。

（2）操作方法和步骤

1）配置输入 / 输出端口，见表 1-3 和表 1-4。

表 1-3　　输入端口配置

输入设备	输入端口编号	接考核箱对应端口
通风工况开关（按钮）	X0	触摸屏按键
空调工况开关（按钮）	X1	触摸屏按键
复位开关（按钮）	X2	触摸屏按键

表 1–4　　输出端口配置

输出设备	输出端口编号	接考核箱对应端口
事故风机	Y0	触摸屏显示
活塞风阀	Y1	触摸屏显示
机械风阀	Y2	触摸屏显示
机械活塞风阀	Y3	触摸屏显示
隔离风阀	Y4	触摸屏显示

2）画出流程图，如图 1–4 所示。

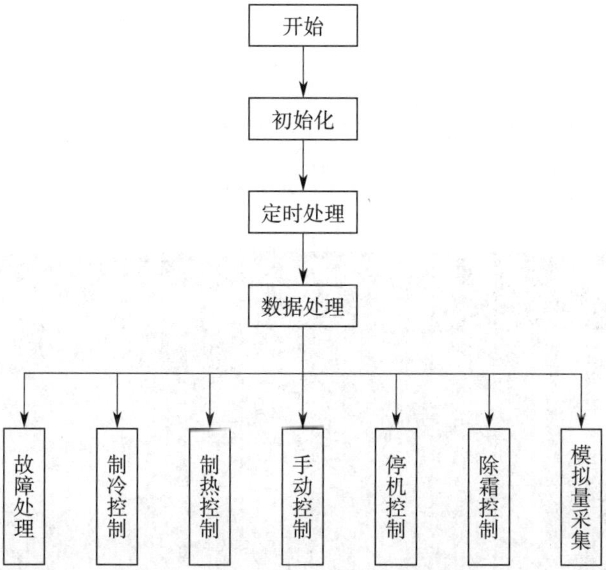

图 1–4　风机、风阀操作流程图

3）编制语句表或梯形图（见图 1–5）。

4）使用编程软件正确输入指令，并在编程软件中画出图形，如图 1–6 所示。

5）正确调试设备。按下通风工况按键后，事故风机试开 15 s 后关闭，活塞风阀开启，机械风阀关闭，机械活塞风阀开启，隔离风阀关闭；按下空调工况按键后，事故风机试开 20 s 后关闭，活塞风阀关闭，机械风阀开启，机械活塞风阀开启，隔离风阀关闭。按下复位按键后，所有设备关闭。

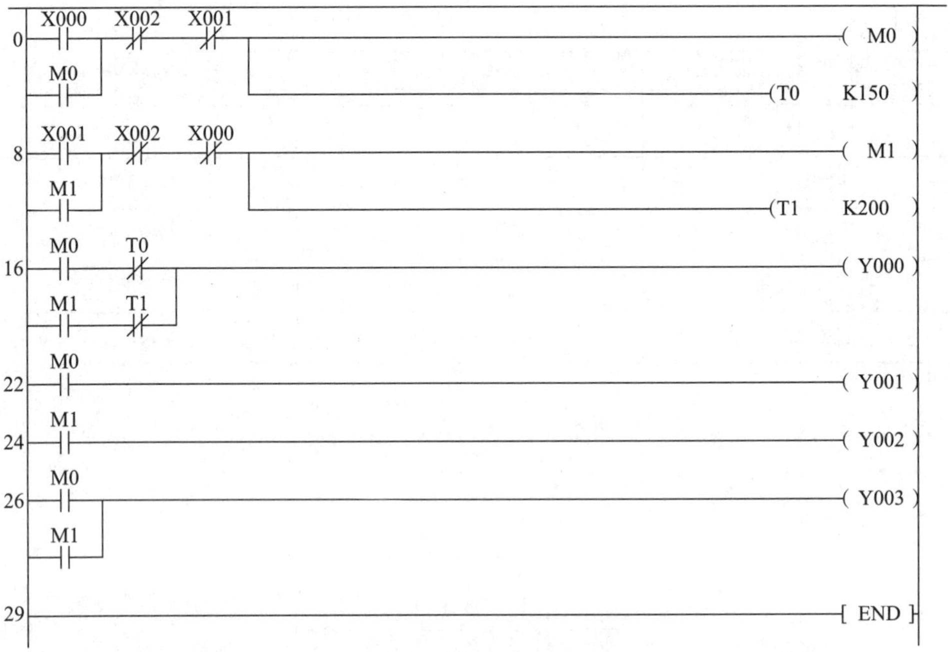

图 1-5 风机、风阀操作梯形图

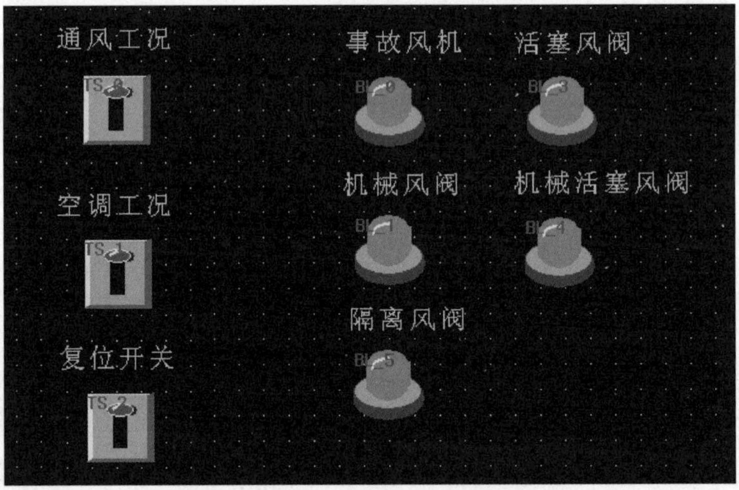

图 1-6 风机、风阀操作触摸屏效果图

1.3.4 三相全控桥式整流阻性电路（电阻负载 α=15°）

1. 实训目的

（1）使学员能够根据给定的设备和仪器仪表，在规定时间内完成接线、调试、测量工作，符合要求。调试过程中，一般故障自行解决。

（2）使学员能够绘制 u_d、u_{P4}、u_{VT3}、u_{sb}、U_c 波形。

（3）使学员能够排除故障。

2. 实训设备及工具

（1）有三相交流电源的电力电子实训台。

（2）双踪示波器。

（3）电阻–电感负载箱。

（4）万用表。

3. 实训内容

（1）实训要求

1）正确画出接线图。

2）记录同步电压 u_{sb} 及锯齿波电压 U_c 的波形。

3）正确记录 $\alpha=15°$ 时的输出电压 u_d 和晶闸管 VT3 两端的电压 u_{VT3} 的波形，以及触发脉冲 u_{P4} 的波形。

4）根据故障现场情况，找到故障点。

（2）操作方法和步骤

1）画出接线图，如图 1–7 所示。

2）画出 $\alpha=15°$ 时的 u_{sb}、U_c、u_d、u_{P4}、u_{VT3} 波形。

3）根据故障现象，找到故障点。

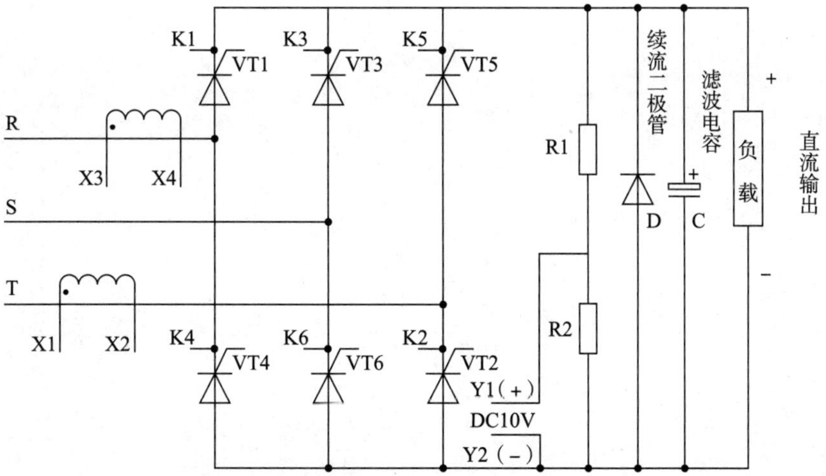

图 1–7　三相全控桥式整流阻性电路接线图

第2章

BIM 系统

学习目标

- ☑ 了解 BIM 的定义
- ☑ 熟悉 BIM 系统应用标准

知识要求

2.1 BIM 的定义与应用

2.1.1 BIM 的定义

BIM（建筑信息模型）是以 3D（三维）数字技术为基础，集成各种建筑工程项目相关信息的工程数据模型，是对该建筑工程项目相关信息详尽的数字化表达。BIM 同时又是一种应用于设计、建造、管理的数字化方法，这种方法支持建筑工程的集成管理环境，可以在整个工程进程中显著提高效率，有效降低风险。

不同的组织对 BIM 有不同的理解和定义，但这些定义都包含以下两个特点。

● 对建筑工程信息的界定包含了设施的物理特性和功能特性及相关的项目生命周期信息，涉及建筑工程全过程、各方面的项目信息，不仅仅局限于狭义的建筑三维模型几何信息。

● 对建筑工程以一种可运算的形式表现，强调对信息完全数字化的要求，这从根本上不同于以往的信息技术应用，是可以使信息化在建筑行业得以深入发展的关键。

由于是基于构件的信息模型，BIM 可以将材质、费用、能耗、光照、进度等属性附加到构件上，组成一个智能的、生动的模型。换言之，BIM 将三维几何模型延伸到 n 维（nD）（在三维的基础上增加进度维、费用维、质量维、安全维等），从而可以基于三维几何构件再加上某一维进行分析、设计、决策或评价。例如，在工程设计阶段，利用“3D+ 成本”模型可以对设计方案进行全生命周期的成本比较分析；利用“3D+ 进度”模型可以提前对进度安排进行控制，使项目资源得到充分利用；利用“3D+ 光照”“3D+ 温度”等模型可以动态模拟工程的各项参数指标，优化调整后使项目设计目标最优化。在工程实施阶段，可以根据变更调整建筑产品 nD 模型，把变更对进度、成本等参数的影响形象清晰地表达出来，提供给项目决策者；可以通过模拟施工过程预测在施工过程中可能出现的问题，如场地冲突、作业时间冲突等，从而有利于确定最优施工方案。在工程使用阶段，工程维护单位利用 nD 模型可以实时监测工程使用信息，对可能出现的问题进行预警，或对已出现的问题给出整改方案。

2.1.2 BIM 的应用

1. 前期规划阶段

城市轨道交通建设前期需要经历从机会研究到可行性研究的逐步细化的论证过程，这个过程是建立在大量翔实可靠的资料分析基础上的，其中包含城市经济与社会方面的资料，如人口状况、用地状况、经济结构、经济规模、经济规划等资料，以及城市自然条件、环境、交通、土地使用规划、出行需求等资料。

在城市轨道交通建设前期规划阶段，可以利用 BIM 构造出一个城市交通三维模型，如图 2–1 所示。这个模型由很多模型元素构成，模型元素数据分为基本数据和附属数据两个部分。基本数据是对模型本身的特征及属性的描述，是模型元素本身所固有的，如道路几何特征、地质条件、负荷容量等。附属数据包括与模型元素直接或间接相关

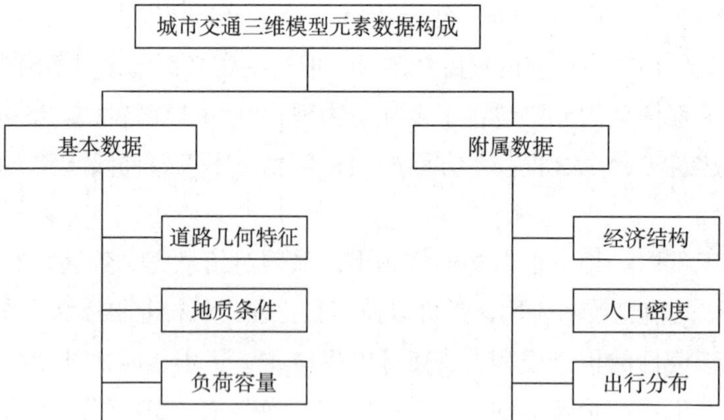

图 2–1 城市交通三维模型

的、除基本数据之外的各方面的信息和资料，这些信息和资料可能是技术方面的，也可能是经济、管理等方面的，如城市的经济结构、人口密度、出行分布等。

由于模型元素都是参数化和可运算的，因此可以先基于模型信息进行分析和计算，如线网规模计算、日客运量计算、轨道线网平均运距计算等，再采用层次分析、模糊决策等方法来进行线网评价和方案优选。

2. 设计阶段

设计阶段是 BIM 应用最多、最成熟的阶段，BIM 最初就是在工程设计软件开发过程中出现的概念。设计决定城市轨道交通建成后的工程实体能否发挥其功能。设计单位在完成最初设计方案后就可以进入工程实体设计阶段，这可以参照房屋建筑的 BIM 进行。城市轨道交通由各个系统组成，而各个系统又由该系统内的各部分构件组成，如车辆工程系统中的车辆就由车体、转向架、牵引缓冲装置、制动装置、受流装置和内部设备等构件组成，它们在 BIM 中既是信息载体又是信息表达，同时是设计人员进行设计的对象。

值得一提的是，由于在 BIM 中的所有构件信息都基于一定的逻辑关系而生成，因此在某个构件上所做的修改都将引起所有与之有逻辑关系的构件信息的智能协同修改，这将大大减少设计人员的重复劳动并减少错误率，同时还能降低成本。BIM 还允许对项目进行深度开发，同时支持多人协同工作，保证信息实时更新，大大提高了工作效率。

3. 施工阶段

在施工阶段，由于 BIM 应用系统创建的虚拟建筑模型是一个包含了所有建筑信息的数据库，因此将 3D 建筑模型和进度、成本维度结合起来，就可以进行直观的 5D 施工管理。这有助于在设计或施工之前确定施工方案的可行性。从 3D 模型可以准确地获得工程量，再考虑进度、成本维度，就可以分析施工工序的合理性。5D 施工管理解决方案可以自动将施工模型和工程进度、成本连接起来。一旦连接起来，工程进度方案就可以得到更有效的分析和交流；预算过程中创建的信息就可以分解到生产中，生成采购计划；还可以生成费用列表，用于财务分析。这大大减少了设计文档中的错误，从而大大节约了施工费用和时间成本。

在整个 5D 施工管理系统中，设计、成本、进度三个部分是相互关联的，任何一个部分的变化都会自动反映在另外两个部分中。这将大大缩短评估和预算的时间，显著提高预算的准确性。更重要的是，这可以大大增强项目施工的可预见性，有利于在项目设计和施工的初期及早发现问题。通过模型，设计、成本、进度可以同步获得，而且在施工的任意阶段，都可以进行最新的、准确的造价计算。

4. 运营阶段

在城市轨道交通项目的运营阶段，可以基于BIM及时提供列车运行记录、维修记录、财务状况等集成信息。通过对这些参数化信息的分析，可以实时进行运营成本分析。根据实际的客流数据，可以进行行车计划调整等。BIM这个集成系统可以给运营企业提供全方位的决策支持，甚至为将来新建项目提供一个知识积累和知识管理的平台。

2.2 城市轨道交通BIM系统应用标准

2.2.1 城市轨道交通设施设备分类标准

1. 术语

（1）设施。在城市轨道交通系统中，设施是保障系统正常安全运营而设置的各类土建设施的总称，主要包括隧道、桥涵、路基、道床、轨道、车站、车辆段与综合基地、房屋建筑、道路、附属设施等。

（2）设备。在城市轨道交通系统中，设备是保障系统正常安全运营而设置的各类机电设备的总称，主要包括车辆、供电设备、通信设备、信号设备、环境控制设备、给排水及消防设备、自动售检票设备、电梯与防护设备、屏蔽门、客运服务设备、仪器仪表、工具器械、起重运输设备、管理信息化设备等。

（3）线分类法。线分类法又称等级分类法。线分类法按选定的若干属性（或特征）将分类对象逐次地分为相应的若干层级的类目，每个层级又分为若干项目，排成一个有层次的、逐渐展开的分类体系。

（4）从属关系。从属关系是指一个类与其直接区分出来的子类之间的关系，又称隶属关系。

（5）并列关系。并列关系是指一个类依据分类标准划分出来的若干个平级的子类之间的关系。

（6）最小管理单元。最小管理单元是指城市轨道交通工程项目各阶段管理单位实施设备管理计划、设备管理执行、设备控制等管理职能时的最小对象。

（7）设施设备分类代码。设施设备分类代码是指按照设施设备的专业属性或通用属性进行分类后所编制的代码，用以识别设施设备在分类中的层级关系。

（8）设施设备编码。设施设备编码是在设施设备分类代码的基础上增加物理位置代码、序号码后生成的，用以唯一标识城市轨道交通中的任一设施设备单体。

2. 设施设备分类

（1）分类方法

1）采用线分类法对城市轨道交通设施设备进行分类。

2）基于线分类法，将城市轨道交通各专业的设施设备按五个层级进行划分。不同层级类目之间按照从属关系进行分类，同一分支的类目之间按照并列关系进行分类。

3）城市轨道交通设施设备的第一级分为22类，代码用名称的两位拼音首字母表示，见表2–1。

表2–1　设施设备第一级分类代码

代码	名称	代码	名称
TJ	土建设施	HJ	环境与设备监控系统
XL	线路	CX	乘客信息系统
CL	车辆	MJ	门禁系统
TF	通风、空调与供暖	YK	运营控制中心
GP	给水与排水	ZK	站内客运设备
GD	供电	ZT	站台门
TX	通信系统	CJ	车辆基地设备
XH	信号系统	XX	信息系统
ZS	自动售检票系统	TC	通用测量设备
HB	火灾报警系统	NY	能源系统
ZJ	综合监控系统	ZB	主变电系统

（2）分类原则

1）城市轨道交通设施设备分类以满足资产管理需求为主，兼顾运维管理需求及物资管理需求。

2）对于专业类设施设备，以专业属性为基础进行分类；对于非专业类设施设备，以通用属性为基础进行分类。

3）城市轨道交通设施设备分类深度应达到设施设备的最小管理单元。

4）城市轨道交通设施设备分类具有扩展性，可在原有分类的基础上进行修编。

2.2.2 城市轨道交通 BIM 建模标准

1. 术语

（1）协同。协同是指协调 2 个或 2 个以上的不同资源或个体一致地完成某一目标的过程或能力。BIM 设计中的协同是一种基于网络的设计沟通交流手段及设计流程的组织管理形式。

（2）中心文件。中心文件是在协同工作中使用的一个文件，同一项目的所有建模人员都可以在该文件内保存自己的工作内容，并在不进行修改的情况下访问他人的工作内容。

（3）工作集。工作集是在协同工作中，中心文件内用于独立表达某一特定组合的构件子集。根据工作创建人的不同，各工作集之间可进行修改权限的区分。

2. 建模准备

（1）基础资料准备见表 2–2。

表 2–2　　基础资料准备

资料	阶段			
	总体设计阶段	初步设计阶段	施工图阶段	施工阶段
地形地貌与周边建筑资料	√	√	√	√
地质勘查资料		√	√	√
管线、物探资料	√	√	√	√
结构设计图纸	√	√	√	√
建筑设计图纸	√	√	√	√
暖通设计图纸			√	√
机电设计图纸			√	√
给排水、消防设计图纸			√	√
装修设计图纸			√	√
设施设备信息表		√	√	√

（2）专业角色人员配置见表 2–3。

表 2-3　　专业角色人员配置

专业角色	专业资质	工作职责
BIM 项目经理	专职岗位，具有 BIM 项目管理经验，工程师及以上职称	参与模型设计方案决策，总体规划 BIM 项目方案 建立并管理本单位 BIM 项目小组，确定各职责人员，并定期进行考核、评价和奖惩 负责管理设计模型的质量及进度 处理各方协调工作 审核设计模型成果
BIM 专业设计人员	专职岗位，具有一定的 BIM 应用实践经验，熟练掌握 BIM 建模及应用软件，助理工程师及以上职称	创建模型 根据项目需求，负责模型的分析、检查工作（节能分析、模型碰撞检测、工程量统计等） 根据项目需求，负责模型的组织展示工作（施工动画、室内外渲染、虚拟漫游等）
BIM 专业校对人员	具有相关专业工程经验，工程师及以上职称	校对模型，提出模型修改意见 协助完成模型检查、优化等工作

3. 建模流程

（1）BIM 目标与权责划分

1）建设单位。建设单位基于 BIM 技术掌握工程信息（含工程进度、造价等），实现精细化建设管理。

2）总体设计单位。总体设计单位基于 BIM 技术确认设计方案，协调各方意见，提高设计质量。

3）分项设计单位。分项设计单位基于 BIM 技术发现并解决设计中出现的问题，优化设计方案。

4）BIM 咨询单位。BIM 咨询单位创建并及时更新项目模型，完成各项 BIM 应用，辅助总体设计单位及分项设计单位完成各自的设计任务。

5）施工单位。施工单位基于 BIM 技术发现并解决施工中出现的问题，优化施工方案。

（2）操作流程

1）初步设计。完成方案设计阶段的工作模型制图。

2）具体设计。在完成初步设计后进行具体设计，要求表现建筑物接近真实的比例、造型、色彩、质感和规划的环境，以及重点建筑房间的内部空间、陈设、构造等。

（3）模型检查。鉴于城市轨道交通设施设备的多样性与复杂性，为保证城市轨道交通工程模型的交付质量，保证模型的统一性与准确性，对模型的检查应包括内部校对、外部复核、交付验证三个环节。

1）内部校对。模型设计单位内部各专业需配备相应专业的模型校对人员校对模型，并协助模型设计人员完成模型优化工作。

2）外部复核。总体设计单位、分项设计单位（如有）与BIM咨询单位应积极参与到模型检查过程中。总体设计单位、分项设计单位必须复核模型的准确性，提出模型完善意见，协助优化模型方案。BIM咨询单位需保留模型校对及内部评审的相关记录。

3）交付验证。一般以交付试验方式进行交付验证。交付试验项目包括绝缘电阻试验、交流耐压试验、直流耐压试验、导体直流电阻测量、泄漏电流测量、绝缘油试验、线路两端相位检查等。

（4）协同建模与数据管理。建模过程中进行协同建模与数据管理时应遵循以下规定。

1）协同建模采用中心文件和工作集的方式。

2）中心文件由土建BIM设计人员创建并保存，应按设计进展情况及时备份，同时记录备份说明，实现版本管理。

3）BIM设计人员在命名工作集时应符合相关规定，不得操作非本专业的视图。

4. 模型要求

（1）一般规定

1）项目单位。BIM设计中，所有模型均应使用统一的项目单位（如mm）和有效位数（如3位）。

2）项目标高。BIM设计中，层高以建筑相对标高进行设置，各专业根据本专业需要可自行添加标高。

（2）模型范围。应提供车站、区间土建模型（达到初步设计精度），周边环境和地下管线模型，所有车站的交通组织和管线搬迁分步模型，车站建筑及主要设备、管理用房布置模型，停车场、控制中心、主变电站的初步设计模型（包含停车场的水系调整、市政管网等）。

2.3 基于BIM的城市轨道交通工程资料归档

2.3.1 设施设备属性信息

基于BIM的城市轨道交通工程设施设备属性信息见表2–4。

表 2-4　　设施设备属性信息

序号	属性			信息		备注
	分项	分类	细分类	类型	长度	
1	基本信息	设施设备编码	—	字符串型	—	—
		设施设备名称	—	文本型	50	—
		固定资产编码	—	字符串型	—	—
		设施设备型号	—	文本型	20	—
		技术规格书	—	链接地址型	—	—
		操作手册	—	链接地址型	—	—
		设施设备描述	—	文本型	50	对象说明
2	权属管理信息	资产权属单位	—	整数型	—	—
		维护责任部门	—	整数型	—	—
		使用部门	—	整数型	—	—
3	来源信息	设计单位	—	文本型	40	—
		施工单位	—	文本型	40	—
		安装单位	—	文本型	40	—
		建设单位	—	文本型	40	—
		维护单位	—	文本型	40	—
		生产厂商	—	文本型	40	—
		供应商	—	文本型	40	—
		出厂编号		字符串型	—	—
		产地	—	文本型	20	—
4	时间信息	开始使用时间	—	日期型	8	—
		移交时间	—	日期型	8	—
		使用寿命	年	整数型	—	—
			小时	实数型	—	—
		保修期	—	整数型	—	—
		维修周期（大修）	—	整数型	—	—
5	位置信息	空间三维坐标	—	*X*，*Y*，*Z*	—	—
		轨行区定位	定位点号	字符串型	—	—
			起点里程	字符串型	—	—
			终点里程	字符串型	—	—
			上下行标识	文本型	4	（单选）

续表

序号	属性			信息		备注
	分项	分类	细分类	类型	长度	
5	位置信息	建筑物定位	建筑物	文本型	20	—
			位置描述	文本型	20	所处楼层或房间等
6	关联信息	供电关系	上游直接供电关联设备编号	字符串型	—	—
			下游直接供电关联设备编号	字符串型	—	—
			中间联络供电关联设备编号	字符串型	—	—
		通信关系	上游直接通信关联设备编号	字符串型	—	—
			下游直接通信关联设备编号	字符串型	—	—
		信号关系	上游直接信号关联设备编号	字符串型	—	—
			下游直接信号关联设备编号	字符串型	—	—
		给水关系	上游直接给水关联设备编号	字符串型	—	—
			下游直接给水关联设备编号	字符串型	—	—
		排水关系	上游直接排水关联设备编号	字符串型	—	—
			下游直接排水关联设备编号	字符串型	—	—
		其他关联	上游直接关联设备编号	字符串型	—	—
			下游直接关联设备编号	字符串型	—	—
7	经济信息	出厂价	—	整数型	—	—
		合同价	—	整数型	—	—
		维护费用	—	整数型	—	—
		决算价	—	整数型	—	—

续表

序号	属性			信息		备注
	分项	分类	细分类	类型	长度	
8	采购信息	—	—	链接地址型	—	—
9	技术参数信息	—	—	链接地址型	—	—
10	维护保养信息	—	—	链接地址型	—	—
11	文件信息	—	—	链接地址型	—	—
12	客户信息	—	—	链接地址型	—	—

2.3.2 族创建

族包括常规构件族和特定构件族。在一个项目模型中，常规构件族可以通过设定现有的参数进行控制，从而实现在项目中的独特性与适用性。而项目中无法通过常规构件族搭建的就必须采用特定构件族。如果族库中存在特定构件族，就可以直接调用，再进行参数控制以满足项目需要。当然，族库不是万能的，有些项目需要的族在族库中可能无法找到，此时就需要创建一个符合项目所需的特定构件族。

族创建见表 2–5。

表 2–5 族创建

创建人		提交日期	
校核人		版本	
审定人			
基本信息			
族名称	（设备名）		
族样板	（根据设备使用习惯选择）		
族类别	（根据设备类型分类）		
族类型命名	（可按设备型号命名）		
插入点设置	（族文件插入项目文件的位置）		
控件、连接件设置	（线管控件、连接件）		

续表

<table>
<tr><th colspan="8">几何参数</th></tr>
<tr><th rowspan="2">序号</th><th rowspan="2">参数名称</th><th rowspan="2">参数说明</th><th colspan="2">族参数</th><th colspan="2">共享参数</th><th rowspan="2">参数分组方式</th></tr>
<tr><th>类型参数</th><th>实例参数</th><th>类型参数</th><th>实例参数</th></tr>
<tr><td>1</td><td></td><td></td><td></td><td></td><td></td><td></td><td></td></tr>
<tr><td>2</td><td></td><td></td><td></td><td></td><td></td><td></td><td></td></tr>
<tr><td>3</td><td></td><td></td><td></td><td></td><td></td><td></td><td></td></tr>
<tr><td>4</td><td></td><td></td><td></td><td></td><td></td><td></td><td></td></tr>
<tr><td>5</td><td></td><td></td><td></td><td></td><td></td><td></td><td></td></tr>
<tr><td>6</td><td></td><td></td><td></td><td></td><td></td><td></td><td></td></tr>
<tr><td>7</td><td></td><td></td><td></td><td></td><td></td><td></td><td></td></tr>
<tr><td>8</td><td></td><td></td><td></td><td></td><td></td><td></td><td></td></tr>
<tr><td>9</td><td></td><td></td><td></td><td></td><td></td><td></td><td></td></tr>
<tr><td>10</td><td></td><td></td><td></td><td></td><td></td><td></td><td></td></tr>
<tr><td>参变性能</td><td colspan="7">（对族文件主要参数驱动方式进行说明）</td></tr>
<tr><td rowspan="4">显示效果</td><td>图元可见性设置</td><td colspan="6">（族文件可见性设置说明）</td></tr>
<tr><td>材质</td><td colspan="6">（根据实际材质种类）</td></tr>
<tr><td>图例</td><td colspan="6">（符合二维图样图例要求）</td></tr>
<tr><td>填充样式</td><td colspan="6">（根据设计需要）</td></tr>
</table>

第3章

火灾报警系统

学习目标

- ✔ 了解火灾报警系统的工作原理
- ✔ 了解火灾报警系统的结构
- ✔ 了解火灾报警系统的运行方式

知识要求

3.1 火灾报警系统的组成与工作原理

3.1.1 火灾报警系统的组成

火灾报警系统（FAS）是由触发装置、火灾报警装置及具有其他辅助功能的装置组成的。它能在火灾初期将燃烧产生的烟雾、热量、火焰等通过火灾探测器变成电信号，传输给火灾报警控制器，并同时显示火火发生的位置、时间等，使人们能够及时发现火灾并采取有效措施扑灭初期火灾，最大限度地减少因火灾造成的生命和财产损失，是人们同火灾做斗争的有力工具。

火灾报警系统的基本架构如图 3-1 所示。

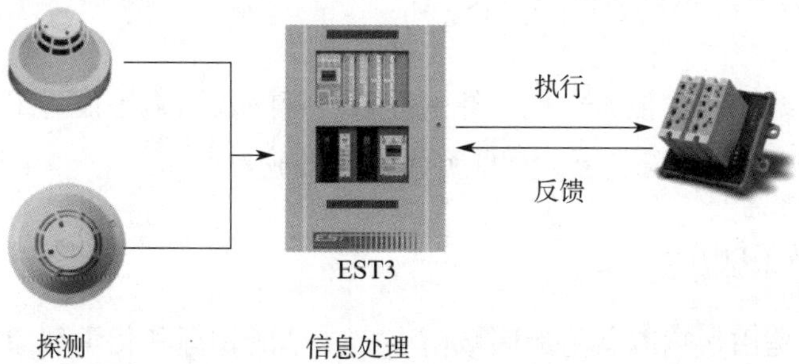

图 3-1　火灾报警系统的基本架构

3.1.2 火灾报警主机的要求

鉴于城市轨道交通的特殊性，其火灾报警主机需满足以下要求：

- 有模拟量火灾探测和信息处理功能，能够采集火灾现场动态数据并有效传输；
- 具有火灾探测器环境参数自修正、灵敏度分时自动调节和火灾模式识别功能；
- 具有火灾探测报警及时可靠、系统误报率低、工作稳定等特点；
- 具有电源及设备自动检测、数据网络通信和消防设备优化管理功能；
- 具有良好的系统应用软件支持，系统综合性价比高。

上海城市轨道交通采用的火灾报警主机具有模块化结构，运用 CPU（中央处理单元）技术，采用液晶屏显示，具有功能扩展方便、技术要求复杂、硬件可靠性高等特点。FAS 利用智能型数据总线技术确保报警的精确性，并与 EMCS(机电设备监控系统）集成联网。

3.1.3 火灾报警系统的工作原理

在一个以微型计算机为基础的智能系统中，火灾探测器和消防控制设备与微处理器间的连接必须通过输入 / 输出接口来实现。

数据采集器一般与微处理器集成为一体作为主机板。数据采集器一方面接收火灾探测器采集的信息，经模 / 数转换后，通过传输系统将信息送入微处理器进行运算处理；另一方面又接收微处理器发来的指令信号，经数 / 模转换后传送给现场有关消防控制设备。显然，数据采集器和微处理器是火灾报警系统与现场监控点进行信息交换的重要设备，也是系统输入 / 输出接口电路部件。

3.2 火灾报警系统的外围设备

火灾报警系统由火灾报警主机、外围设备、管网及网络等设备组成。其中，外围设备由火灾探测器、手动报警器、智能型模块等组成。

3.2.1 火灾探测器

火灾探测器是用来响应其附近区域由火灾产生的物理和化学现象的探测器件。火灾探测器是火灾报警系统的重要组件，是火灾报警系统的“感觉器官”，它的作用是监测被保护区域有无火灾发生。

1. 火灾探测器的分类

火灾探测器是根据传感器的结构和原理设计而成的一种设备，对具有火灾信息特征的物理量如烟雾、气体、光、热等进行设定与探测。火灾探测器的一般分类如图 3–2 所示。

- 火灾探测器
  - 感烟火灾探测器
    - 点型
      - 离子型
        - 单源型
        - 双源型
      - 光电型
        - 减光型
        - 散射型
    - 线型
      - 激光型
      - 红外型
  - 感温火灾探测器
    - 点型
      - 差温、差定温
        - 双金属型
        - 金属膜盒型
        - 半导体型
        - 热敏电阻型
      - 定温
        - 易熔合金型
        - 玻璃球膨胀型
        - 双金属型
        - 水银接点型
        - 热电偶型
        - 金属膜片型
    - 线型
      - 定温
        - 可熔绝缘物型
        - 半导体型
      - 差温
        - 空气管型
        - 热电偶型
      - 差定温
        - 金属膜盒型
        - 双金属型
        - 半导体型
        - 热敏电阻型
  - 感光火灾探测器
    - 紫外型
    - 红外型
  - 复合火灾探测器
    - 感温感烟型
    - 感温感光型
    - 感烟感光型
  - 可燃气体探测器
    - 催化燃烧型
      - 铂丝催化型
      - 载体催化型
    - 气敏半导体型
    - 光电型
    - 固体电解质型

图 3–2　火灾探测器的一般分类

目前已建成的上海城市轨道交通火灾报警系统所使用的探测器可分为：感烟火灾探测器（普通型、智能型），感温火灾探测器（普通型、智能型），复合火灾探测器（智能型）。

2. 火灾探测器的技术要求及技术特性

（1）火灾探测器必须对火灾信息进行有效探测与可靠判断。在日常运行中，每千只火灾探测器年误报率不超过 5～6 次较为理想。

（2）火灾探测器应具备兼容性。随着消防行业不断发展，火灾探测器也在不断更新。为保证火灾报警系统使用的连续性，火灾探测器应具有兼容性。

（3）火灾探测器应有较高的性价比。随着电子技术和微处理器应用技术的发展，火灾探测器经历了从体积较大到美观超薄、从非智能的阈值比较到双信号复合式的转变。在目前超大规模集成电路和探测器的生产新技术中，必须考虑价格合理性和实用性，提高产品的性价比。

（4）火灾探测器应有环境适应能力。火灾探测器应具有防尘、防潮、防结露和环境自动补偿能力。模拟量火灾探测器和智能型火灾探测器都能够采用软、硬件结合方式实现环境适应。

（5）可靠性要高。可靠性是火灾探测器的重要性能之一，是各项性能指标的综合体现。火灾探测器的误报率和故障率要低。

（6）工作电压及其允差符合要求。火灾探测器工作电压为直流 24 V，允差不超过 ±1 V。

（7）响应阈值符合要求。火灾探测器的响应阈值是指发生火灾时动作响应的最小参数值。

（8）灵敏度符合要求。火灾探测器的灵敏度是指其响应火灾的灵敏程度。感烟火灾探测器和感温火灾探测器一般分为三级灵敏度。

以感温火灾探测器灵敏度为例：一级灵敏度一般为 62 ℃，二级灵敏度一般为 70 ℃，三级灵敏度一般为 78 ℃。

此外，火灾探测器还有监视电流、报警电流、保护范围、工作环境条件等方面的性能要求。

3. 火灾探测器的工作原理

各种火灾探测器均对火灾发生时的至少一个适宜的物理或化学特征进行监测，并将信号传送至火灾自动报警器。由于所响应的火灾信号参数不同，其工作原理也各不相同。

（1）光电感烟火灾探测器。光电感烟火灾探测器由光源、光电元件和电子开关组成。光电感烟火灾探测器是利用烟雾粒子对光线的散射、遮挡作用来探测烟雾的。根据烟雾粒子对光线的作用原理，光电感烟火灾探测器分为减光型和散射型两类。减光型光电感烟火灾探测器根据烟雾粒子对光线（一般采用红外线）的遮挡作用所形成的光通量减少来实现烟雾浓度有效探测，一般采用发光部分与收光部分分离的对射式线型火灾探测方式。

（2）定温火灾探测器。定温火灾探测器在火灾现场的环境温度达到预定值及以上时响应动作，发出报警信号。这种火灾探测器有较高的可靠性和稳定性，保养维修也方便，只是响应过程较长，灵敏度较低。

根据工作原理的不同，定温火灾探测器可以分为双金属型定温火灾探测器、热电偶型定温火灾探测器、易熔合金型定温火灾探测器等。定温火灾探测器报警条件见表3–1。

表3–1　　定温火灾探测器报警条件

项目	H602型	TW–SD–70型
电源电压	DC 50 V（最大）	DC 18 ~ 24 V
报警电流	DC 20 V时，小于40 mA	小于30 mA
报警温度	62 ℃	72 ℃
适用环境温度	–20 ~ 50 ℃	–20 ~ 50 ℃
适用环境湿度	95%以下	95%以下
线制	二线制	三线制

双金属型定温火灾探测器是由热膨胀系数不同的两种金属组合在一起制成的。在一个不锈钢的圆形外壳上固定两块磷铜合金片，磷铜合金片两边有绝缘套，在中间部位另外固定一对金属触点，各有导线引出。由于不锈钢外壳的热膨胀系数大于磷铜合金片的热膨胀系数，受热时磷铜合金片产生变形，带动动触点与静触点接触，从而接通电路，输出报警信号。

双金属型定温火灾探测器适用于风大、烟尘多的恶劣环境中。

（3）差温火灾探测器。差温火灾探测器的感应元件由基准热敏电阻和热敏电阻串联组成，前者的阻值随环境温度缓慢变化。当探测到空间温度上升速率超过某一定值时，电阻交接点对地的电压超阈部分经内部的单片机处理后，差温火灾探测器发出报警信号。差温火灾探测器报警条件见表3–2。

表 3–2　　差温火灾探测器报警条件

项目	TWDC 型	D801 型	FJ–2705 型
工作电压	DC 14.4 ~ 28 V	DC 10 ~ 22 V	DC 24 V
监视电流	小于等于 50 mA	小于等于 100 μA	小于等于 200 μA
报警电流	小于等于 50 mA	小于等于 80 mA	小于等于 80 mA
适用环境温度	–25 ~ 50 ℃	–5 ~ 40 ℃	0 ~ 50 ℃
适用环境湿度	小于等于 95%	小于等于 95%	小于等于 95%
报警电压	大于等于 14 V	（8 ± 1）V	6 V
线制	三线制	二线制	四线制

4. 火灾探测器的选择

应根据探测区域的环境条件、火灾特点、房间高度、安装场所的气流状况、设备主机的配置等条件选用适宜类型的火灾探测器，或进行几种火灾探测器的组合。

（1）感烟火灾探测器。感烟火灾探测器是非常有效的早期火灾探测设备。对于初期有阴燃阶段（即产生大量的热，很少有或没有火焰辐射）的火灾，如棉、麻织物火灾，木器火灾等，都适宜选用感烟火灾探测器。

不适宜选用感烟火灾探测器的场所有：

1）正常情况下有烟的场所；

2）经常有粉尘、水蒸气等的场所；

3）出现液体微粒的场所。

离子感烟火灾探测器与光电感烟火灾探测器的适用场所基本相同，但应注意其各自的特点。离子感烟火灾探测器对人眼看不到的微小颗粒也很敏感，环境中有油漆味、烤焦味等时都能引起探测器动作，甚至一些分子量大的气体分子也会使探测器发生动作，但风速过大（如大于 6 m/s）会引起探测器不稳定，而且其敏感元件的寿命较光电感烟火灾探测器的短。

（2）感温火灾探测器。因工作稳定，不受非火灾性粉尘、烟雾、水蒸气等干扰，感温火灾探测器对早期、中期火灾报警非常有效。凡无法应用感烟火灾探测器、允许一定的物资损失、非爆炸性的场合都可采用感温火灾探测器。感温火灾探测器特别适用于经常存在大量粉尘、烟雾、水蒸气的场所及相对湿度经常高于 95% 的房间，但不适用于有可能发生阴燃的场所。

感温火灾探测器中的定温火灾探测器允许温度有较大的变化，比较稳定，但火灾造成的损失较大，在0 ℃以下的场所不宜选用。

离子感烟火灾探测器具有稳定性好、误报率低、寿命长、结构紧凑等优点，因而得到广泛应用。其他类型的火灾探测器只在某些特殊场合作为补充使用。需要提高火灾报警可靠性而与感烟火灾探测器联合使用的地方（发电机房、具有气体灭火装置的场所）才考虑用感温火灾探测器。感烟火灾探测器与感温火灾探测器的组合也适用于有防火卷帘门的场所。目前，城市轨道交通火灾探测器的使用场所见表3-3。

表3-3 城市轨道交通火灾探测器的使用场所

探测器类型	特点	使用场所
点型离子感烟火灾探测器（普通型）	灵敏度高，历史悠久，技术成熟，性能稳定	站厅层、站台层公共区域，气体保护用房等
点型光电感烟火灾探测器（智能型）	灵敏度高，对湿热气流扰动大的场所的适应性好	设备用房、管理用房等
红外光束线型感温火灾探测器	探测范围大，可靠性高，环境适应性好	停车场、变电站、车辆检修库等
点型感温火灾探测器	性能稳定，可靠性高，环境适应性好	厨房、锅炉房、吸烟室、气体保护用房等
缆式线型感温火灾探测器	性能稳定，可靠性高，环境适应性好	电气电缆井、站台层两边的电缆夹层等
复合火灾探测器	综合探测火灾现场的烟雾、温度信号，探测准确，可靠性高	使用单一探测器不能确认火灾的场所

5. 火灾探测器的信号传输方式与编码方式

火灾探测器的信号传输有其自身的特殊性。由于火灾探测器通常都安装在需要保护的地点，而火灾报警控制器安装在控制室，且火灾探测器往往数量较多，相互之间有一定距离，因此火灾探测器和火灾报警控制器构成了一个远距离信号采集、控制网络。此外，火灾探测器本身不带电源，需要由火灾报警控制器为其供电。由于火灾探测器报警信号要求十分准确，因此火灾探测器和火灾报警控制器之间的信号传输就成为十分重要的问题。

（1）火灾探测器的信号传输方式。火灾探测器的信号传输方式根据火灾探测器与火灾报警控制器之间连接方式的不同可以分为多线制和总线制，根据信号传输内容的不同可以分为开关量和模拟量、数据通信等方式。

上海城市轨道交通采用地址编码方式将所有的火灾探测器并联在2～4根总线上，

每个火灾探测器有自己的地址，火灾报警控制器以串行通信方式访问各火灾探测器，这称为总线制连接。随着通信技术的发展，目前主要使用的是二总线方式。这种方式方便了建筑设计，大大减少了系统用线量，降低了工程布线成本，方便了开通调试，因此得到了极其广泛的应用。

（2）火灾探测器的编码方式。火灾探测器的底座上直接安装了地址编码开关（由 8 个拨动开关组成），采用二进制编码方式。例如，Simplex 4120 型火灾报警控制器和与之配套的 Simplex 4098-9784 型火灾探测器间的编码采用 1→8 顺序，即拨动开关 1 号为二进制最低位，8 号为二进制最高位，每个火灾探测器有固定的编码状态，对应固定的编码。

3.2.2 手动报警器

手动报警器有普通型和智能型两种。报警区域内的每个防火分区至少应设置一个手动报警器。手动报警器按钮是手动触发装置，具有在应急状态下人工手动通报火警或确认火警的功能。

当人们发现火灾后，可通过装于走廊、楼梯口等处的手动报警器按钮进行人工报警。手动报警器按钮装于金属盒内，金属盒一般嵌在墙内，外露有红色边框的保护罩。人工确认火灾后，应敲碎保护罩，此时一方面就地报警设备动作，另一方面火警信号被送到火灾报警主机。像火灾探测器一样，手动报警器在系统中占有一个地址码。

3.2.3 智能型模块

智能型模块按功能可分为探测模块、控制模块、信号模块及输入 / 输出模块。不同功能的智能型模块使用的场所也不同。它们是一种独立的、具有智能化功能的地址式模块，通过一条二线 MAPNET Ⅱ 回路来供应电源和进行通信，对常开式或常闭式干接点设备提供编址的功能。若干接点闭合或打开，则引发报警或动作。若火灾探测设备回路配线发生断路，系统将发生故障。

1. 探测模块

探测模块用来连接探测及反馈装置，如普通型感烟火灾探测器、普通型手动报警器等。探测模块具有线路监测功能，当发生探测装置脱落、线路切断等情况时，能向主机发出故障报警信号。探测模块有较强的负载能力，最多可接 25 个感烟火灾探测器。其由于具有地址码功能，因此能在报警的同时报出特定地址。

Simplex 2190-9172 型探测模块也称为 IAM（接口适配器模块），由于通常安装在信号反馈回路中，又称反馈模块。如果探测设备的信息反馈是瞬间的，如信号来自一个温度升高的感温火灾探测器，其闭锁功能将允许反馈模块锁定报警状态直到系统被重置为止。选择非闭锁功能，可以对设备的状态进行跟踪。

2. 控制模块

控制模块用来控制各种联动设备，如水泵、风机、阀门等。这个模块能提供二级继电器接点，接点容量为 2 A、DC 28 V（非感性负载），AC 120 V。其由于具有地址码功能，因此可有序地执行主机发出的命令。

3. 信号模块

信号模块具有线路监测功能，用来控制扬声器电路、紧急电话电路及 DC 24 V 报警器等，接点容量为 2 A、DC 24 V，可接 50 W 扬声器系统，可支持三部紧急电话同时使用。

4. 输入 / 输出模块

输入 / 输出模块既可将主机命令传输给终端设备，也可将终端设备信息反馈至主机。由于地址码不同，因此其可有序地传输控制与反馈信号。

3.3 火灾报警系统的运行方式

各车站的火灾报警系统必须处于 24 h 不间断正常工作状态，其工作方式分为正常运行方式和非正常运行方式两种，这两种运行方式均可采用手动和自动两种控制模式。火灾报警系统的控制主机与 EMCS 联合完成系统所设计的对火灾工况各种联动动作的设定，控制盘通过触摸按钮或双联开关实现对系统的手动 / 自动控制转换。

3.3.1 正常运行方式

火灾报警系统处于自动控制模式时为正常运行方式。控制主机由专用 UPS（不间断电源）供电，对车站的机电设备进行监控。火灾报警系统监控对象包括手动报警器、火灾探测器、警铃、电话、广播、排烟阀、防火卷帘门、消防泵、喷淋泵、电梯、非消防电源控制柜等。

在自动控制模式下，当有火灾报警情况发生时，车站的消防设施按火灾工况自动进入联动运行状态。

3.3.2 非正常运行方式

火灾报警系统的控制主机处于手动控制模式时为非正常运行方式。此时若有火灾报警情况发生，工作人员需就地对联动设备进行单点操作。操作对象包括警铃、电话、广播、排烟阀、防火卷帘门、新风机、消防泵、喷淋泵、电梯、非消防电源控制柜等。

在手动控制模式下，火灾报警系统的控制方式为单点控制，监控内容有各种设备反馈信号、报警信号及故障信号。

3.4 火灾报警系统品牌

3.4.1 Simplex 4120 系列火灾报警系统

Simplex 4120 系列火灾报警系统是美国 Simplex 公司的产品，其以单个微型计算机为基础，运用具有最新安全技术的防火报警控制设备，该设备具有省电和自动巡检功能，并可防止交流电源停电，且能在自动记录的同时显示当下状态。

4100 主机和 4120 主机的区别在于是否有网卡。当主机不在网络中时称为 4100，当主机在网络中时称为 4120。

4100/4120 主机采用微处理器技术。组态数据存储于可电擦除的 FLACK EPROM（可擦可编程只读存储器）中，使现场修改组态数据更加简单。主机板上备有电池的 RAM（随机存取存储器）用来保存重要的历史数据，由于其容量大，技术性能稳定，被广泛用于城市轨道交通地面、地下和高架车站。

3.4.2 EST3 火灾报警系统

EST3 火灾报警系统是美国爱德华公司的产品，其特点为能独立完成对所属保护区域内的火灾信息探测、自动报警及消防设备联动等，能将报警信号通过综合监控系统的远程终端单元（RTU）传送到控制中心主机，实现系统集中监控管理。它是一种模块化结构系统，既可以单节点机工作，又可以多节点机组成网络工作。EST3 火灾报警系统与广播电话系统可以集成在一起，布置简单。所有的 EST3 火灾报警系统操作功能都由软件控制，其设备地址在现场通过计算机软件编程设置。这些特点使 EST3 火灾报警系统具有很强的现场灵活性，系统即使安装几年后仍可修改。

EST3火灾报警系统主要由控制主机、感温感烟型复合火灾探测器、手动报警器、智能型模块、消防专用电话插孔、感温电缆等组成，负责城市轨道交通全线站厅、站台，以及管理用房、设备用房、停车场、控制中心的火灾探测报警和消防设备联动。

3.4.3　西门子FC720R火灾报警系统

西门子FC720R火灾报警系统可以自由组网，最多可以由16台FC720R系列控制器组网，且可以定义其中任意一台在监控自身所带的现场部件的同时监控其他的控制器。建议系统总容量不超过20 000个现场部件。该系统通过编程可实现多机系统的跨机联动。

3.5　相关实训项目

3.5.1　火灾报警子系统操作

1. 在车站的工作站中，操作员先登录Windows。

2. 选择一个用户类双击，再点击“登入”按钮，即进入系统。

3. 按钮面板上有一个“火灾报警”按钮及所有的车站显示按钮。先点击“车站”，再点击“火灾报警”按钮，最后点击“站厅报警”，可以监视整个车站的火灾探测器、手动报警器按钮、消火栓报警按钮、气体灭火释放阀、感温电缆、水流指示器、信号蝶阀等各个火警设备的状态，以及各种火警信号。

4. 若想人工改变参数设置，可将人工置数状态从“关闭”改变成“开启”。若想保存此设置，只需点击“应用”按钮，则图元的颜色就会改变，从绿色变成红色（在系统中，此设备正常情况下是关闭的，显示为绿色，当有火灾时，此设备即被激活，显示为红色）。

3.5.2　车站大系统火灾工况联动试验

1. 实训目的

（1）使学员了解车站大系统火灾工况联动设备动作条件。

（2）使学员掌握一般检修方法和手段。

（3）使学员能熟练地使用 FAS。

2. 实训设备及工具

（1）FAS 主机。

（2）EMCS 主机。

3. 实训内容

（1）实训要求

1）车站大系统图符合联动条件。

2）在 EMCS 中找到进行车站大系统火灾工况联动试验所对应的设备，并按照工况要求依次正确开启设备。

3）在环控电控室中找到进行车站大系统火灾工况联动试验所对应的设备，并按照工况要求依次正确开启设备。

4）在现场找到进行车站大系统火灾工况联动试验所对应的设备，并按照工况要求依次正确开启设备。

（2）操作方法和步骤

1）画出车站大系统图，如图 3–3 所示。

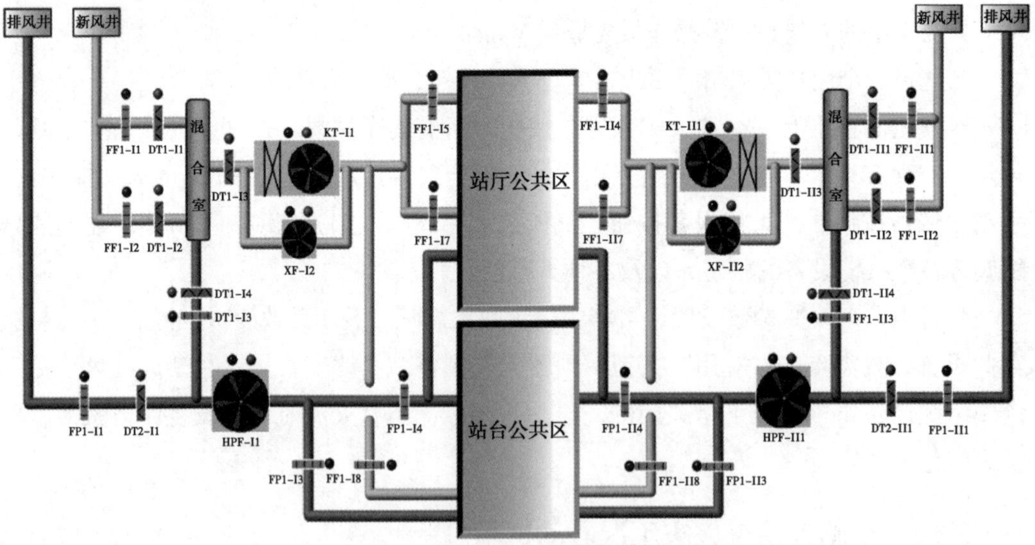

图 3–3　车站大系统图

2）在 EMCS 中，确保消防控制室 EST3 主机处于“自动”状态；消防控制室、服务中心综合监控计算机处于正常工作状态；消防控制室 FAS 计算机连接的打印机工作正常，打印纸充足，走纸顺畅；车站的风机、风阀等相关联动设备均处于“远程”状态；车站 EMCS 的 PLC 处于正常工作状态。

3）在环控电控室中，确保环控电控室内各风机、风阀电源抽屉处于“自动”或“车控”状态；车站各风机、风阀就地手操箱在“联动”或“远程”状态；车站 FAS 的非消防电源（三类负荷）开关处于“合闸”状态；车站的垂直电梯处于“开启”状态；车站 EMCS 的 PLC 处于正常工作状态；车站 AFC 系统、门禁系统处于正常工作状态，车控室 AFC 系统控制箱内的消防联动开关处于“合闸”状态。

4）在现场，用专用烟枪对感烟火灾探测器施加试验烟，手按手动报警器按钮，在车站的 EST3 主机及综合监控计算机上确认报警位置显示信息与现场实际报警位置是否相同，对相关报警信息进行记录，同时查看 EST3 主机面板上的“火灾模式”LED（发光二极管）灯是否亮起，综合监控计算机的“工况表”界面上是否有“绿光带”，IBP（综合后备盘）上对应的模式灯是否正确闪亮。

3.5.3　车站小系统火灾工况联动试验

1. 实训目的

（1）使学员了解车站小系统火灾工况联动设备动作条件。

（2）使学员掌握一般检修方法和手段。

（3）使学员能熟练地使用 FAS。

2. 实训设备及工具

（1）FAS 主机。

（2）EMCS 主机。

3. 实训内容

（1）实训要求

1）车站小系统图符合联动条件。

2）在 EMCS 中找到进行车站小系统火灾工况联动试验所对应的设备，并按照工况要求依次正确开启设备。

3）在环控电控室中找到进行车站小系统火灾工况联动试验所对应的设备，并按照工况要求依次正确开启设备。

4）在现场找到进行车站小系统火灾工况联动试验所对应的设备，并按照工况要求依次正确开启设备。

（2）操作方法和步骤

1）画出车站小系统图，如图 3–4 所示。

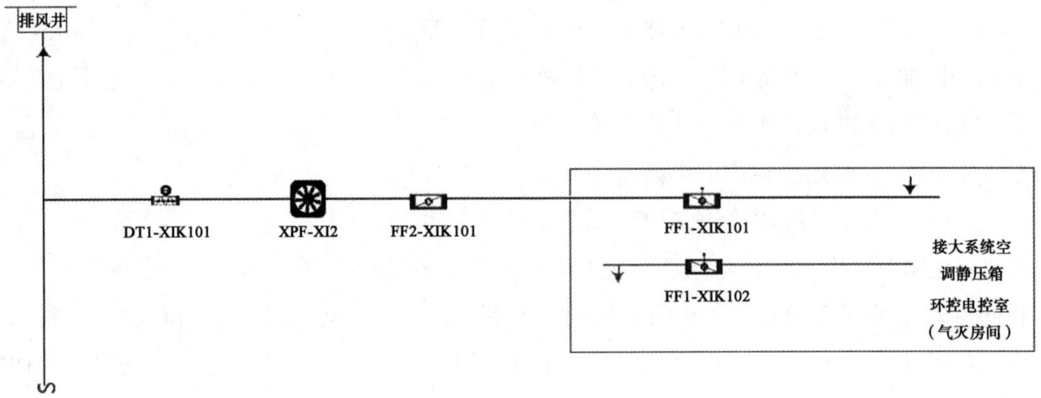

图 3–4　车站小系统图

2）在 EMCS 中正确进行车站小系统火灾工况联动试验。

3）在环控电控室中正确进行车站小系统火灾工况联动试验：检查操作面板上各类指示是否正确；确认转换开关在联动状态（在 EMCS 主机或就地操作箱上）；按低速启动按钮，低速指示灯亮；按高速启动按钮，高速指示灯亮；检查风机的运行电流是否正确；按停机按钮，停机指示灯亮。

4）在现场正确进行车站小系统火灾工况联动试验：确认关机指示灯亮（说明电源已到位）；确认转换开关在就地位置；按低速启动按钮，低速指示灯亮；按高速启动按钮，高速指示灯亮；按停机按钮，停机指示灯亮。

第4章

机电设备监控系统

学习目标

- ✔ 了解 EMCS 的组成
- ✔ 了解 EMCS 设备功能
- ✔ 了解 EMCS 运行模式
- ✔ 熟悉 EMCS 运行管理
- ✔ 了解 SIOP 基础知识

知识要求

4.1 机电设备监控系统的组成与工作原理

在城市轨道交通中，机电设备监控系统（EMCS）是对各车站、区间隧道、控制中心等建筑的通风空调设备、给排水设备、照明设备及其他机电设备进行全面有效的监控和管理的综合自动化系统。它为城市轨道交通各条线路创造舒适、安全的乘车环境，同时环保、节能、高效、可靠，并能在火灾状态下配合相关系统运行，协调设备控制，保障人员和设备安全。

EMCS 采用两级（控制中心级、车站级）管理、三级（控制中心级、车站级、就地级）控制方式。EMCS 通过过程控制技术对城市轨道交通通风空调等机电设备按设计功能、系统运行工况、城市轨道交通环境标准等要求，进行监测、控制和科学管理。

EMCS 采用分层分布式控制结构，由三层网络组成，分别是中央级监控网络、车站级监控网络和就地级分散控制网络。车站级监控网络通过通信传输系统提供的共享以太网通道接入中央级监控网络，如图 4–1 所示。

4.1.1 中央级监控网络

EMCS 采用冗余的分层分布式 C/S（客户机 / 服务器）结构，中央级和车站级通信基于 TCP/IP（传输控制协议 / 网际协议），中央级设备主要包括冗余设置的数据服务器、隧道风机控制终端、监控工作站、网管工作站 / 工程师工作站、IBP、网络交换机、打

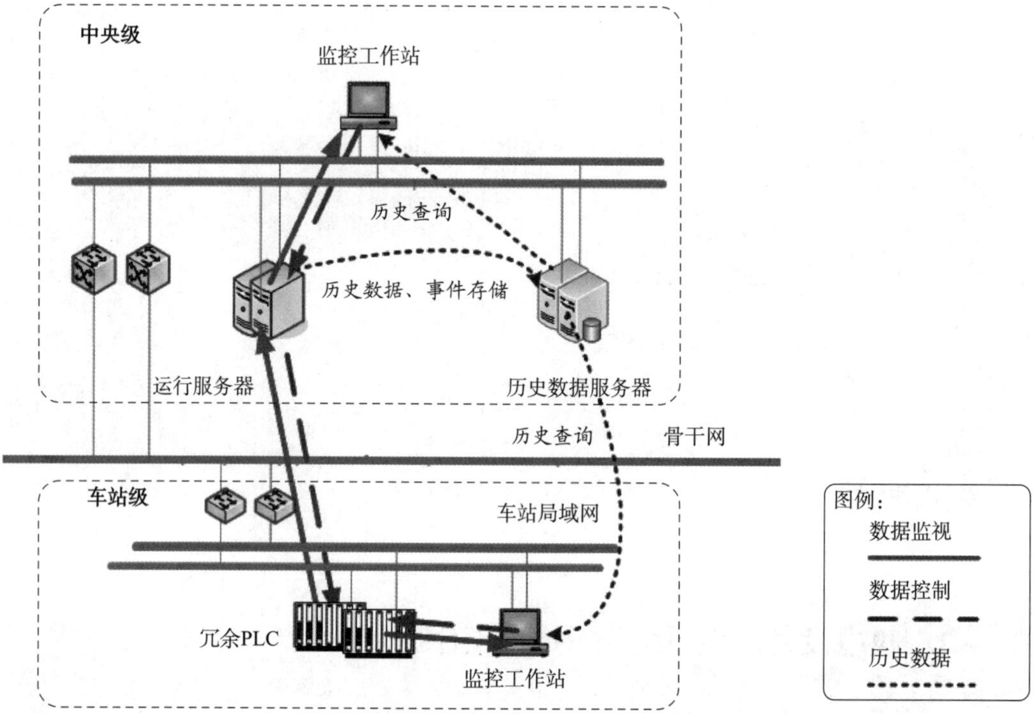

图 4-1　车站级与中央级的通信传输

印机等。中央级监控网络对全线重要监控对象的状态、性能数据进行实时收集处理，通过各调度员工作站以图形、图像、表格和文本的形式显示出来，供调度员监视和控制，并且根据一定的逻辑关系自动向分布在各站点的监控对象或系统发送模式、程控、点控命令（或由调度员人工发布控制命令），从而完成对全线环境、设备的集中控制与显示。

4.1.2　车站级监控网络

车站级监控网络为带有监控工作站的 PLC 控制系统，主要设备包括监控工作站、网络交换机、打印机、PLC、IBP 等。车站级监控工作站以冗余设置的网络交换机连接 PLC，并通过通信传输系统提供的共享以太网通道连接中央级监控网络。车站级监控网络如图 4-2 所示。

车站级监控网络能对车站及区间的环控、给排水、照明设备实施运行监视和控制，对站内屏蔽门、自动扶梯、防淹门等设备的运行状态及故障报警实施监视，并能采集和记录车站及区间机电设备的运行状态、故障报警信息及监测数据，报送中央系统。

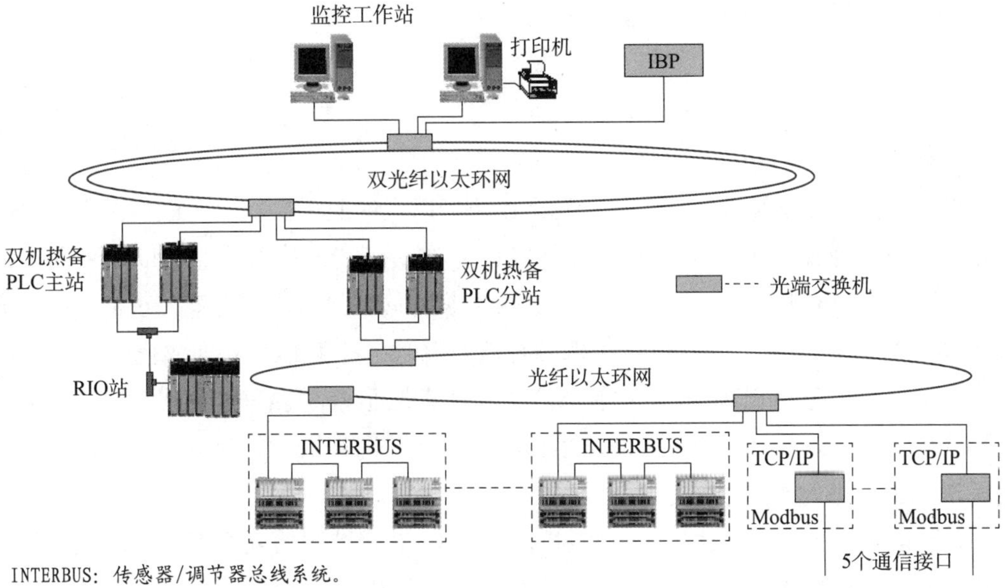

INTERBUS：传感器/调节器总线系统。
Modbus：一种通信协议。

图 4-2　车站级监控网络

车站级监控网络能执行控制中心的控制指令，控制站内相关设备的运行，实现对被控设备的单独控制、联锁控制和各种模式的手动与自动控制。车站内机电设备以车站控制为主，区间通风设备以控制中心控制为主，排水设备以现场水位自动控制为主。车站的通风空调设备及区间通风设备以模式控制为主。

4.1.3　就地级分散控制网络

就地级分散控制网络由各类 RIO（远程输入 / 输出）通信接口模块、现场总线、传感器等组成。该网络根据机电设备的分布情况，在照明配电室、冷水机房、空调机房、区间泵房、区间风井等附近设置就地级监控设备和就地控制箱等。RIO 装置将根据设备的监控点数和通信要求配置相应的接口模块。就地级设备执行车站级 PLC 的控制指令，并采集和记录车站及区间机电设备的运行状态、故障报警信息及监测数据，报送车站级 PLC。

4.2　EMCS 设备功能

EMCS 设备主要包括硬件、软件及接口。硬件包括 PLC、RIO 模块箱、IBP 等。软件包括系统软件、操作软件、数据库系统等。

4.2.1 硬件

1. PLC

PLC 包括电源模块、CPU 模块、冗余模块、以太网通信模块。一般情况下，每个城市轨道交通车站 EMCS 冗余配置两台 PLC（一主一备），并以工业级以太环网连接 RIO 装置。主 PLC 和备用 PLC 同步采集外部数据并同步执行内部运算，正常情况下输出主 PLC 的运算结果。当主 PLC 故障或自检失败时，备用 PLC 立即取代主 PLC 输出其运算结果，实现无扰动切换。也有部分城市轨道交通线路换乘车站根据需要为 EMCS 配置 3 台及 3 台以上 PLC，它们同步采集外部数据并同步执行内部运算，将运算结果输送至主 PLC 进行数据综合处理。

每台 PLC 内有 A 端控制器和 B 端控制器，A、B 端控制器互为冗余。因此，每台 PLC 内含两组电源模块、CPU 模块、冗余模块、以太网通信模块等。

PLC（A）和 PLC（B）的切换采用硬冗余无扰动切换，在确保冗余 PLC 完全正常地完成全部功能的情况下，主 CPU 和备用 CPU 模块不会因为一般故障而发生切换，即使切换也不会影响系统功能及性能。故障情况下，PLC 只会从主系统切换到备用系统，其热备切换条件为电源模块失效、主站底板失效、CPU 模块故障、以太网通信模块故障、程序命令强制切换。

车站级设备结构如图 4–3 所示。

（1）电源模块。电源模块为底板提供标准电压，保护系统免受噪声与电源波动的干扰，保证系统工作在所需的电气环境中。所有电源均有过电压保护和过电流保护。另外，电源设计必须确保自身在高电气噪声场所能正常运行而无须使用隔离变压器，一旦发生意外的电气问题，应保证系统有足够的时间实现安全有序停机。

（2）CPU 模块。CPU 模块是 PLC 的核心部件，是 PLC 的心脏，构成了系统的控制中心，对各设备进行统一协调和控制。CPU 支持实时多任务操作系统，支持多种控制方式，如快速任务、事件任务、辅助任务、主任务等。CPU 必须具备处理速度快、系统控制能力强、支持大量定点和浮点运算的特点，具有多种 PID 调节和其他过程控制的功能，便于与其他设备实现数据交换，能够满足各种控制工艺要求，保证系统可靠、稳定地运行。

（3）冗余模块。冗余模块是确保 PLC（A）、PLC（B）相互冗余切换的设备。PLC 正常运行时，PLC（A）、PLC（B）有一端处于在线状态，另一端处于离线状态。冗余

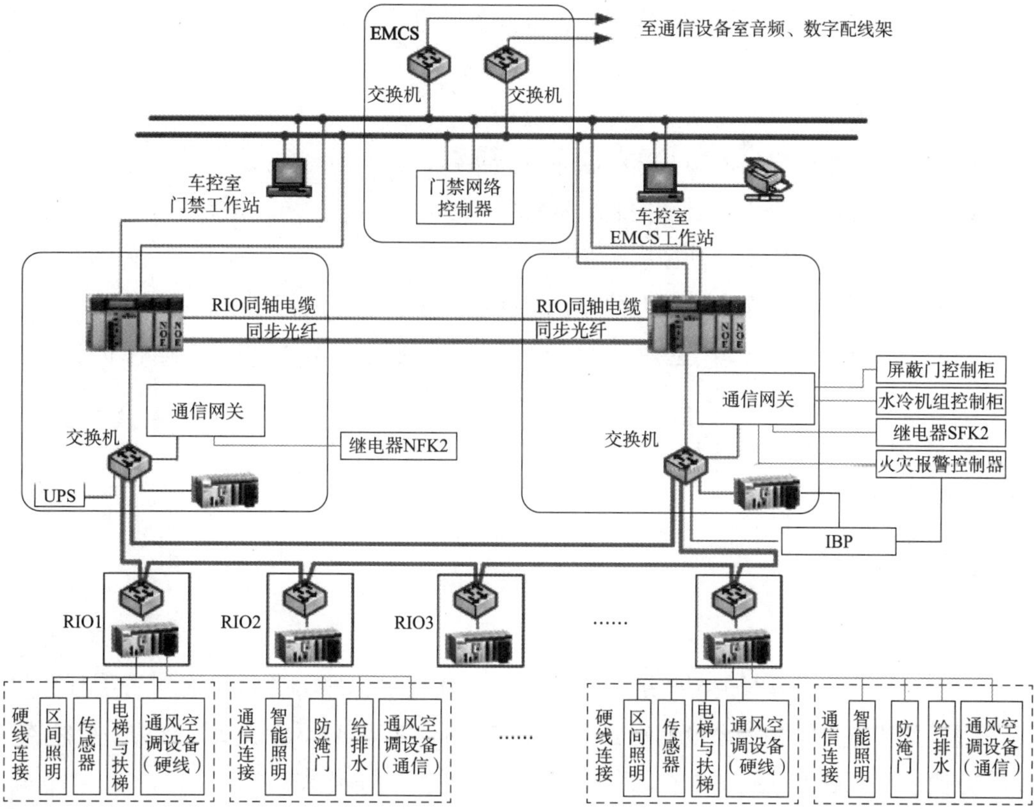

图 4-3　车站级设备结构

配置的 PLC 可共同操作所连接的所有 I/O 装置，但同一时刻只能有一台 PLC 发出指令（故障情况下，就会从主 PLC 切换到备用 PLC）。

（4）以太网通信模块。以太网通信模块用于向上连接到 EMCS 底层冗余双环网和向下连接到远程 I/O 单环网上进行通信。

2. RIO 模块箱

RIO 模块箱包括电源模块、CPU 模块、输入模块、输出模块、通信模块、交换机等。RIO 模块箱结构如图 4-4 所示，其负责采集现场数据，处理并上传 PLC 数据，处理 PLC 命令等。

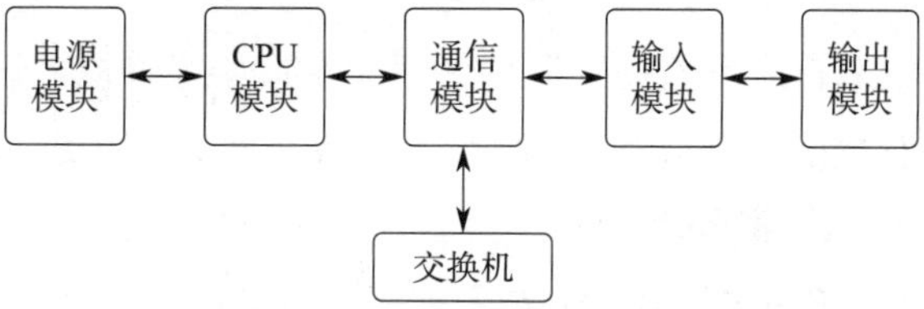

图 4-4　RIO 模块箱结构

3. IBP

IBP 设置在各个城市轨道交通车站的车控室、控制中心等地。IBP 以硬线连接的方式连接外部设备，实现对关键设备紧急情况下的手动控制。IBP 功能主要包括以下几点：

- 消防泵停止、启动控制，运行状态反馈指示；
- 喷淋泵停止、启动控制，运行状态反馈指示；
- 排烟专用风机停止、启动控制，运行状态反馈指示；
- 各种火灾联动模式启动控制（车站、区间）；
- 信号系统的紧急停车、紧急停车恢复控制，运行状态反馈指示；
- 屏蔽门紧急控制模式选择，紧急开、关门，状态显示灯测试，运行状态反馈指示；
- 自动售检票闸机释放控制；
- 门禁释放控制。

4.2.2 软件

1. 系统软件

EMCS 采用目前流行的 C/S 结构体系、模块化设计思路，通过组态对各项任务进行处理。基于这种结构的系统具有良好的扩展性能，扩展时不会改变原有的系统结构，操作方便，从而确保系统工作在最佳状态，也为系统扩展提供技术保障。

系统软件在逻辑上分为以下三个层次：第一层为数据采集层，专用于数据采集，完成与外部系统之间的数据交换；第二层为应用层，专用于数据管理和高级应用，通过一个实时数据库和一个关系数据库在车站工作站上实现；第三层为软件系统层，主要用于人机界面（MMI），数据由本地采集，在工作站上实现。

2. 操作软件

目前，城市轨道交通 EMCS 监控工作站基本采用 Windows XP 操作系统，配备相应的网络管理软件、服务器冗余管理软件等。整个网络采用 TCP/IP 进行通信。工作站具有图形用户界面以实现人机接口，以图形界面形式显示设备布置图及设备状态、火灾联动工况表，且设备名称与设备代码一一对应。人机界面显示所有的画面及图形，接收来自服务器的数据，管理操作指令（单控、遥控、模式控制等指令），刷新并显示动态数据，显示报警及事件，并具有实时 / 历史曲线显示管理、用户登录等功能。

3. 数据库系统

EMCS 数据库系统一般采用开放式关系型标准数据库，保证先进性、安全性、可靠性，并符合工业控制数据库的发展方向。实时数据库应具有开放式互联能力，能插入、删除、更新事件处理存储过程，确保数据的一致性、安全性。数据库系统支持流行的C/S结构体系和Web（万维网）功能，能实现设备现场监控和远程数据访问。

4.2.3 接口

EMCS与通信传输、信号、火灾报警、门禁、通风空调、给排水、智能照明等各种系统的现场设备采用通信接口连接。通信接口方式主要有RS–232、RS–485、RS–422、以太网接口、光纤接口等。

EMCS与其他设备采用硬线连接的方式，从而实现对环境参数的采集及对被控设备的监视、操作及管理。硬线连接方式有DO（数字量输出）、DI（数字量输入）、AO（模拟量输出）和AI（模拟量输入）四种。

4.3 EMCS运行模式

EMCS运行模式分为正常运行模式和火灾联动模式。

4.3.1 正常运行模式

在正常运行模式下，EMCS主要负责对地下线路车站机电设备进行自动监控，并按照温度（季节）模式、时间（早/晚），对车站通风空调设备、照明设备等实施节能管理。

4.3.2 火灾联动模式

1. 车站火灾联动模式

车站火灾联动关系如图4–5所示。车站发生火灾时，EMCS响应火灾报警系统的联动控制信号，转入火灾运行模式，自动强制执行相应的模式控制程序，将车站通风空调设备转换到排烟运行方式并调整相关设备的运行。火灾发生时，EMCS优先执行火灾报警系统的控制指令，按预定模式控制设备运行。车站级PLC系统同时采用双向通信接口连接火灾报警控制器，实现火灾状态下各种机电设备的运行协调。当火灾报警系统触发时，PLC接收到火灾报警系统的指令，根据指令执行相应的控制模式，控制有关设备的运行，并将相关设备运行状态信息反馈给火灾报警系统。

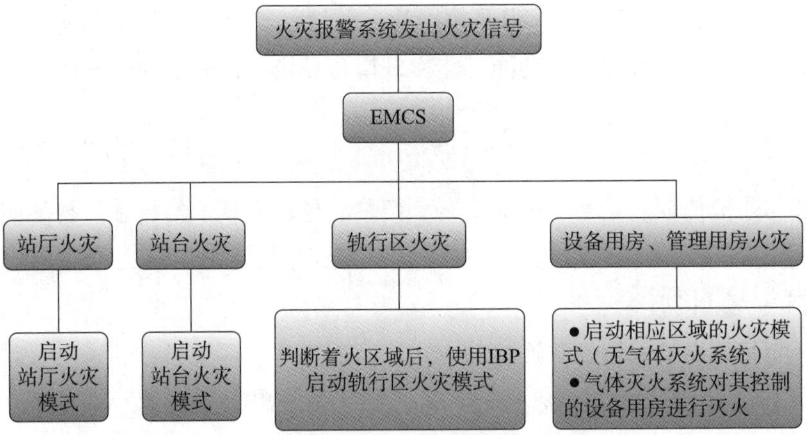

图 4-5　车站火灾联动关系

2. 区间火灾联动模式

区间火灾联动关系如图 4-6 所示。区间发生火灾时，EMCS 控制中心根据信号系统提供的列车位置信息和驾驶员报告的火灾情况，启动 IBP 相应区间火灾模式。控制中心下达相关指令给相邻两车站，车站 PLC 执行火灾模式，保证旅客安全疏散。当着火列车驶入前方车站时，利用前方车站的隧道通风系统进行排烟；当着火列车停在区间隧道时，应按预定的隧道内火灾模式运行。车头、车尾发生火灾时，运行的火灾模式均要确保对疏散方向迎面送风；车中发生火灾时，应根据现场火灾情况，选择有利于大部分人逃生的方向进行疏散，并对疏散方向迎面送风。

图 4-6　区间火灾联动关系

4.4 EMCS运行管理

EMCS是城市轨道交通机电设备集中监控的手段和工具，其运用高效、科学的手段，协调机电设备的运行，不但为乘客提供舒适的乘车环境，而且大大提高了城市轨道交通对意外安全事件的反应处置能力，极大地保证了乘客的人身安全。因此，必须保证EMCS正常运行。

4.4.1 EMCS运行管理的内容

EMCS必须是24 h不间断工作的。运行人员必须确保设备处于正常的运行状态，确保设备不被人为或环境破坏。所有运行人员必须经过上岗培训，并只有在考核通过后才能上岗。此外，需制定运行操作及维修规程、突发事件应急预案及各项规章制度。运行人员要严格执行规程及规章制度，确保EMCS设备正常、安全。

4.4.2 EMCS运行管理的组织结构

EMCS工作站按控制功能及权限分为中央级工作站和车站级工作站。其中，中央级工作站由环控调度人员使用并负责日常管理，车站级工作站由车站工作人员使用并负责日常管理。维修人员则全面负责EMCS维护保养及故障处理，确保EMCS正常使用。

1. 中央级设备的运行管理

中央级设备控制着线路辖下的车站及区间隧道机电设备，环控调度人员通过中央级工作站对全线车站及区间隧道内设备的运行状态、故障情况及EMCS自动运行情况进行监控。环控调度人员还负责对城市轨道交通突发事件进行反应，下令车站工作人员执行相应火灾模式或授权车站工作人员对设备进行操控，以及通过中央级IBP对全线区间火灾/阻塞模式进行控制。

环控调度人员必须熟悉EMCS操作方法，熟练掌握环控工艺模式和火灾处理程序，启动相应的火灾模式。

2. 车站级设备的运行管理

车站级设备控制着本车站机电设备，车站工作人员通过车站级工作站对本站内设备的运行状态、故障情况及EMCS自动运行情况进行监控，接收环控调度指令，控制车站内设备动作，并对设备执行情况进行确认。车站工作人员通过车站级FAS发现火灾报警并现场确认，同时将现场情况向环控调度人员汇报。当发生火灾而EMCS未自动接收 FAS 指令并启动相应模式时，车站工作人员接收环控调度命令，通过 EMCS 工作站或车站 IBP 执行相应火灾模式。

车站工作人员必须熟悉 EMCS 操作方法，熟悉车站设备现场操作方法，熟练掌握环控工艺模式和火灾处理程序，启动相应的火灾模式。

3. 设备维修时的运行管理

EMCS 的维护保养及故障处理由专业维修人员完成。维修人员对 EMCS 进行维护，确保为使用部门提供运行良好的系统设备，具体工作主要有：根据规程进行计划性维修保养，努力做到以养代修；对 EMCS 进行故障维修、抢修，确保系统功能完整；对系统缺陷进行整改，对系统功能进行优化；对使用部门的工作人员进行培训，规范系统操作，做好技术支持等。

4.4.3 EMCS 运行管理的有关规程

1. 运行操作规程

为保证城市轨道交通 EMCS 正常运行，规范操作人员的操作使用，需制定运行操作规程。此规程主要针对车站工作人员，内容包括设备日常操作步骤、设备日常巡视工作、设备日常保养工作、设备运行故障排除等。维修人员涉及相关内容时也必须按此规程执行。

2. 维修规程

为保证城市轨道交通 EMCS 正常运行，规范维修人员的操作，周期性地纠正系统各设备运行后可能积累的误差，或进行零部件超过使用寿命后的更换，调整设备，使其达到良好的运行状态，需制定维修规程。此规程内容包括不同等级的维修内容和技术要求、设备的日常保养内容及要求、检修作业中常见典型故障的排除方法、维修所需材料与工器具等。

4.5 SIOP 与 SIOS

4.5.1 SIOP 与 SIOS 简介

1. 背景

车站是城市轨道交通线路运营管理的基本单元，车站管理标准化是整个城市轨道交通网络管理标准化的基础，是城市轨道交通运营管理水平的重要体现。

随着科技的发展和专业分工的细化，城市轨道交通设施设备的专业种类不断扩大。目前，城市轨道交通车站设置的专业系统包括机电设备监控系统、火灾报警系统、门禁系统、站台门系统、自动售检票系统、智能照明系统、乘客信息系统、闭路电视系统、公共广播系统、自动列车监控系统等十多个。由于各专业系统独立设计，独立配置网络通信设备和监控终端，因此目前城市轨道交通车站内的监控设备众多，控制室面积较小的车站甚至已出现没有合适位置安放监控终端的情形，这不仅影响车站控制室布局的美观性，给车站工作人员带来身心压抑感，而且还存在各专业系统图形界面和操作风格不统一的问题，增加了操作管理难度。显然，在现有的管理模式下，随着车站专业设施设备的增加，车站工作人员的工作压力会越来越大，不仅容易引发管理效率和管理水平低下的问题，还会导致误操作等事件发生，给城市轨道交通系统安全稳定运营带来潜在威胁。

上海申通地铁集团有限公司于2011年颁布了《上海城市轨道交通车站控制室一体化操作建设指导意见》（STB-KZ-010003-2011），明确了车站运营管理业务，制定了按单线规模设置的车控室功能定位、工艺布置及实施原则等技术标准，并在上海城市轨道交通11号线二期、12号线、13号线、16号线等新线建设中实现应用。

为进一步优化城市轨道交通车站机电系统的集成方案，确保整个城市轨道交通网络安全稳定运营，上海申通地铁集团有限公司技术中心开展了“轨道交通车站运营综合监控和管理标准化的研究”科研项目工作，通过对城市轨道交通运营单位和维护单位的深入调研以及对车站现场的实地勘查，掌握了城市轨道交通车站运营管理的业务与系统需求，形成了城市轨道交通车站一体化操作系统（SIOS）初步方案，并选择上海城市轨道交通11号线二期上海游泳馆站建设SIOS试点工程，取得了良好的效果。

2. 内容

SIOP（车站集成操作平台）应包括以下几方面的内容。

（1）车站运营管理业务。车站运营管理业务包括车站的行车管理、设备管理与环境监控、消防管理、客运组织、技术防范管理、票务管理、便民服务、检修施工管理等。

（2）车站机电系统集成。车站机电系统集成包括建设车站一体化操作系统（SIOS），其集成范围包括机电设备监控系统、火灾报警系统、门禁系统、站台门系统、自动售检票系统、智能照明系统、乘客信息系统等。

自动列车监控系统、闭路电视系统、自动售检票系统、信息化系统等由各专项工程负责实施，其车站级系统现场实施协调工作由SIOP负责。

信息化系统包括自动记点系统、车站客服系统、检修施工管理系统、运营办公自动化系统等，可通过 KVM（多操作终端切换器）切换共享显示屏方式和应用软件合用工作站主机方式来实现优化。若各信息化系统需集成，则由信息化系统专项工程来实施。

（3）车站控制室工艺。车站控制室工艺包括一体化操作台工艺、设备配置、配套设施工艺等。

当实现 SIOP 所有内容后，车站控制室可称为车站集成控制（SIC）室，并作为车站的运营管理核心开展和组织相关工作。

SIOP 遵循的技术标准见本书附录 2。

3. SIOP 与 ISCS 的关系

城市轨道交通综合监控系统（ISCS）一般由中央综合监控单元（CISCU）、车站综合监控单元（SISCU）、车辆基地综合监控单元（DISCU）及主干传输网络组成。

SIOP 中，SIOS 实现了 SISCU 的功能，而 EMCS、FAS、ACS（门禁系统）、ILS（智能照明系统）等被实现深度集成，保留其车站级服务器或主控制器等，用于与各自中央级分立系统的信息沟通和功能实现。当实施了 SIOS 中央系统（即 CISCU）后，适度调整信息沟通链路和功能实现方式，结合车辆基地 DCC（拨号控制中心）建设项目来实施 DISCU，利用通信专业提供的主干传输网络，实现完整的 ISCS。

4.5.2 车站运营管理业务

车站运营管理业务主要包括车站行车管理、车站设备管理与环境监控、车站消防管理、车站客运组织、车站技术防范管理、车站票务管理、车站便民服务、车站检修施工管理等。

1. 车站运营管理业务的分工

车站运营管理团队主要包括车站值班员、车站值班站长、车站服务中心站务员、车站站台站务员等，其共同承担车站各项运营管理业务。

车站设置具有特定业务和功能的管理用房或区域，一般包括车站控制室、车站站长室、车站服务中心、车站站台等。不同的车站工作人员有不同的工作区域。

（1）车站值班员。车站值班员的工作区域为车站控制室，其主要承担车站的行车管理、设备管理与环境监控、消防管理、客运组织、技术防范管理、检修施工管理，以及应急指挥时与其他车站工作人员间的通信联络等工作。一般情况下，在运营期间，车站值班员不得离开车站控制室。

（2）车站值班站长。车站值班站长的主要工作区域为车站站长室，其承担对车站所有业务及下属人员的管理、任务分派下达、对外联络、回看监控录像等工作。必要时，车站值班站长可到车站其他区域进行巡查和监督。

（3）车站服务中心站务员。车站服务中心站务员的主要工作区域为车站服务中心。车站服务中心一般分为A型、B型两种。

A型车站服务中心可替代车站控制室（一般在采用无人驾驶系统的城市轨道交通线路车站中设置），主要承担车站的行车管理、设备管理与环境监控、消防管理、客运组织、技术防范管理、票务管理、便民服务、检修施工管理，以及应急指挥时与车站工作人员间的通信联络等功能。

当独立设置车站控制室时，应设置B型车站服务中心。无论一般车站还是换乘车站均需设置一处主用B型车站服务中心，承担配合客运组织、票务管理、便民服务等功能。

必要时，车站服务中心站务员可以到站厅、站台、车站控制室区域处理相关业务。

（4）车站站台站务员。车站站台站务员的工作区域为车站站台，其主要承担辅助发车、紧急处置与报警、疏导客流等工作。一般情况下，在运营期间，车站站台站务员不得离开车站站台。

2. 车站运营管理业务的支撑

车站的系统建设应以车站运营管理业务需求为核心。

SIOP通过建立一套完全支持SIC室运营综合监控与管理集成功能高效发挥的车站一体化操作系统，结合自动列车监控系统、闭路电视系统、自动售检票系统、信息化系统及工艺布置等建设内容，实现对车站运营管理业务的技术支撑和高效管理。

（1）车站行车管理。车站行车管理主要由SIC室的车站值班员和车站站台站务员承担。ATS（自动列车监控）系统和信息化系统（如自动记点系统）是车站行车管理的主要系统支撑。

（2）车站设备管理与环境监控。车站设备管理与环境监控主要由SIC室的车站值班员承担。SIOS是车站设备管理与环境监控的主要系统支撑。

（3）车站消防管理。车站消防管理主要由SIC室的车站值班员承担。SIOS是车站消防管理的主要系统支撑。

（4）车站客运组织。车站客运组织主要由SIC室的车站值班员承担。SIOS与AFC系统是车站客运组织的主要系统支撑。

（5）车站技术防范管理。车站技术防范管理主要由SIC室的车站值班员承担。CCTV（闭路电视）系统与SIOS是车站技术防范管理的主要系统支撑。

（6）车站票务管理。车站票务管理主要由车站服务中心站务员承担。AFC 系统是车站票务管理的主要系统支撑。

（7）车站便民服务。车站便民服务主要由 SIC 室的车站值班员和车站服务中心站务员承担。信息化系统（如车站客服系统）是车站便民服务的主要系统支撑。

（8）车站检修施工管理。车站检修施工管理主要由 SIC 室的车站值班员承担。信息化系统（如检修施工管理系统、运营办公自动化系统等）是车站检修施工管理的主要系统支撑。

3. 车站运营管理业务的操作流程

城市轨道交通车站运营管理业务的操作流程分为早间启运、晚间停运、日常运营、客流高峰运营、灾害管理等情形。现对车站机电设备管理、环境监控和消防管理范围内的相关业务操作流程进行介绍，其他业务操作流程可参见通信、信号和供电专业的设计文件。

（1）早间启运操作流程。早间启运操作是每日运营前车站运营管理人员的首要操作。

早间启运操作流程包括若干预定义的、与专业设备操作相关的任务项。早间启运操作流程的任务项有调控类和确认类两种。调控类任务项是指需要向某些专业设备或系统发送控制命令并使现场设备按照预定方式动作的任务项，确认类任务项是指仅需查看并确认某系统设备运行状态的任务项。

为简化车站值班员的操作管理，调控类任务项中涉及的对专业设备的操作控制应由 SIOS 及其集成子系统按照设备工艺要求预先设定动作期望值，由 SIOS 按照模式控制方式自动执行。车站值班员无须关注调控类任务项中涉及的具体操作对象和控制执行过程。

早间启运操作流程由车站值班员手动触发。车站值班员通过 SIOS 工作站的图形界面依次执行相关任务项的操作，即可完成早间启运操作流程。

车站值班员应顺序执行早间启运操作流程的每一个任务项。SIOS 应显示每个调控类任务项对应的预设模式和当前运行模式。在当前运行模式与预设模式一致的情况下，车站值班员可以选择跳过该任务项的操作。SIOS 应自动保存车站值班员的操作记录。

（2）晚间停运操作流程。晚间停运操作是每日运营结束后，从节能、安全性、设备保养等方面考虑，车站值班员对通风空调系统、自动售检票系统等进行的操作。晚间停运操作流程包括若干预定义的、与专业设备操作相关的任务项。晚间停运操作流程的任务项有调控类和确认类两种。

为简化车站值班员的操作管理，调控类任务项中涉及的对专业设备的操作控制应由SIOS及其集成子系统按照设备工艺要求预先设定动作期望值，由SIOS按照模式控制方式自动执行。车站值班员无须关注调控类任务项中涉及的具体操作对象和控制执行过程。

晚间停运操作流程由车站值班员手动触发。车站值班员通过SIOS工作站的图形界面依次执行相关任务项的操作，即可完成晚间停运操作流程。

车站值班员应顺序执行晚间停运操作流程的每一个任务项。SIOS应显示每个调控类任务项对应的预设模式和当前运行模式。在当前运行模式与预设模式一致的情况下，车站值班员可以选择跳过该任务项的操作。SIOS应自动保存车站值班员的操作记录。

（3）日常运营操作流程。日常运营操作流程是车站运营管理人员对车站进行全面管理、维持运营畅通和安全的重要工作，主要包括行车管理、设备管理与环境监控、消防管理、技术防范管理、客运组织和检修施工管理六个方面，其中，行车管理、技术防范管理、客运组织和检修施工管理的相关业务流程在本节不进行描述。

1）设备管理与环境监控。系统自动对通风空调、给排水、智能照明、电梯/扶梯、屏蔽门、门禁、自动售检票等系统的设备进行监视和控制，并通过图表形式把各专业设备的运行状态信息实时呈现在SIOS工作站中。

系统实时采集公共区域和设备用房及管理用房的温度、湿度、二氧化碳浓度，通过图表形式把各区域温度、湿度、二氧化碳浓度等参数及其变化趋势实时呈现在SIOS工作站中，作为车站值班员日常运营管理的依据。

正常情况下，系统处于全自动运行状态，无须车站值班员介入。车站值班员可以根据现场实际情况对车站机电设备运行状态进行控制和调整。设备故障时，系统根据故障分类自动以不同颜色提示设备故障报警信息。

车站值班员对车站机电设备的控制以模式控制为主，控制内容包括大系统运行模式调整、小系统运行模式调整、空调冷冻水系统启停、节能模式的照明控制等。车站设备维护人员除进行模式控制外，还能对车站机电设备进行单体控制。

系统检测到设备故障后，自动在SIOS图形界面提示设备故障报警信息。设备故障报警信息包括严重故障（影响运营安全）、重要故障（影响重要设备运行）和一般故障（设备局部功能受限但不影响车站运营）三种类别，分别用红色、橙色和黄色三种颜色显示。车站值班员根据故障报警信息的类别采取不同的处理措施。

- 红色故障报警信息处理。立即通知站务员现场确认，将故障情况及时报告OCC（控制中心）调度人员；在OCC调度人员的指挥下采取应急处置方案；记录故障设备的名称和编码，并立即通知维护部门检修，排除故障。

● 橙色故障报警信息处理。通知站务员现场确认，记录故障设备的名称和编码，并通知维护部门检修，排除故障。

● 黄色故障报警信息处理。通知站务员现场确认和处置，若故障不能排除，则记录故障设备的名称和编码，并通知维护部门检修。

2）消防管理。系统自动监视感烟火灾探测器、感温火灾探测器、手动报警器等火灾探测设备的运行状态，并通过图形方式在 SIOS 工作站显示。

系统自动监视警铃、高频振鸣器、消防专用电话插孔、紧急电话等火灾报警设备的运行状态，在设备故障时提供报警信息。

系统自动监视消防泵、喷淋泵、消火栓、排烟专用风机、防烟防火阀、排烟防火阀、防火卷帘门、高压细水雾灭火系统（若有）、气体灭火系统（若有）等消防设备的运行状态，并通过图形方式在 SIOS 工作站显示。

正常情况下，系统处于全自动运行状态，无须车站值班员介入。

设备故障时，系统自动显示设备故障报警信息，车站值班员应记录故障设备的名称和编码，并通知维护部门检修，排除故障。具体操作同设备故障报警信息处理。

火灾情况下，系统自动弹出火灾区域的图形画面，车站值班员应立即联系站务员核实现场情况。若火灾被确认，则系统将根据火灾模式自动向相关消防设施设备发出联动指令，使其进入火灾运行模式。

（4）客流高峰运营操作流程。客流高峰运营操作流程是车站运营管理人员在大客流情况下对车站进行全面管理、有序组织客流疏散的重要工作流程。

根据线路断面客流情况和车站实时客流情况，部分车站还需要按照预定的客流高峰运营组织方案实施车站限流措施。

（5）灾害管理操作流程。灾害管理操作流程是指车站值班员处置火灾等突发事件的管理操作流程，主要包括区间隧道火灾、车站车行区火灾、车站公共区火灾、车站设备用房及管理用房火灾、突发恐怖事件等情形。下面介绍前两种灾害的管理操作流程。

1）区间隧道火灾。区间隧道火灾处置通常由 OCC 调度人员在控制中心的隧道风机控制盘上进行。控制中心系统异常情况下，OCC 调度人员可以授权车站值班员按照指令在 SIOS 工作站上进行操作，或者直接在车站 IBP 上进行操作。在此情形下，车站值班员的操作必须根据 OCC 调度人员的指令，在明确列车所在位置（上行线或下行线）及火灾在列车上的位置后启动相关火灾模式。

SIOS 的集成商应根据区间隧道通风系统原理图和环控工艺图编制不同工况下的模

式控制软件，按工艺要求实现对区间隧道通风系统设备的顺序控制。火灾工况下的区间隧道通风模式至少应包括上行线车头火灾、上行线车尾火灾、下行线车头火灾、下行线车尾火灾等模式。

火灾确认后，车站值班员通过 SIOS 图形界面监视对应的火灾模式，并比较模式联动设备的预期状态与实际反馈状态之间是否存在差异。若设备的预期状态与实际反馈状态之间没有差异，则火灾模式启动操作成功。若设备的预期状态与实际反馈状态之间存在差异，则需要通知站务员现场排查，或尝试通过车站 IBP 对相关设备进行直接控制。若异常状态继续存在，车站值班员应及时上报车站值班站长和 OCC 调度人员，并记录故障设备的名称和编码，及时通知维护部门检修。

2）车站车行区火灾。车站值班员确认列车在车站车行区发生火灾后，应手动启动相关火灾模式并立即通知车站值班站长和 OCC 调度人员，执行扣车、急停等应急操作，组织人员疏散，管理操作流程如图 4–7 所示。

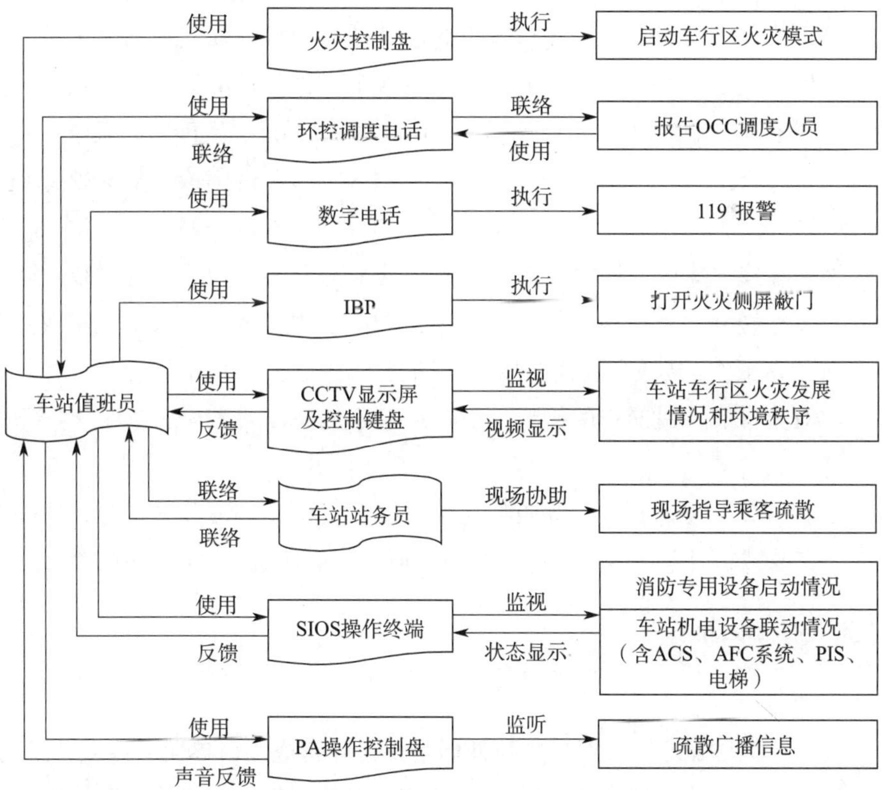

图 4–7　车站车行区火灾管理操作流程

4.5.3 SIOS 建设目标

1. 运营综合监控

基于车站运营管理业务需求，SIOS 应为车站值班员提供信息综合监控界面，该监控界面能全面反映车站运营管理所要关注的重要设备状态和主要环境指标，以满足车站值班员对运营信息综合监控和管理的要求。

监控界面应至少反映以下信息：各集成专业系统的设备运行状态、公共区域的主要环境指标、进出站客流信息、系统网络通信状态等。

正常情况下，车站值班员无须进行画面切换即可监控车站机电设备和环境的整体情况；设备故障情况下，SIOS 能准确定位故障设备的专业系统并提供相关专业系统和故障设备的详细信息。

2. 系统集成

基于车站运营管理业务需求，应对支撑车站相关运营管理业务的现有专业系统进行集成设计，优化车站系统，提高机电设备联动控制效率，降低车站值班员的操作频度和操作难度，满足车站流程管理的要求。集成范围包括机电设备监控系统、火灾报警系统、门禁系统、站台门（PSD）系统、自动售检票系统、智能照明系统、乘客信息系统（PIS）等，其中，对 EMCS、FAS、ACS、ILS 实施深度集成，对 PSD 系统、AFC 系统、PIS 等实施顶层集成。

（1）深度集成。集成系统将被集成对象各功能部分整合为统一的系统，除必需的设备级联锁及运转外，其他系统性功能均在集成系统中实现，即为深度集成。被集成对象不要求独立工作，与集成系统间要高度耦合，关联密切且不可分割。在特殊情况下，被集成对象可实现最简单的操作。被集成对象的建设要完全服务于集成系统的建设实施要求。

（2）顶层集成。被集成系统按照独立子系统方式建设，可独立工作，集成系统通过数据接口获取被集成系统信息，并有机整合成上位应用系统，即为顶层集成。

4.5.4 SIOS 功能

1. 通用功能

（1）数据采集与处理。数据采集与处理是指接收集成接口单元上传或转发的信息，再进行数据处理，形成系统内认可的有意义的工程单位值。采集与处理的数据类型有模拟量和数字量两种。

（2）控制。控制包括单点控制和成组控制（或顺序控制）。单点控制包括基本控制（对单个设备对象的离散控制）及其两种衍生控制（模式控制和设点控制）。成组控制是由基本控制和模式控制组成的有条件的系列控制。

（3）报警管理。当发生异常时，系统将产生报警，以通知调度人员。报警可能是由一个物理设备的操作，或者一个软件检测到的错误状态而发出的。报警信息通常包含时间、地点、事物、状态变化经过等。如果需要，报警可以产生语音、图像指示等信号。报警分优先级。

报警系统采用“供应者–消费者”模式。实时数据库定义报警出现和消失的条件，与实时数据库关联的报警供应者（报警服务器）确定报警发生条件，并把组织好的报警信息发布给事件服务器，事件服务器负责报警信息在分布式系统中的传播。报警消费者（客户工作站）通过订阅机制从事件服务器接收报警更新信息。

2. 机电设备与环境监控功能

机电设备与环境监控功能通过集成的车站 EMCS 实现，主要内容如下。

（1）监视与记录

1）监视与记录车站及所辖区间隧道的通风空调系统、制冷系统、给排水系统等的设备运行状态及参数，并进行故障报警。

2）监视与记录车站典型区域测试点的温度、湿度、二氧化碳浓度等环境参数。

（2）控制与调节

1）对客流、温度、湿度等参数进行一定程度的修改，以实现大系统变频控制。

2）对车站及所辖区间隧道的通风空调系统、给排水系统等涉及的各种机电设备实现控制，并对故障状态进行报警。

3）可预设各类不同工况模式的运行程序，通过与其他系统的接口（如火灾报警系统）实现对相关设备的联动控制。

4）对被控设备实现单独控制、联锁控制，以及各种模式的手动与自动控制。

5）在灾害或事故状态下，转入灾害或事故模式运行。

6）根据用户需求，形成各种设备运行参数报表，或随时变更设备运行参数（如启停时间等）。

7）根据有关机电设备的平均使用时间，实现主设备、备用设备自动切换运行，从而延长此类设备（如各种水泵等）的使用寿命。

8）可远程自动控制冷水机组的运行台数，统计设备运行时间，调整冷水机组的启动次序，均衡设备运行时间。

（3）报警处理

1）将车站被控设备运行状态、报警信号及测试数据及时送至控制中心，并接收中央系统的各种控制指令和运行模式（预留）指令。

2）接收火灾报警系统的报警信号，控制与防灾有关的设备在火灾工况下的运行模式，并将执行完毕后的模式操作反馈给火灾报警系统的报警主机。

3）具有声光报警功能，可根据用户需要定制报警画面自动弹出、报警确认及处理功能。火灾报警优先。

4）监视通信通道的质量，具有“通信失效”检测与报警功能。

（4）显示与打印记录

1）具有彩色动态显示及多级显示功能，能及时显示设备运行状态和设备故障状态。

2）对各类信息进行实时记录查询，建立设备管理数据库，能根据需要自动生成各类统计报表，定期打印输出数据报表（日报表、周报表、月报表等）。

3. 门禁监控功能

门禁监控内容包括门状态、门禁控制器状态、门禁卡使用信息等。门禁监控功能具体如下。

（1）一般监控功能

1）可通过权限认证对车站内任一扇门进行远程开关控制。

2）SIOS 人机界面可图形化显示门禁设备状态，并及时显示每个房门的进出状态和门禁卡使用信息。

3）可对车站任一门禁设备进行查询，包括设备状态、故障信息、进出历史数据等；可一次性查询或显示所有门禁设备当前状态信息。

4）当门禁现场发生强行闯入等非正常状况时，SIOS 人机界面可发出声光提示并自动弹出报警信息，实现非正常报警。

5）可存储所有的进出记录、状态记录，可实现按不同的查询条件进行查询。

门禁系统网络控制器在发生故障且恢复后，必须自动与 SIOS 恢复通信。

（2）联动控制功能（预留）。当发生火灾时，门禁系统网络控制器接收火灾报警信息，打开相应门的电控门锁，以便人员及时疏散。

（3）应急功能。IBP 上设有切断门禁电控门锁总电源的按钮，紧急情况下，可手动切断门禁电控门锁总电源，打开所有门，以便于疏散。

4. 火灾报警功能

SIOS 实现与 FAS 的数据接口连接，集成的功能如下。

（1）监视车站所辖区域的火灾报警系统设备的运行状态信息及火灾报警、故障报警等信息，并以直观的图形进行实时显示。

（2）发生火灾、故障时，以图形方式显示报警位置和实时状态，并以列表形式显示和记录报警时间、报警地点等信息，同时发出相应的声光报警信号。

（3）图形化显示 FAS 网络节点的当前状态，同时显示各网络节点的相关说明信息，实现网络诊断功能。

（4）当收到系统异常事件报警后，可将事件信息通过事件打印机进行实时打印。

（5）能将历史记录等报告内容进行整理归纳并存储，随机形成报表并打印，实现历史记录和档案管理功能。

（6）具有设备状态报表统计和打印功能。

（7）根据操作权限，可对 FAS 设备进行控制（如火灾报警控制器的复位和消音等）、隔离等操作。

（8）当接收到火灾报警信息时，系统自动触发火灾联动模式程序，启动相关应急设备进入火灾模式，同时提供图形界面监视火灾模式的执行过程及执行结果。

5. 屏蔽门监控功能

（1）监视屏蔽门（包括门单元、控制系统、供电电源等部件）的运行状态和故障报警信息。

（2）提供屏蔽门故障的分类统计数据。

（3）紧急情况下，可通过 IBP 实现对屏蔽门的上下行开门操作。

6. 智能照明监控功能

智能照明监控范围包括公共区照明、广告照明和导向照明。正常情况下，智能照明系统根据外部条件进行自动调节控制或按照时间表方式进行控制。车站值班员根据实际需要，可以通过 SIOS 对智能照明系统的运行模式进行切换控制。智能照明监控功能如下。

（1）监视公共区照明、广告照明和导向照明各回路的运行模式和设备故障报警信息。

（2）能对公共区照明、广告照明和导向照明各回路的运行模式进行切换控制。

4.5.5 SIOS 构成

1. 系统架构

SIOS 采用分层分布式 C/S 体系架构，分上、下两层，上层为车站监控系统网络，下层为专业控制系统网络。其中，车站监控系统网络由数据服务器、集成接口单元、网络交换机、值班员工作站等硬件设备和相关软件构成，关键设备均采用冗余方式配置，确保任意单点故障不影响系统正常的监控功能。专业控制系统网络由各集成专业主控制器及其远程监控单元（探测器、传感器、分控器等现场级测控设备）构成。下面重点讨论车站监控系统网络的设计规范和技术要求，专业控制系统网络的结构及其功能描述参见相关专业的招标技术文件。

SIOS 上层网络与下层网络之间通过专用的集成接口单元连接，以便在物理层面隔断下层网络对上层网络的潜在影响。集成接口单元采用模块化结构，配置不同类型的接口模块，物理接口数量至少满足 FAS、EMCS、ACS、ILS、PIS 以及 PSD 系统、AFC 系统等专业系统的接入需求。集成接口单元各物理接口之间采用电气隔离并相互独立，避免了不同专业控制系统网络之间潜在的影响。

SIOS 通过冗余的集成接口单元实现与被集成专业系统的接口通信和信息交互，采集的专业数据经数据服务器运算处理后实时显示在值班员工作站中；同样，车站值班员的操作指令经数据服务器校核后通过集成接口单元发送给相关专业系统，完成对相关机电设备的远程控制。

数据服务器、集成接口单元、网络交换机等设备安装在车站设备机房或 SIC 室的辅助设备用房，冗余设备分别独立供电。冗余的值班员工作站分别安装在 SIC 室和车站站长室。正常情况下，车站值班员通过 SIC 室的值班员工作站实现设备管理与环境监控、消防管理、客运组织等管理业务。当 SIC 室的值班员工作站异常时，车站值班站长可以通过车站站长室的值班员工作站实现相关管理业务操作。

SIOS 及其中央系统的总体结构如图 4-8 所示。

2. 系统硬件

（1）数据服务器。基于分布式的 C/S 结构，SIOS 配置两台互为冗余的数据服务器，完成被集成专业实时数据的采集、处理、转发，以及历史数据的统计、分析、存储管理等。

冗余数据服务器间采用热备份模式。当系统正常工作时，主服务器工作；当主服务器发生故障时，系统自动切换到备用服务器，故障信息在值班员工作站图形界面上直观显示，并可按设置要求由打印机打印出来。

数据服务器配置多 CPU，采用多用户、多任务操作系统及关系型数据库，通过冗余的千兆以太网接口分别接入冗余的车站监控系统网络，以保障服务器的响应速度及系统的可靠性。

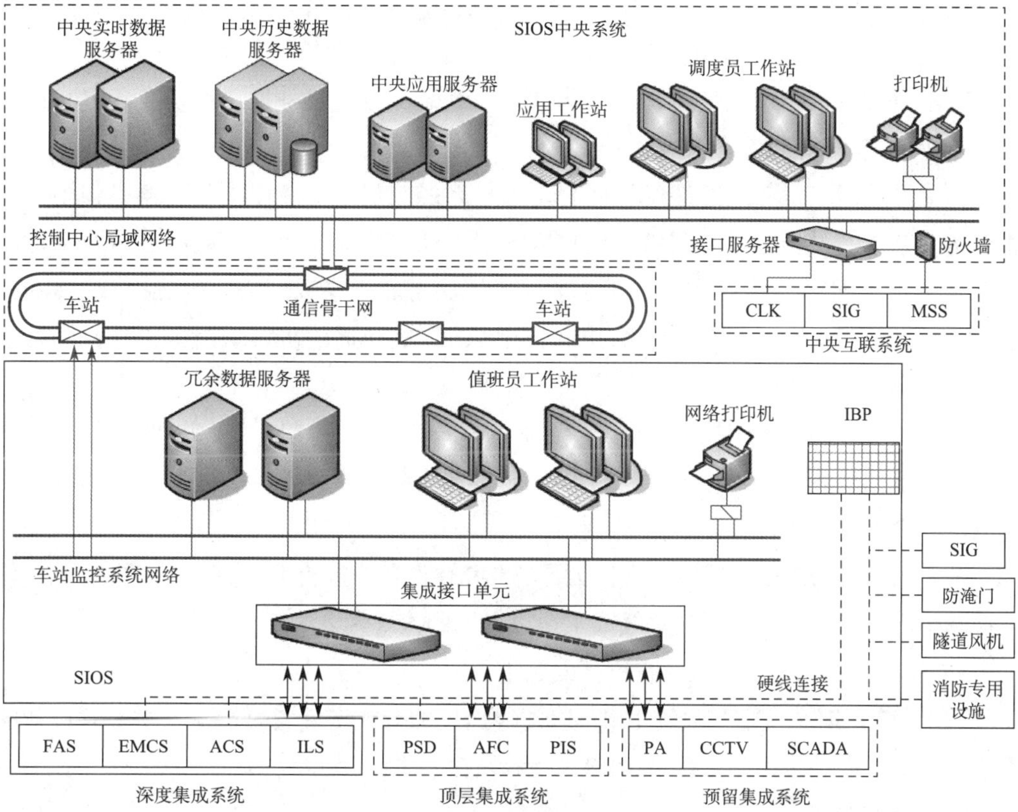

图 4-8　SIOS 及其中央系统的总体结构

（2）值班员工作站。SIOS 在 SIC 室和车站站长室各配置一套值班员工作站，两套值班员工作站同时运行，互为备用。车站值班员或车站值班站长通过不同的用户账号登录获取相应的操作权限。值班员工作站配置双屏显示器，以便对车站设备进行整体监控和操作管理。

（3）打印机和打印服务器。系统配置具有网络功能的打印机，用于操作记录、事故记录、测量数据、相关报表和程序的实时打印，以及数据和图表的输出打印。

系统配置一台支持双网冗余结构的打印服务器。打印服务器至少配置两个独立的网络接口，分别连接冗余的车站监控系统网络，确保任意单一网络设备故障情况下的系统打印功能。

（4）集成接口单元。系统配置两套互为备用、功能等价的 IIU（集成接口单元），用于完成 SIOS 与被集成专业系统之间的信息采集、分发和协议转换。在任意时刻，两套 IIU 均能同时接收来自 FAS、EMCS、ACS、ILS、PIS 以及 PSD 系统、AFC 系统等专业系统的信息，但只有一套 IIU 为主设备。当主 IIU 发生故障时，系统自动切换到备用 IIU，故障信息被记录在系统报表中。

对于只能提供一个通信接口的被集成专业系统，可通过增设通道切换装置实现被集成专业系统与两套 IIU 的连接。

（5）局域网络设备。系统配置两套互为备用的三层工业级以太网交换机，用于构建热备冗余的车站监控系统网络。正常情况下，SIOS 内各节点设备间的通信业务均承载于其中一个网络，另一个网络则处于热备用状态。当在线网络发生异常或故障时，系统将自动切换到备用网络。网络访问采用 C/S 方式，通信协议采用 TCP/IP，网络传输速率不小于 100 Mb/s。

（6）PLC。PLC 架构应采用单冗余方案，即车站 PLC 控制系统采用两台相同配置的 PLC，以同步光缆相互连接。两台 PLC 能实现无缝切换，任何一台 PLC 故障均不能造成机电设备监控系统功能下降。

PLC 采用冗余现场总线或工业以太网连接 I/O 设备或远程 I/O 装置。环控 MCC（任务控制中心）宜通过冗余现场总线或工业以太网的方式接入。

SIOS 工作站不宜安装 PLC 程序开发软件。

（7）IBP。SIOS 应配套设置 IBP，以硬线连接的方式实现紧急情况下对关键设备的手动控制。在车站级控制系统中，IBP 控制具有最高优先级。

3. 电源与接地

SIOS 按一类负荷设计，采用 UPS 供电。

SIOS 服务器机柜设置在设备机房，由通信或供电专业的集中 UPS 供电，供电容量按满载 6 kV · A 设计；SIC 室和车站站长室的值班员工作站由通信或供电专业的集中 UPS 供电，供电容量按满载 1 kV · A 设计。

在交流电源失电后，设备机房 SIOS 服务器和 SIC 室值班员工作站的 UPS 备供时间不小于 1 h，容量应能满足 SIOS 全部设备负荷的要求。

SIOS 采用综合接地，接地电阻不大于 1 Ω。

4. 系统软件

SIOS 软件采用分层分布式 C/S 体系结构，支持跨平台应用，包括硬件平台和软件平台。根据系统总体结构，SIOS 软件可以分为支撑软件、平台软件和应用软件。

（1）支撑软件。支撑软件由操作系统和数据库组成。操作系统具备多任务、多用户、多进程通信能力，如 Windows、UNIX、Linux 等。数据库由历史数据库和实时数据库组成。历史数据库采用成熟的商用关系型数据库，如 Oracle、Sybase、DB2、SQL

Server；实时数据库采用具有高时效与大容量特点的商用数据库，或采用符合城市轨道交通综合监控系统应用要求的专用数据库。

（2）平台软件。平台软件是SIOS软件的核心组成部分，由抽象代理软件、事务管理软件和通用功能软件组成。

抽象代理软件用于处理不同操作系统、硬件设备、数据库之间的差异，使系统上层应用软件的设计独立于底层，并使得应用软件的开发独立于操作系统、硬件设备和数据库之外。

事务管理软件由各种处理不同事务的开放的中间件构成，分别负责进程管理、通信管理、接口管理、日志管理、权限认证，以及不同环境下的特殊性业务。事务管理软件能为上层应用建立统一、开放、可扩展的通用分布式开发环境。

通用功能软件为应用软件提供基本的应用支持。通用功能软件由各种具有不同功能的软件模块构成，包括数据采集、数据处理、控制、状态监视、模式/联动、时间表、预案、数据库管理、备份与恢复、故障诊断、网络管理、权限管理、报警管理、统计、分布式数据订阅、实时数据库访问等软件模块。

（3）应用软件。应用软件是基于平台软件、为用户提供交互界面的组态软件。应用软件通过插件、脚本或定制方式完成工程中具体的应用功能，如专业管理功能（包括FAS功能、EMCS功能、ACS功能、PIS功能等）、流程管理功能、特定脚本功能等。

系统必须为应用软件提供对平台软件基本应用功能做适应性修改的软件工具和方法，以满足用户对特定功能的开发需求。

5. 人机界面

SIOS应为车站值班员提供一套全面满足车站设备管理与环境监控、消防管理和客运组织需求的人机界面（HMI）。

SIOS的HMI主要由综合管理界面、任务管理界面和专业管理界面三类视图构成。其中，综合管理界面是车站机电设备运行状态和环境状况的总览性界面，集中呈现车站值班员运营管理所需要关注的对象及其状态；任务管理界面为车站值班员运营管理提供标准化、流程化的操作控制机制，内容涵盖车站设备管理与环境监控、消防管理的全部操作；专业管理界面以电气原理图、车站平面图等方式详细呈现各集成专业系统设备运行情况和系统运行参数，是传统的专业设备监控界面。

正常情况下，车站值班员应通过综合管理界面监视车站设备和环境的总体状况。当需要调整车站设备运行模式时，车站值班员可通过任务管理界面启动相关流程并执行相关任务项。车站值班员还可以通过专业管理界面执行单体设备控制或查看专业设备的详细信息。

SIOS 的 HMI 设计遵循简约、直观和全面的原则，关注重点监控对象，突出频繁操作流程，同时也兼顾专业管理需求。

SIOS 的 HMI 宜采用多窗口风格设计，并至少包括标题栏、操作管理栏、报警提示栏和主监控区域四个窗口。

6. SIOS 中央系统

SIOS 中央系统应与 SIOS 各车站系统有机融合，共同构成基于线路的、分层分布式控制的城市轨道交通运营综合监控与管理系统。

SIOS 中央系统应根据新建工程或改扩建工程的实际情况，采用不同的系统结构和设备配置方案。

（1）新建线系统建设。SIOS 中央系统采用分层分布式体系架构，由实时数据服务器、历史数据服务器、接口服务器、调度员工作站、网络交换机、网管工作站、打印机等硬件设备和相关监控系统软件构成。其中，实时数据服务器和调度员工作站用于采集和处理全线 SIOS 上传的实时数据，为设备调度提供全线车站及区间设备的运行状态和操作管理界面，为维修调度提供设备故障报警或预警提示信息；历史数据服务器及其磁盘阵列（RAID）等设备用于实现对全线车站及区间设备的状态参数、故障报警记录及调度员操作记录的存储和历史数据检索。

除调度员工作站和打印机设置在控制中心调度大厅外，SIOS 中央系统其余设备都安装在控制中心专用设备机房中。

SIOS 中央系统通过通信专业提供的主骨干网（MBN）实现与全线 SIOS 的数据通信。SIOS、MBN 和 SIOS 中央系统均采用双网热备冗余的网络架构，以提高整个系统数据通信的可靠性和可用性。正常情况下，全部业务数据通信均承载于主网络，当主网络发生故障时，系统自动切换至备用网络运行。

SIOS 中央系统应采用通信中间件或其他开放的通信机制实现与 SIOS 之间的数据交互。SIOS 中央系统的平台软件和应用软件应采用与 SIOS 软件完全兼容的产品，以确保 SIOS 中央系统与 SIOS 之间数据交互的高效性和操作管理风格的一致性。

（2）既有线系统建设。既有线控制中心按专业设有 EMCS 服务器、EMCS 图形工作站、FAS 图形工作站等。

既有线 SIOS 中央系统的建设宜通过在原有 EMCS 专业设备的基础上进行升级改造完成。

既有线 SIOS 中央系统的建设应遵循总体规划、分步实施的指导思想。

（3）SIOS 中央系统接口。SIOS 中央系统设置接口服务器，用于实现与 CLK（时钟）、SIG（信号）、MSS（维护支持系统）等专业的接口通信和数据交互。

接口服务器通过物理独立的网络端口实现与 CLK 专业的连接，接收 CLK 专业发送的标准授时信号。

接口服务器通过 OA（办公自动化）网络实现与 MSS 专业的接口，用于实现车站设备故障报修的信息化和自动化。SIOS 中央系统通过增设防火墙设备来隔绝来自 OA 网络的潜在攻击或非法入侵。

接口服务器通过以太网端口实现与 SIG 专业的接口，接收列车到发时刻表信息并提供车站火灾报警信号和隧道风机运转状态信号。SIG 专业与 SIOS 系统接口的安全防护措施由 SIC 专业负责解决。

7. 时间同步

在设置 SIOS 中央系统的情形下，SIOS 中央系统的接口服务器接收 CLK 专业系统提供的授时信号，实现 SIOS 中央系统与全网时钟的时间同步。SIOS 作为二级节点，通过网络通信方式实现与 SIOS 中央系统的时间同步。

在未设置 SIOS 中央系统的情形下，需要在控制中心通信机房设置一台专用的 SIOS 时间服务器。SIOS 时间服务器一方面接收 CLK 专业系统提供的授时信号，实现与全网时钟的时间同步；另一方面又作为 SIOS 的时钟源。SIOS 通过网络通信方式实现与 SIOS 时钟服务器的时间同步。

4.5.6 SIOS 性能

1. 系统的主要性能指标

SIOS 应满足实际使用条件下的性能需求，主要性能指标如下：

- 系统响应时间不大于 2 s；
- 遥测传送时间不大于 3 s，遥信变位传送时间不大于 2 s，遥控、遥调命令传送时间不大于 3 s；
- 系统实时数据扫描周期不大于 1 s；
- 画面实时数据刷新周期不大于 1 s，画面点击响应时间不大于 0.3 s，画面切换时间不大于 1 s；
- 冗余服务器切换时间不大于 2 s；
- 网络传输速率不小于 100 Mb/s，串行通道传输速率不小于 9 600 b/s，现场总线传输速率不小于 1 Mb/s；

● 系统平均故障间隔时间（MTBF）不小于 10 000 h，系统平均修复时间（MTTR）不大于 0.5 h；

● 系统可用率不小于 99.95%；

● 车站网络负荷正常情况下不大于 10%，高峰时不大于 30%；

● 系统重启时间不大于 15 min；

● 历史数据保存时间不少于 1 年，操作记录保存时间不少于 1 年；

● 系统中使用的软件至少符合欧洲标准 EN 50128 中安全完善度等级 SIL2 要求。

其中，系统响应时间是指从接口信号变化开始到 SIOS 工作站信息更新为止的时间；画面点击响应时间是指从车站值班员点击菜单、按钮、设备图标等可操作对象开始，到相关对象响应点击为止的时间；画面切换时间是指从车站值班员发出画面切换请求开始到新画面信息全部显示完毕为止的时间。

2. 主要设备的基本要求

以下是对 SIOS 主要设备的基本要求。应在满足基本要求的前提下，根据具体工程情况合理选择供货设备，确保 SIOS 总体技术性能指标满足工程要求。

（1）数据服务器

1）采用机架式企业级服务器，可配置 4 个 Xeon E7–4800 系列处理器，最大内存容量为 1 TB，最大本地存储容量不低于 6 TB，支持 RAID 5、RAID 6 等，支持有 512 MB 缓存的硬件 RAID 方案。

2）配置 2 块 Xeon E7–4807 六核 CPU，至少配置 48 GB DDR3（DDR 即双倍率同步动态随机存储器）内存。

3）配置 4 块 600 GB 内置式 SAS（串行连接 SCSI，SCSI 即小型计算机系统接口）硬盘，支持热插拔。

4）配置 2 个热插拔电源，支持“1+1”冗余。

5）配置 2 个独立的千兆以太网接口。

6）提供不少于 5 个 PCI（外部设备互联）扩展插槽。

7）配置 Windows Server 2008 企业版简体中文操作系统。

8）配置防病毒软件。

9）带所有安装部件（不含机柜）。

（2）值班员工作站

1）采用高性能工业控制计算机或工作站，配置 Xeon E3–1230 CPU、4 GB DDR3 内存、500 GB SATA（串行高级技术附件）硬盘，CPU 主频不低于 3 GHz。

2）配备 2 个独立的支持 10 Mb/s、100 Mb/s、1 000 Mb/s 速率的以太网接口。

3）配置 1 个 DVD-RW（可重写式数字化视频光盘）光驱。

4）配置 Windows XP 企业版简体中文操作系统或其升级版本。

5）配置防病毒软件。

6）配置独立显卡，显存不低于 512 MB。

7）配置 2 块 19 in（in 即英寸，1 in=2.54 cm）或 22 in 液晶显示器，分辨率不低于 1 280 px × 1 024 px 或 1 440 px × 900 px，亮度不小于 300 cd/m^2，对比度不低于 700：1，响应速度不大于 5 ms。

（3）网络交换机

1）采用三层工业级以太网交换机，采用模块化结构，可配置 4 个千兆端口和 24 个百兆端口，背板带宽不小于 12.8 Gb/s，三层交换包转发传输速率不小于 9.52 Mb/s。

2）支持以太网功能，在 150 台交换机组网的规模下，环网自愈时间不大于 20 ms。

3）支持基于端口的 VLAN（虚拟局域网）、IEEE 802.1 Q VLAN（IEEE 即电气与电子工程协会）和 GVRP（GARP VLAN 注册协议，GARP 即通用属性注册协议）。

4）支持静态路由协议和 RIP V1/RIP V2 动态路由协议（RIP 即路由信息协议）。

5）支持 QoS（服务质量）机制，支持 IEEE 802.1p 业务优先级调度控制策略。

6）支持 SNTP（简单网络时间协议）。

7）支持端口镜像及端口聚合功能。

8）采用双电源冗余设计，提供过压保护。

9）平均故障间隔时间不小于 150 000 h。

10）电磁兼容性指标符合 EN 61000-4-2、EN 61000-4-3、EN 61000-4-4、EN 61000-4-5、EN 55022 Class A 相关要求。

11）具有 CE（欧洲统一）、FCC（美国联邦通信委员会）、RoHS（欧盟有害物质限制）、UL（美国保险商试验室）等认证，并通过电磁干扰试验检测。

3. 接口信息的规范性要求

为配合 SIOS 界面设计，实现分层、逐级显示设备故障报警信息，需对 SIOS 与各集成专业系统之间的信息点进行规范，由此出现了总报警信号和分类报警信号的概念。总报警信号定义为指定专业系统所有设备故障报警信号的汇总，分类报警信号定义为指定专业系统某类设备故障报警信号的汇总。

各专业系统提供的数字量输入（DI）信息点表应预留前 8 个字节（64 bit），并在按照相应规则填写相应比特值后连同原有的数字量输入信息一起传送给 SIOS。

4.5.7 SIOS 接口

系统接口设计与系统的集成方式和工程界面划分有关。应将 FAS、EMCS、ACS、ILS 作为 SIOS 的子系统统一纳入 SIOS 工程招标范围中，实现各系统深度集成，且 SIOS 应对 AFC 系统、PSD 系统、PIS 等系统实现顶层集成。当 CCTV 系统和 PA（公共广播）系统在车站设置人机界面终端时，SIOS 宜对其实现顶层集成。

FAS、EMCS 与车站通风空调、给排水、动力照明、电梯 / 扶梯、消防等设施设备的接口要求参见 FAS、EMCS 接口技术文件。

防护门和防淹门（若有）可接入 SIOS。

1. 接口类型与接口通信协议

推荐采用标准、规范的接口类型与接口通信协议实现 SIOS 与接口系统之间的通信连接，以进一步加强 SIOS 的开放性和可维护性，降低系统维护管理难度和维护费用。

（1）接口类型。推荐采用国际标准的电气接口实现 SIOS 与集成子系统之间的电气连接，主要包括传统串行通信接口、以太网接口和现场总线接口。

（2）接口通信协议。推荐采用国际通行的、满足实时通信要求的标准通信协议实现 SIOS 与集成子系统之间的信息交互，主要包括流行的 Modbus 通信协议和标准的 IEC 60870（IEC 即国际电工委员会）通信协议。

SIOS 应具有开放的接口通信能力，支持自定义协议开发，以满足特殊专业系统的应用需求。

2. SIOS 与 EMCS 的接口

SIOS 与 EMCS 的接口关系如图 4–9 所示。

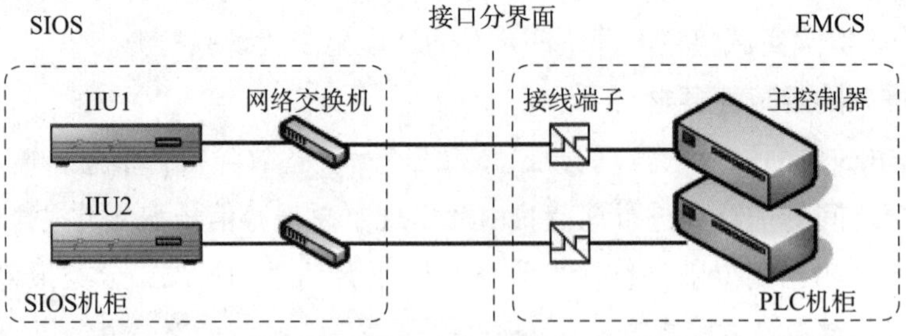

图 4–9 SIOS 与 EMCS 的接口关系

（1）接口分界面。EMCS 通过 PLC 主控制器的两块以太网接口通信模块实现与 SIOS 的接口通信与数据交互，接口分界点在车站 PLC 机柜接线端子排 / 配线架外侧。

SIOS 负责与 EMCS 之间的通信线缆敷设、接口通信的测试和系统调试；EMCS 负责 PLC 机柜内的接线和测试，提供 PLC 机柜内接线端子排（端口）的定义并协助完成接口相关通信电缆的接线，负责提供接口通信的信息点表，配合完成接口通信测试和系统调试。

（2）接口通信方式

1）接口类型：RJ45 端口，10 Mb/s、100 Mb/s 自适应以太网通信接口。

2）传输介质：超五类屏蔽双绞线。

3）接口数量：2 个独立的以太网通信接口。

4）链接方式：SIOS 作为客户端请求链接，EMCS 作为服务端响应链接请求。

5）IP 地址及通信端口：IP 地址分配满足工程规划，通信端口为 7001。

（3）接口通信协议。SIOS 与 EMCS 的接口采用 Modbus over TCP/IP。

3. SIOS 与 ACS 的接口

（1）接口分界面。ACS 通过车站网络控制器的以太网接口通信模块实现与 SIOS 的接口通信与数据交互，接口分界点在车站门禁主控制器机柜接线端子排 / 配线架外侧。

SIOS 负责与 ACS 之间的通信线缆敷设、接口通信的测试和系统调试；ACS 负责门禁主控制器机柜内的接线和测试，提供门禁主控制器机柜内接线端子排（端口）的定义并协助完成接口相关通信电缆的接线，负责提供接口通信的信息点表，配合完成接口通信测试和系统调试。

（2）接口通信方式

1）接口类型：RJ45 端口，10 Mb/s、100 Mb/s 自适应以太网通信接口。

2）传输介质：超五类屏蔽双绞线。

3）接口数量：2 个独立的以太网通信接口，条件限制时，应至少提供 1 个独立的以太网通信接口。

4）链接方式：SIOS 作为客户端请求链接，ACS 作为服务端响应链接请求。

5）IP 地址及通信端口：IP 地址分配满足工程规划，通信端口为 7001。

（3）接口通信协议。SIOS 与 ACS 的接口采用基于 TCP/IP 的自定义门禁通信协议。

4. SIOS 与 FAS 的接口

SIOS 与 FAS 的接口方式有两种：一种是利用 FAS 与 EMCS 之间既有的通信通道，通过 EMCS 实现与 SIOS 之间的信息交互；另一种是 FAS 主机（即火灾报警主机）直接与 SIOS 的集成接口单元连接，实现 FAS 与 SIOS 的信息交互。

第一种方式可以减少 FAS 的通信接口数量，降低现场施工布线工程量，只需要升级 FAS 主机中的通信接口卡即可，因此适用于既有线系统建设项目；第二种方式在不改变 FAS 与 EMCS 之间联动信息传输方式的基础上，新增两个冗余的串行通信接口，实现 FAS 与 SIOS 之间的接口通信，其优点在于接口分界面清晰、调试方便，且不影响原有的专业设计方案，适用于新建线系统建设项目。

5. SIOS 与 PSD 系统的接口

PSD 系统通过车站主控制器的串行接口通信模块实现与 SIOS 的接口通信与数据交互，接口分界点在屏蔽门主控制器机柜接线端子排 / 配线架外侧。

SIOS 负责与 PSD 系统之间的通信线缆敷设、接口通信测试和系统调试；PSD 系统负责屏蔽门主控制器机柜内的接线和测试，提供屏蔽门主控制器机柜内接线端子排（端口）的定义并协助完成接口相关通信电缆的接线，负责提供接口通信的信息点表，配合完成接口通信测试和系统调试。

4.5.8 车站控制室工艺

1. 一体化操作台工艺要求

SIOP 采用的一体化操作台（以下简称 SIOP 操作台）应为支撑车站运营管理业务的各类系统设备提供符合一体化操作理念、符合人因工程学要求的硬件统一设置空间和人机交互环境，使车站运营管理更为规范和便捷，SIC 室环境更为协调和美观。

SIOP 操作台设计应符合人因工程学要求，内容主要包括工作负荷判定、屏面布置与人体视野 / 视区、操作台设备设置与操作手可及范围、人体受限空间尺寸、工作范围布局、工作环境、线缆路径安排、设备表面材质与颜色、机柜设置等。SIOP 操作台设计应确保车站值班员在同一环境中长时间连续工作时享有一定的舒适度，减少疲劳，在突发事件出现时能及时获知，并在最短时间内做出正确反应。

SIOP 操作台应基于系统集成和设备整合条件统一设计，在批量生产前应制作 1∶1 样件，在获得建设方、运营方确认后方可批量生产。单线标准车站控制室的 SIOP 操作台方案效果如图 4–10 所示。

2. 台面工艺要求

（1）SIOP 操作台应按模块化拼接方式设计，每一席位的台面长度宜为 2 ~ 2.5 m，台面高度可为 0.7 m，台面深度不宜大于 0.8 m。考虑到人员容膝空间，台面下方的净空高度宜为 0.65 ~ 0.68 m。IBP 宜安装在操作台上，其顶端离地距离不宜超过 2 m。

图 4-10 单线标准车站控制室的 SIOP 操作台方案效果

（2）台面材料等级必须达到欧洲环保标准 E1 级，阻燃等级 V-0 级。若使用防火板，则其应符合国家标准《热固性树脂浸渍纸高压装饰层积板（HPL）》（GB/T 7911—2013）中的相关规定。台面前部边沿宜采用 R 形设计，增加操作人员舒适度。

（3）台面应有钢制支撑结构，应能承受 2 700 N 的静载荷，且不应有损坏及目视下的开裂现象。

（4）台面下方应安装采用高度牢固制作工艺的抽屉式键盘托架，键盘托架要求能容纳标准的键盘和鼠标，托架数量应不少于实际需求数量。

（5）台面边角处应采用圆弧设计，避免操作人员磕伤。

（6）台面各系统的设施设备应有统一的标牌，以方便识别。

（7）台面的键盘线、鼠标线应通过标签或颜色标识，排线应整齐。

（8）台面底下应安装可调节高低和大小的茶杯托架。

（9）台面必须具备较强的防水能力，特别是排线毛刷槽处。

第5章

维护支持系统

学习目标

- ☑ 了解维护支持系统的模块组成
- ☑ 熟悉维护支持系统运行管理

知识要求

5.1 维护支持系统的模块

5.1.1 功能模块

MSS的功能模块见表5-1。

表5-1 功能模块

模块名称	应用程序名称	功能
资产模块	资产	资产是公司拥有或租赁的任何设施、设备、机器或技术，在Maximo系统中可管理和维护的资产包括： ● 生产类资产，如电动机、泵、绞车、冲床等 ● 设施类资产，如管道设施、楼宇等 ● 交通工具类资产，如汽车、火车、飞机等 ● IT类资产，如计算机、路由器、集线器、服务器等 Maximo中的“资产”应用程序可存储资产的各类静态信息和动态信息（如资产所在位置、供应商或制造商、资产的运行状态及维护成本等），可对公司资产进行分类管理，可记录锅炉等资产的特殊属性 通过“资产”应用程序，可创建资产层次结构，可记录资产移动情况。运用资产层次结构可以随时检查累计成本

续表

模块名称	应用程序名称	功能
资产模块	位置	可将位置定义为跟踪资产所在的运行位置，也可将位置定义为要使用 Maximo 为其创建维护记录的任何设施（或者部分设施） 使用“位置”应用程序可查看、修改、添加和删除资产的位置记录，并将位置组织到逻辑层次结构或网络结构系统中。资产会在位置之间移动，用户可以使用位置系统并在资产记录中指定资产位置，以便收集和跟踪有价值的资产历史信息（包括特定位置资产的性能）。当用户将位置组织到系统中时，可快速地在“明细数据”中查找位置并识别出特定位置上的资产 使用“位置”应用程序可创建维修位置、承运人位置、报废位置、供应商位置和员工位置
	仪表	Maximo 中的仪表记录是用于记录测量结果的虚拟标识符。可将仪表与资产或位置相关联，以记录该资产或位置的测量结果、运行参数等，如运行小时数、温度、压力等。对资产或位置设置仪表的原因包括： ● 确定资产下次维护的时间 ● 在执行类似工作的类似资产之间进行有效比较 ● 跟踪生产成本 ● 跟踪服务成本 ● 跟踪有效指示器 ● 满足规定要求，如在航空业中，要保留时间控制部件从产出到报废的详细信息 使用“仪表”应用程序来定义仪表记录时，可定义仪表类型、仪表使用的计量单位，以及仪表应记录的读数类型（增量或实际值）。仪表记录可以与资产、库存项目及位置相关联，也可以用于驱动状态监测和预防性维护（PM）。仪表可以单独应用，也可以作为仪表组的部分来应用
	仪表组	仪表组通常是由两个或多个用于相同类型资产或位置上的仪表组成的。例如，若用户需要跟踪车辆的行驶里程、使用、油料和耗油信息，则可以直接定义仪表组，将该仪表组与跟踪上述四个信息的四个仪表关联，再直接将仪表组定义到车辆，而不是将这四个仪表分四次定义到车辆 仪表组还可与“主库存项目”应用程序中的周转库存项目相关联，以指定通常与周转库存项目相关联的仪表
	状态监测	“状态监测”应用程序可跟踪资产或位置上的测量数据，并使用该数据来预测何时需要进行预防性维护，产生相应的工单。数据内容可包括振动、压力、温度等 用户可使用“状态监测”应用程序来创建并查看资产和位置上的监测点记录，可设定该监测点的正常测量值上下限范围及测量结果超出范围后触发的相应预防性维护工单

续表

模块名称	应用程序名称	功能
资产模块	故障代码	故障代码是故障层次结构的一个要素。在 Maximo 中，故障层次结构包括故障类别、问题、原因和维修措施等 使用“故障代码”应用程序可建立和显示具体资产或位置的相关故障层次结构。通过在维护工单中使用故障层次结构记录故障相关信息，可构建资产或位置上所发生故障的精确历史，并通过对故障发生频率的统计分析，对资产有针对性地采取预防性维护措施，以减少将来发生类似故障的可能性
合同模块	采购合同	采购合同详细记录采购资产、库存项目、物料、服务或工具的合同条款。采购合同可与相关资产相关联。使用“采购合同”应用程序可创建下列类型的合同： ● PRICE（定价合同） ● BLANKET（一揽子合同） ● SW LICENSE（软件许可证合同） ● PURCHASE（购买合同）
	租赁 / 租借合同	租赁 / 租借合同定义供应商与客户之间达成的有关租赁或租借资产或位置的协议。使用“租赁 / 租借合同”应用程序可定义协议的条款和条件
	劳务费率合同	劳务费率合同是适用于外部人员的合同，指定支付给不同工种和技能级别人员的劳务费率，同时适用于与合同关联的任何员工。用户可使用“劳务费率合同”应用程序为特定工种和技能级别定义多种劳务费率，另外用户也可以选择为员工定义这些内容
	主合同	主合同可用来创建一个文档，此文档定义用户与供应商之间有关所有合同类型的关系。主合同中的信息可以包含供应商信息、有效日期信息、成本信息，以及将应用于从主合同中创建的所有关联合同的条款与条件
	保修合同	保修合同详细描述由制造商或外部服务提供商提供的对一个或多个资产或位置的维护。用户可使用“保修合同”应用程序创建下列类型的合同： ● SERVICE（服务合同） ● WARRANTY（保修合同）
	条款和条件	条款和条件是为合同和采购记录定义的要求，它们通常由法律部门提供。用户可以使用“条款和条件”应用程序进入并维护条款和条件库，其中的条款和条件可以添加到合同或采购记录中。这些条款和条件可以包含与责任有关的问题、运输和处理的详细情况、预期交货时间等信息。可以从“采购合同”应用程序的“条款和条件”标签页中获得在“条款和条件”应用程序中输入的条款。在标签页中，用户可以从与该合同或采购记录关联的库中选择条款和条件

续表

模块名称	应用程序名称	功能
财务模块	科目表	Maximo 可将设备维护成本归集到相关财务科目，进行成本跟踪 使用“科目表”应用程序可执行以下操作： ● 创建、查看和修改总分类账科目代码和组件 ● 设置财务周期 ● 设置一些默认总分类账科目，包括组织机构科目、与公司相关的科目及外部人工控制科目 ● 定义资源代码 ● 指定总分类账验证选项
	货币代码	在 Maximo 中可定义公司货币代码，包括本位币和外币，以方便进行国际采购结算。使用“货币代码”应用程序可定义货币代码并指定当前在 Maximo 中可以使用的货币类型 建立有效的货币代码之后，就可以在出现“货币”字段的任何位置（如“采购申请”“采购订单”“发票”“公司”）使用该货币代码 Maximo 在系统级别存储货币代码，可设定不同组织机构使用的不同本位币和其他货币之间的汇率
	汇率	当公司涉及国际采购，以某种外币为单位输入金额（如在采购申请、采购订单或发票中输入金额）时，Maximo 会查找该货币的有效汇率，以组织机构的本位币为单位来计算成本 Maximo 在组织机构级别存储汇率。因此，每个组织机构可定义自己的汇率。货币代码存储在系统级别，可供所有组织机构使用
	成本管理	“成本管理”应用程序与外部项目成本核算系统配合，可以帮助用户更有效地跟踪项目成本和管理预算。通过在“成本管理”应用程序中创建一个项目，并在“工单跟踪”应用程序中将工单与此项目相链接，可以生成项目成本信息以跟踪此项目所需的资金 将工单分配到一个项目后，该项目号会出现在其他应用程序中，如工单相关的备件采购、服务外包等。要更改工单所属的项目号，必须使用“工单跟踪”应用程序
库存模块	主库存项目	主库存项目记录存放在公司仓库中的库存项目或物料。当使用“主库存项目”应用程序创建库存项目记录时，用户可以定义库存项目的库存类型，决定是否按批次管理，将库存项目与危险及物料安全数据表（MSDS）相关联，定义库存项目为周转库存项目（可列为周转资产），并确定可用作库存项目替换品的可替换库存项目。此外，用户还可以定义库存项目的其他相关信息，如存放库存项目的仓库位置、库存项目的供应商信息、库存项目的“分类”和“技术规范”、部件组装结构，以及在 Maximo 以外与库存项目记录相关联的文档等

续表

模块名称	应用程序名称	功能
库存模块	服务项目	服务项目是一种特殊库存项目，“服务项目”应用程序用于定义公司使用的服务。服务项目不能被发放、转移，但可将其用作标准作业计划、工单的一部分，也可在创建采购申请、采购订单等时将其用于“采购申请”“采购订单”等应用程序中。服务项目还可被视作计划服务，即计划使用或采购的服务 使用“服务项目”应用程序可创建公司经常或非经常使用或采购的任何类型服务的记录。服务项目包含与采购相关联的标准服务（如运输、安装），或必须从供应商处采购的定期维护服务（如保养、校验）
	工具	“工具”是库存项目记录的一个特殊类型，可按照在 Maximo 中管理库存项目的方法管理工具，包括在库存中跟踪、在仓库中预留、发放和转移、记入工单等 “工具”应用程序可存储公司所用工具的相关信息，这些工具可以是公司所有，也可以是租赁而来 工具通常为非消耗性库存项目，根据其使用按小时计费。工具包括空气压缩机、射钉枪、校准设备等
	库存工具	库存工具是作为库存项目被跟踪并存放在仓库或工具包中的工具。用户可通过 Maximo 在“工具”应用程序中创建工具记录，在“仓库”应用程序中创建仓库记录，而在“库存工具”应用程序中管理存储在仓库中的工具 用户可使用“库存工具”应用程序跟踪工具所在的仓库货柜和批次级别的工具余量；跟踪提供工具的供应商及重订购详细信息（如订购价格和提前期）；查看将工具列为资产周转库存项目的周转资产，以及将工具列为备件的资产
	库存	“库存”是存储在仓库中的所有库存项目、物料和周转资产的列表。用户可通过 Maximo 在“主库存项目”应用程序中创建库存项目记录，在“仓库”应用程序中创建仓库记录，而在“库存”应用程序中管理库存 用户可使用“库存”应用程序跟踪仓库货柜和批次级别的库存项目余量，并使用条件代码跟踪库存项目成本；跟踪提供库存项目的供应商及重订购详细信息（如订购价格和提前期）；查看列出周转库存项目记录的周转资产，以及将库存项目列为备件的资产
	发放和转移	用户可使用“发放和转移”应用程序来管理库存项目的发放、在仓库之间的转移和退库等。用户可使用“发放和转移”应用程序进行下列管理活动： ● 将库存项目直接发放到工单、资产、位置，或记入总分类账科目 ● 将先前发放的库存项目返回到仓库进行发放和转移 ● 将库存项目转移出库，使其进入另一个仓库位置 ● 将库存项目转移到承运人位置或员工位置 ● 接收先前发放到承运人位置或员工位置的库存项目，以待运输

续表

模块名称	应用程序名称	功能
库存模块	条件代码	条件代码使用户能够根据库存项目的实际条件来设定具有不同值的库存项目记录。例如，已损坏、已磨损、已使用或已重建的库存项目的价值将不会等同于新库存项目的价值 在“条件代码”应用程序中可设定计算非新库存项目的费率值。例如，用户可为一个库存项目创建两个条件，“新”表明该库存项目的费率值为100%，而“旧”表明该库存项目的费率值为50%。使用“条件代码”应用程序可为数据库中定义的每个“库存项目集”创建条件代码的主列表 创建的条件代码可应用于下列类型的记录： ● 在“主库存项目”应用程序中创建的库存项目记录 ● 在“资产”应用程序中创建的周转资产记录
	仓库	仓库是指存放库存项目的位置。仓库具有与其相关联的总分类账科目代码，以便跟踪库存成本。用户可使用“仓库”应用程序创建新的仓库记录，定义与仓库关联的总分类账科目代码，并查看在该仓库位置存放的库存项目
计划模块	标准作业计划	标准作业计划是包含要对资产、库存项目或位置所执行工作的详细描述的标准模板，包括工作步骤及工作相关的备件、人工、服务等。当安排工作、创建工单时，可针对类似的工作调用标准作业计划。一个标准作业计划可应用于任意数量的工单 将标准作业计划应用于一个工单后，它的资源估计量和任务将被复制到该工单的工作计划中。用户可以修改工作计划，以使步骤、人工、物料、服务和工具更加适合此工单且不影响原始标准作业计划模板 为确保安全地执行标准作业计划，可以将安全计划信息添加到标准作业计划中
	安全计划	安全计划包含对资产或位置进行工作需采取的安全措施的相关安全信息，包括危险、预防措施、危险物料，以及为执行安全工作而要遵循的步骤 例如，在对某项资产（如泵）进行维护之前，用户必须按特定方式将其关闭，以避免电击或泄漏。又如，在维护人员进入指定位置之前，用户必须通知维护人员可能会接触到化学制品，应该穿戴防护服和护眼罩等 安全计划提供了一种方法，它能将与资产或位置相关的所有安全信息编译在一个记录中，这样就能将信息复制到标准作业计划和工单中，以保证工作过程符合安全要求
	检修路线	当用户需要对一批资产或位置定义工单、安排维护工作时，如对同一实验室中的计算机增加内存或对一批灭火器进行定期检查时，可以将一系列相关的资产、位置或这两者的组合定义为检修路线，直接在工单中成批进行工作处理。检修路线简化了检修工单层次结构的创建 用户可通过下列方式使用检修路线： ● 将检修路线应用于预防性维护记录中，为所有列为检修路线站点的工作资产生成检验类型工单 ● 将检修路线应用于工单中，并为每项列为检修路线站点的工作资产生成子工单

续表

模块名称	应用程序名称	功能
预防性维护模块	预防性维护	许多资产和位置都需要在设备运行一定时间后进行定期维护，如设备定期检查、保养、润滑、检定等。同时，需要安排设备计划检修（如大/小修）以确保效率持续稳定并防止停机。Maximo 的"预防性维护"应用程序为预防性维护、定期维护及定期检查或认证创建预防性维护记录 用户可以根据占用的时间间隔、仪表读数和季节、日期，定义应该执行工作的频率。用户可以列出预防性维护中的标准作业计划，以确定完成工作所需的步骤、人工、物料、服务和工具等。通过预防性维护生成工单时，Maximo 会将标准作业计划和安全计划信息复制到工单中 用户还可以将预防性维护分组到与资产或位置层次结构匹配的层次结构中。通过预防性维护生成工单时，Maximo 将利用预防性维护层次结构创建工单层次结构
	主预防性维护	主预防性维护是用于创建其他预防性维护记录的模板。用户可以为通用预防性维护或检查任务创建通用主预防性维护记录，如用于设备检验的通用列表。用户还可以为周转库存项目创建主预防性维护记录，它们可用于为资产和位置创建关联的预防性维护记录，这些资产和位置的记录上列出了周转库存项目 主预防性维护记录不是用于生成工单的，它用于创建关联的预防性维护记录，用户可以在"预防性维护"应用程序中对这些记录进行管理。关联的预防性维护记录包含特定于地点的信息，用于为资产和位置生成工单。用户还可以使用主预防性维护来自动更新有关预防性维护信息
采购模块	采购申请	采购申请（PR）是发送给内部采购部门的书面申请，用于订购库存项目或服务。用户可以使用"采购申请"应用程序创建库存项目、供应品和服务的采购申请 采购部门可使用采购申请创建库存项目或服务的询价单（RFQ），或在采购申请批准之后创建采购订单（PO）
	采购订单	采购订单是采购部门向内部供货单位或外部供应商发出的一种授权订单 用户可以使用"采购订单"应用程序从采购申请或询价单创建采购订单，也可以从头开始创建采购订单
	接收	接收是接收供应商货物或服务的记录。用户使用"接收"应用程序将物料接收到库存 用户可以使用"物料接收"标签页接收已到达的订购物料，记录部分发货数量，并记录退回给供应商的库存项目（如检验失败并被拒绝的库存项目）。用户还可以在接收周转库存项目时创建资产记录 若需要进行服务接收，则可以使用"服务接收"标签页来记录根据已批准的采购订单接收的服务

续表

模块名称	应用程序名称	功能
采购模块	发票	通过使用“发票”应用程序，用户可以记录发票和供应商的借项清单及贷项清单，并使发票内容与采购订单和接收相匹配。用户还可以创建没有接收的发票。另外，用户可以为公司的货物和服务创建发票，也可以通过母公司为子公司的货物和服务创建发票 在采购物料和服务之后，公司将从供应商处接收票据或发票。使用 Maximo 管理发票使用户能够对照采购订单、物料和服务接收核对发票信息，以便能批准发票并发送到应付账款
	询价单	询价单是发送给一个或多个潜在供应商的询价申请。在申请中，可以要求库存项目或服务的特定成本及交货条件。在询价单记录中，用户可以指定项目、要求的交付日期和其他要供应商在交付库存项目或服务时遵循的条件。询价单记录多个供应商的报价信息，以方便用户决定从哪个供应商处采购物料或服务 通过“询价单”应用程序，用户可以： ● 创建询价单 ● 存储从供应商处接收的报价 ● 分析报价以便做出更合理的采购决定 ● 使用收集的信息来创建采购订单 ● 使用收集的信息来创建采购合同
	公司	“公司”应用程序用于记录货物或服务的供应商、资产制造商及其他有业务往来的公司 公司记录包含有关供应商的特定组织机构信息，如合同名称和地址。如果公司有多个地址，则可以为每个分支机构的位置创建独立记录，并将它们与母公司记录相关联
	公司模板	当集团公司内部各组织机构之间需要共享供应商信息时，可在 Maximo 中定义公司集，每个组织机构都与一个公司集关联 “公司模板”应用程序可用于创建属于特定公司集的公司模板记录。公司模板记录包括有关公司的信息，如公司的默认联系人，公司的采购、电子商务及付款详细信息。用户也可以使用“公司模板”应用程序将一个公司模板记录与某个组织机构关联
	条款和条件	通过“条款和条件”应用程序，用户可以输入条款和条件，并维护条款和条件库。这些条款和条件能够添加到采购文档或合同中。这些条款和条件可包含的信息有责任划分、装运和处理详细信息、预期交货时间等
资源模块	人员	人员是指在 Maximo 记录上可能出现的个人，如服务申请的“报告人”或“受影响的人员”，员工记录中的“主管人”，采购记录中的“收货方”或“收款人” 用户可以使用“人员”应用程序创建、查看、修改和删除个人记录。该应用程序用作有关个人（如 Maximo 用户、员工、资产所有者、主管人及接收“工作流”通知的人）的信息库

续表

模块名称	应用程序名称	功能
资源模块	人员组	人员组由一群具有相似工作职责、权限等级和安全许可的个人组成。一旦定义了人员组，就可以将工单、服务受理单、采购等相关记录的职责分配给组而不是个人 人员组可以是“工作流”过程所发送记录的收件人。如果一个采购单或工单之类的记录发送给某人员组，那么除非“工作流”过程配置为仅发送给日历显示为可用的成员，否则该组中每个人都可以收到该记录 人员组可以作为“所有者组”在服务受理单和工单上列出，也可以作为“工作组”在工单上列出
	工种	一个工种代表一种职业或行业，工种名称通常反映了此职业或行业的成员所从事的工作类型。如果劳务费率因专业技能不同而不同，那么可以创建多种技能级别，并为每种技能级别分配不同的劳务费率。例如，要区别初级技工和高级技工就不必创建两个单独的工种记录，可以创建单个技工工种记录，并创建此技工工种下的两个技能级别（初级和高级）。一个工种下的每一种技能级别都有不同的标准劳务费率
	员工	员工代表一个雇员。员工记录是为将要耗时执行服务受理单和（或）工单工作的工人而创建的，用户可以通过员工记录跟踪员工的工作小时数或所花费的时间成本 使用“员工”应用程序可创建、查看、修改和删除员工记录。用户可以提供个人信息，也可以提供与员工有关的相关工作信息，如员工的标准工时数和加班小时数，以及拒绝加班的信息。另外，用户也可以指定与员工记录相关联的工种、技能级别、劳务费率、资质及证书
	资质	资质表示具备特殊的工作技能或经过了特殊培训。资质通常（并非必须）由许可证或证书证明，表示在特殊技能上所具备的熟练程度。某些证书具有有效期限，这类证书持有者必须定期对其进行更新 使用“资质”应用程序可创建资质的记录及资质的证书要求。一旦创建资质记录，可将其与“资质”或“员工”应用程序中的员工记录相关联。用户也可以查看与特定员工代码相关联的资质，并更新和更改特定员工的资质状态
安全模块	安全危险	安全危险是指在工作场所中存在或可能存在的导致工作人员受伤、财产损害或经济损失的任何情况 使用“安全危险”应用程序可定义工作场所中存在的危险，将预防措施与这些危险相关联，并将与危险相关的文档或其他信息附加到记录中。例如，面对引起皮肤刺激的化学品，公司可能要求工作人员戴手套和护眼罩，并将其链接到物料安全数据表 用户可以将在“安全危险”应用程序中定义的危险与“资产”或“位置”应用程序中的工作资产及其相关资产相关联，然后在“安全计划”应用程序中定义确保安全工作环境所必需的一组安全信息，最后在“标准作业计划”应用程序中将已定义的安全计划与特定的标准作业计划关联起来

续表

模块名称	应用程序名称	功能
安全模块	安全预防措施	安全预防措施是用来减轻不能被完全排除的危险的预防措施，如在强噪声环境中工作时要戴上听力保护器 用户可以在“安全预防措施”应用程序中针对工作场所中的危险定义预防措施，在“安全危险”应用程序中将这些预防措施与工作场所中的危险相关联 在定义安全预防措施并将其与工作场所中的危险相关联时，需提供有关雇员如何在工作场所中减轻或排除任务所涉及的危险的信息。用户可以用“附加文档”功能将预防措施与处理文件、电子表格或网页格式的更多信息相关联
	隔离标记/安全标记	安全标记旨在排除危险，以确保安全的工作环境。Maximo 用安全标记来描述整个步骤程序，用隔离标记来描述安全标记步骤程序中的步骤在本“隔离标记/安全标记”应用程序中创建的记录由安全标记来识别，它也用于识别其他应用程序中的安全标记 用户可以创建描述如何控制危险的安全标记步骤。危险能源的示例包括： ● 电：高压电 ● 化学：有毒化学品、潜在化学反应、燃烧或爆炸 ● 运动：移动中的部件或下落物体 ● 辐射：热、冷辐射 ● 压力：水压、气压，真空泵
	安全计划	同计划模块的安全计划
工单模块	工单跟踪	工单就是要执行的工作申请。用户既可以通过工单跟踪过去已执行的工作，也可以通过工单跟踪正在计划的未来工作 工单包含以下内容：已执行的工作、工作所需的员工工时数或服务、执行工作所需的物料和工具及所用资产、执行工作的位置等 用户可以使用“工单跟踪”应用程序来计划、复查和批准工单，这些工单可以是资产工单、位置工单或记入总分类账科目的其他工单 用户可以在工作流设计器中定义工单流程，完成工单创建、批准和启动，检查工单状态、历史，以及在适当时候关闭或重新执行工单的全过程跟踪
	员工汇报	“员工汇报”应用程序用于汇报外部承包商或内部雇员所执行的工作类型和工时总数 使用“员工汇报”应用程序可以： ● 在员工开始或结束工作日时，记录其每日出勤情况以进行跟踪 ● 按合同或供应商输入员工交易 ● 按员工代码输入员工交易，以跟踪在特定任务上所花的时间 ● 按服务受理单输入员工交易，并选择服务受理单上的所有员工需求 ● 按工单输入员工交易，并选择工单上的所有员工需求
	快速汇报	“快速汇报”应用程序中创建的工单用于汇报执行完毕的工作。用户可以输入员工和物料的实际使用情况，也可以汇报事件，如资产故障或停机事件

续表

模块名称	应用程序名称	功能
工单模块	任务分配管理器	用户可以使用“任务分配管理器”应用程序将员工与工单需求相匹配。用户可以使用“任务分配管理器”应用程序以7天为单位计划未来的工作，或根据当日的工作需求分派可用员工。员工也可以使用“任务分配管理器”应用程序为自己分配工作
	服务申请	用户可以使用“服务申请”应用程序来创建、查看和解决来自客户或申请人的服务申请。此申请可用于解决发放、获取新服务、获取信息或更改当前服务。服务台代理或客户都可以创建服务申请 服务申请记录是一种服务受理单。各服务受理单应用程序是紧密关联的，它们有许多共享功能，包括：定义服务受理单之间的关系，将各服务受理单链接在一起以增加信息量，在适当的应用程序中查看这些链接及详细信息
自我服务模块	创建服务申请	用户可以使用“创建服务申请”应用程序来申请服务恢复或更改。用户可以申请对自己或他人的服务，在申请过程中，可以将文档或网页附加到申请中。在创建服务申请后，可以查看详细信息，提交另一个服务申请，返回启动中心 Maximo将用户的服务申请发送给服务台代理。服务台代理将采取适当的操作，并将正在进行的活动或解决方案通知给用户
	查看服务申请	“查看服务申请”应用程序只包含一个表窗口，其中显示用户创建的服务申请 用户可以查看并打印服务申请的详细信息；可以添加或查看附件，如文档或网页；也可以查看和更新“服务申请”日志，其中包含与处理该申请的服务台代理之间的通信
	创建请求	用户可以使用“创建请求”应用程序来创建和提交桌面请求。请求将包含以下采购相关信息： ● 请求描述 ● 装货信息 ● 记账信息 ● 内容行
	查看申请	用户可以使用“查看申请”应用程序来搜索、查看和更改现有申请的状态 用户可以使用该应用程序中的可用子标签页来查看申请详细信息、申请历史和工作流信息，还可以创建用于创建新申请的申请模板
	查看模板	用户可以使用“查看模板”应用程序来查看有关申请模板的特定信息，包括装运地址、记账信息和项目详细信息；也可以根据需要编辑模板请求，并从模板创建新请求 模板请求是指用户保存的用于以后重复使用的请求，它包括标准装运和记账信息，以及项目信息
	查看草稿	用户可以使用“查看草稿”应用程序来查看自己的草稿请求，并根据需要进行编辑 当用户选择编辑草稿时，Maximo将重定位到“创建请求”应用程序，在此用户可以对草稿进行修改，然后提交请求或再次保存为草稿 用户也可以在“查看草稿”应用程序中创建模板请求

5.1.2 系统模块

MSS 的系统模块见表 5–2。

表 5–2 系统模块

模块名称	应用程序名称	功能
管理模块	组织	组织机构是包含一个或多个地点的公司的主体。属于同一组织机构的地点必须使用相同的货币，并共享工单、设备、员工及某些其他数据类型的相同选项 地点是组织机构的分支，可独立于其他地点跟踪库存和其他数据。地点的某些类型信息是唯一的，在组织机构内的其他地点中并不存在 通过使用多个组织机构和地点配置 Maximo，公司可以在同一数据库管理多个地点的设备及维护等信息。每个地点都可以访问自己特定的数据，并可以利用来自不同地点的数据 Maximo 的体系结构允许不同的组织机构和地点保留一部分各自的操作，同时共享其他操作部分。例如，不同的设备可以共享采购合同和供应商，共享并转移库存项目，同时保留各自的工单和标准作业计划数据
	分类	用户可以使用“分类”应用程序创建有关资产、位置、库存项目、服务受理单、工单和解决方案的详细信息；对物品进行分类，以便于将来查找。用户创建的分类结构将基于业务中当前使用的物品分组方法
	公告栏	用户可以使用“公告栏”应用程序在电子公告板中创建和查看关于关键问题和事故的消息；也可以使用“公告栏”应用程序在整个公司内部广播信息 用户可以从启动中心及任何应用程序来查看公告栏消息。在公告栏中创建和发布消息可以将服务受理单的创建和复制操作减至最少。只有授予“公告栏”应用程序访问权的用户才能创建和发布消息 用户可以把公告栏消息的传播目标锁定为特定的读者（基于组织机构、地点或人员组）。如果未指定读者，那么登录到 Maximo 的任何用户都可以查看公告栏消息
	通信模板	用户可以使用“通信模板”应用程序来创建和管理一般通信模板，Maximo 用户可利用这些模板使经常使用的电子邮件通信（也称为通知）标准化 例如，通过使用预定义通信模板中的标准化信息，服务台代理可以从“服务受理单”应用程序手动创建并发送电子邮件通信（服务申请、事故和问题）。收件人可做出回应，而服务台代理可通过“服务受理单”应用程序中的“通信日志”查看此双向对话 此外，用户也可以使用通信模板来创建用于自动工作流过程和上报过程的电子邮件通信

续表

模块名称	应用程序名称	功能
管理模块	日历	日历记录是根据开始日期和结束日期，以及应用于日历的班次定义工作时间和非工作时间的。非工作时间包括假日和要定义的其他任何类型的非工作时间 “日历”是组织机构级别的应用程序，可以创建组织机构的日历。如果需要特定地点的日历，那么可以引用地点的名称来创建日历，并让地点只认同使用这些日历
	集	使用“集”应用程序可创建一个框架，通过此框架可在多个组织机构之间共享库存项目数据和公司（供应商）数据 Maximo 在组织机构级别存储库存项目记录和公司记录。通过将库存项目记录和公司记录与称为“集”的类别（存储在数据库级别）相关联，不同组织机构的用户可以共享同一数据
	工作视图	“工作视图”应用程序是一个单页面应用程序，允许用户查询服务受理单和工单列表。用户能在启动中心的“结果集”中查看查询的结果。例如，用户可以查看其所拥有或分配给其所在组的所有服务受理单和工单列表
配置模块	域（值列表）	Maximo 中的某些字段与值列表相关联，用户可从这些值列表中选择适当的值。这些预定义值列表称为域（有时称为值列表），如设备状态列表、工单类型列表等。Maximo 在其应用程序中使用多种域
	数据库配置	用户可以使用“数据库配置”应用程序创建或修改 Maximo 中的应用程序所使用的对象和属性，定制数据库及执行以下功能： ● 更改属性定义 ● 将域附加给属性 ● 创建用户自定义的对象 ● 将新属性添加到现有对象 ● 创建和删除索引 ● 创建视图 ● 创建总分类账科目 ● 设置字段长度和格式 ● 更新索引的统计数据，以提高数据库性能 ● 设置电子签名和电子审计记录 ● 进行文本搜索
	应用程序设计器	应用程序设计器给用户提供了一个基于用户界面的环境，用于配置 Maximo 应用程序，以满足特定业务需求 应用程序设计器简单易用，用户无须编辑任何代码即可配置 Maximo 应用程序。用户可以使用应用程序设计器来完成一些常见修改操作，包括移动字段，创建新字段、表和标签页。其他高级功能有创建或复制应用程序、定义签名选项、编辑工具栏和使用“选择操作”菜单

续表

模块名称	应用程序名称	功能
配置模块	后台任务设置	后台任务是设定的服务器将在既定时间多次执行的程序任务。后台任务按照预定义的计划运行，自动执行某个业务逻辑而不需要用户交互。Maximo 包含一组有计划的标准作业，这些标准作业作为 Maximo 服务器的一部分运行，如定期执行重订货等 用户可以使用“后台任务设置”应用程序来添加、删除后台任务或其实例；更改有效状态或调整后台任务计划，甚至重新制订后台任务计划；不停止和重启服务器就更改参数值
	工作流设计器	用户可以使用“工作流设计器”应用程序为记录创建一系列路径，以完成整个工作流过程。工作流过程可被认为是一幅图，用于交互指引记录或用于用户执行一系列步骤。工作流设计器的图形界面展示了记录可能通过的路径 用户可以根据业务规则需要，通过工作流来创建简单或复杂的过程。每种类型的过程能处理该类记录所需的所有发送
	角色	角色是工作流的重要部分，正是角色决定一个工作流过程应转发的正确商业实体。角色表示人员、人员组或公司部门。用户可以在“角色”应用程序中创建角色，将其用于启用工作流的应用程序、上报和服务等级协议（SLA）。用户需要在某个中心管理应用程序中管理角色，因为这些角色被用于多个应用程序
	工作流管理	“工作流管理”应用程序包含一个表窗口，显示在 Maximo 中使用“工作流管理”的记录。用户可以使用“工作流管理”应用程序查看与修改工作流、上报和服务等级协议过程内的任务分配
	操作	用户可以在工作流、上报和服务等级协议过程内使用“操作”应用程序来管理创建操作和操作组的功能 操作是用户希望 Maximo 在找到符合上报、服务等级协议或工作流过程定义的条件的记录时所触发的事件。通过执行操作，用户可以使 Maximo 状态发生变化，执行一个已定义程序，设置字段值或执行定制类操作
	电子邮件侦听器配置	服务台使用“电子邮件侦听器配置”应用程序，通过电子邮件接收和处理服务申请。用户可将电子邮件侦听器配置为监测多个电子邮件账户并检索电子邮件消息。该应用程序支持“嵌入式”或“直接插入式”及标准的消息附件 电子邮件侦听器包含直接可行的工作流过程，用于对服务申请的创建和更新进行管理。用户可以定制此工作流过程，或者构建另一个更适合实施的工作流过程。电子邮件侦听器收到的所有传入邮件都将自动记录在服务台邮件日志中
	上报	使用“上报”应用程序可监视工作地点中的全部重要过程。上报管理可自动产生与发送提醒和上报通知，可帮助工作人员按时完成重要任务，以遵守服务等级协议，如定时通知相关岗位当前任务已有多长时间没进行审批等

续表

模块名称	应用程序名称	功能
报表模块	KPI 管理	通过关键绩效指标（KPI），用户可以跟踪关键绩效变量随时间变化的情况 用户可以使用 KPI 管理器来创建关键绩效指标；可以在 Maximo 的启动中心或直接用 KPI 管理器来查看所创建的关键绩效指标。如果用户具有权限，那么还可以在其他应用程序中使用“创建关键绩效指标”操作进行 KPI 创建
	报表管理	用户可以使用“报表管理”应用程序创建并运行报表 “报表管理”应用程序也可以用来预览申请页面，将参数添加到报表，将报表显示为工具栏图标，删除报表，以及给报表附加文档
集成模块	集成对象	用户可以使用“集成对象”应用程序来标识组成集成对象的 Maximo 商业对象（MBO）和数据字段，以及该集成对象的入站和出站集成点 集成对象和集成点是 Maximo 集成的构建块。集成对象定义执行特殊 Maximo 商业活动所需的数据内容，而集成点使集成对象可用于特定方向 每个集成对象在双向上可以具有多个集成点。用户必须定义集成点，才能使用集成对象 当创建集成对象时，先在“集成对象”标签页中输入所需的数据，再完成在“集成点”标签页中的数据输入
	集成接口	用户可以使用“集成接口”应用程序显示用于从 Maximo 向外部系统（或从外部系统向 Maximo）发送数据的集成点 在配置接口前，用户可以使用“集成对象”应用程序来配置将与接口相关联的集成对象和集成点。在配置接口后，用户可以使用“外部系统”应用程序将接口与外部系统关联
	外部系统	用户可以使用“外部系统”应用程序来命名要与 Maximo 交换数据的外部系统，指定 Maximo 与外部系统交换数据的方式，标识 Maximo 与每个外部系统之间要处理的特定入站和出站接口。配置过程包括标识适配器、结束点、队列，以及设置接口控件的值
权限管理模块	权限组	权限组是 Maximo 权限体系结构中的一个关键组件。权限组为系统管理员提供一种灵活、强大的管理方式，用于管理用户对跨多个地点和组织机构的信息的访问权限 权限组允许对地点、应用程序、仓库、员工、总分类账组件及组织机构其他方面的访问权限进行设置。在将某用户添加到权限组之后，该用户将获得该组的已配置属性。进行简单实施时，可以创建一个权限组，用于提供公司内部的各类用户所需的权限。进行高级实施时，需要制定一个用于创建权限组和分配用户的策略，该策略反映组织机构的权限要求和业务规则，并且便于维护 每个用户可以属于一个或多个权限组，这些权限组可能具有不同的访问级别。根据权限组的配置及组合方式，无论用户的地点和组织机构如何，其都可以查看公司内的所有数据。通过组合权限组，可以为每个用户创建一个灵活的虚拟配置文件，它足以满足几乎所有组织机构的权限要求

续表

模块名称	应用程序名称	功能
权限管理模块	用户	系统管理员通过“用户”应用程序可以在系统中添加和管理用户。系统管理员可以管理访问权限和口令并显示用户权限配置文件的层次结构视图。权限配置文件（按地点排序）提供了一个授权和设置的列表，用户在组合及合并其所有的权限组之后即可拥有这些授权和设置
	更改口令	“更改口令”操作使管理用户能对一般用户标识和数据库用户标识的口令使用设置限制 默认情况下，当创建一个新用户或在某个人员自己注册时，Maximo将强制用户在第一次登录之后创建一个新口令 如果不希望强制第一次登录的用户在初次登录之后创建一个新口令，那么可以通过取消选中“更改口令”对话框中的“口令在第一次登录后失效”框以禁用强制失效功能（默认设置为不选中该框）

5.2 资产管理模块

5.2.1 设备基础信息

Maximo系统可管理设备全生命周期内所有的静态与动态履历，可建立设备台账，记录维修信息，满足MSS设备管理要求。Maximo系统使用Delphi或VB软件工具开发的程序进行大量或成批的数据升级及数据导入。

1. 设备台账

Maximo系统的设备台账管理功能用于建立企业逻辑设备及物理设备的台账，维护设备的基础数据及运行台账，以便于资产维护、维修成本核算等。设备台账中的信息包括设备的名称、类型/类别、单价、供应商、制造厂、对应备件号，以及采购信息（如采购日期、采购单价、保修信息）等。

2. 设备树与设备信息查询

Maximo系统可根据客户需求，设定设备编码规则，同时根据设备系统之间的相互关系，建立设备层次结构，形成设备树和位置树。通过设备树，用户可以方便地查找不同设备的位置，跟踪设备移动，针对相关设备进行工作管理，建立故障报告，查看设备当前的工单、预防性维护计划、历史维护记录和成本记录。

3. 设备与备件

在 Maximo 系统中可建立设备及其备件的组装结构关系，定义设备的子部件（备件包）或备件。通过建立备件包，可以了解备件需求，分析哪些备件使用较多，从而有针对性地安排库存和采购。设备备件界面如图 5–1 所示。

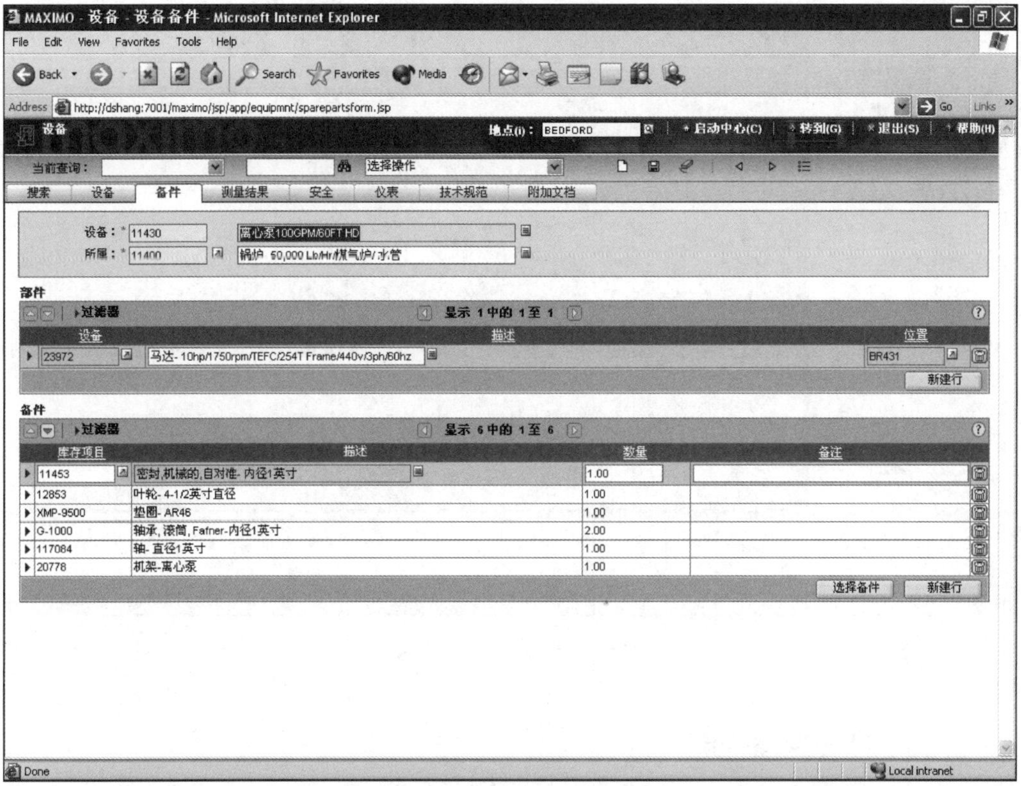

图 5–1　设备备件界面

4. 设备与技术文档

在 Maximo 系统中可使设备与技术文档关联，以在各级设备中方便地查找设备图纸、使用说明书、操作规程等。

5.2.2　设备成本追踪

Maximo 系统可自动追踪设备的维修历史及成本，包括历史维修工单、预防性维护计划，以及历史维修成本（包括人工、备件、外包服务等方面的成本）。成本查询界面如图 5–2 所示。

图 5-2　成本查询界面

5.2.3　设备保修管理

在 Maximo 系统中可进行设备保修管理。用户可以建立设备保修合同并将其与相应的设备相关联。系统自动跟踪每台设备的保修情况。当对设备安排维修时，系统检索相关保修信息，对在保修期内的设备进行提醒，如图 5–3 所示。

5.2.4　设备位置信息

在 Maximo 系统中可设定设备位置树，管理在相关位置上的设备。系统可跟踪位置上先后安装的设备，也可跟踪设备在不同位置的移动。系统可对位置产生工单，记录成本，有效管理位置体系。位置树界面如图 5–4 所示。

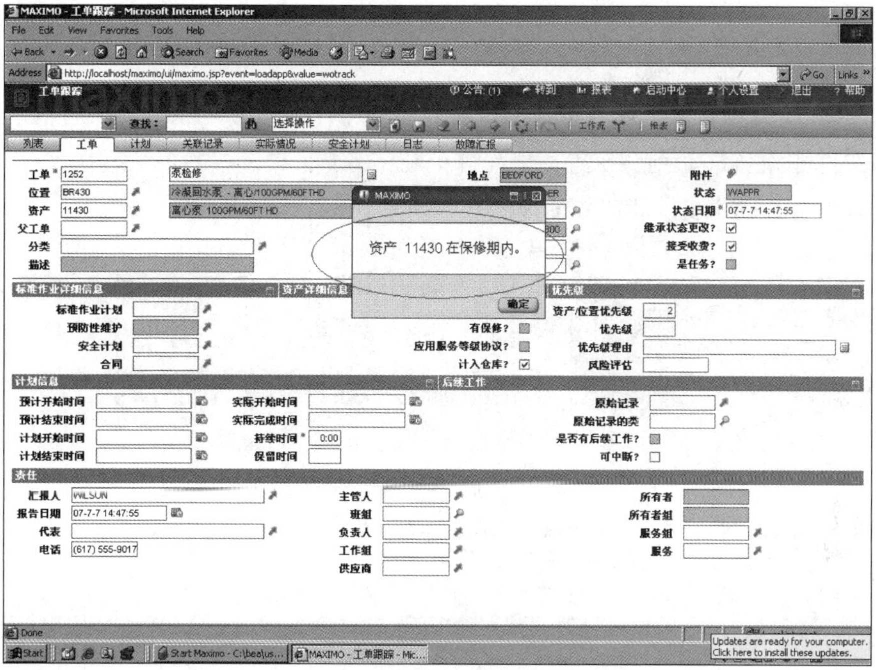

图 5-3　保修期内设备提醒界面

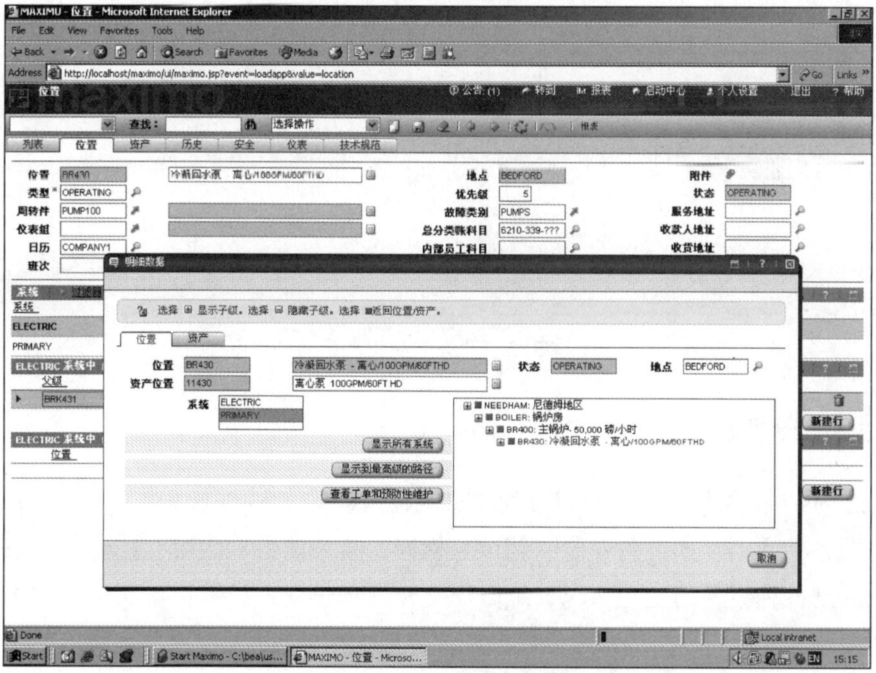

图 5-4　位置树界面

5.2.5 设备移动

Maximo 系统可有效管理设备移动，将设备从一个位置移动到其他位置。系统允许子设备跟随主设备移动到新位置，也允许更新父 / 子层次设备的关系。在 Maximo 系统中可查询设备移动历史，相应界面如图 5-5 所示。

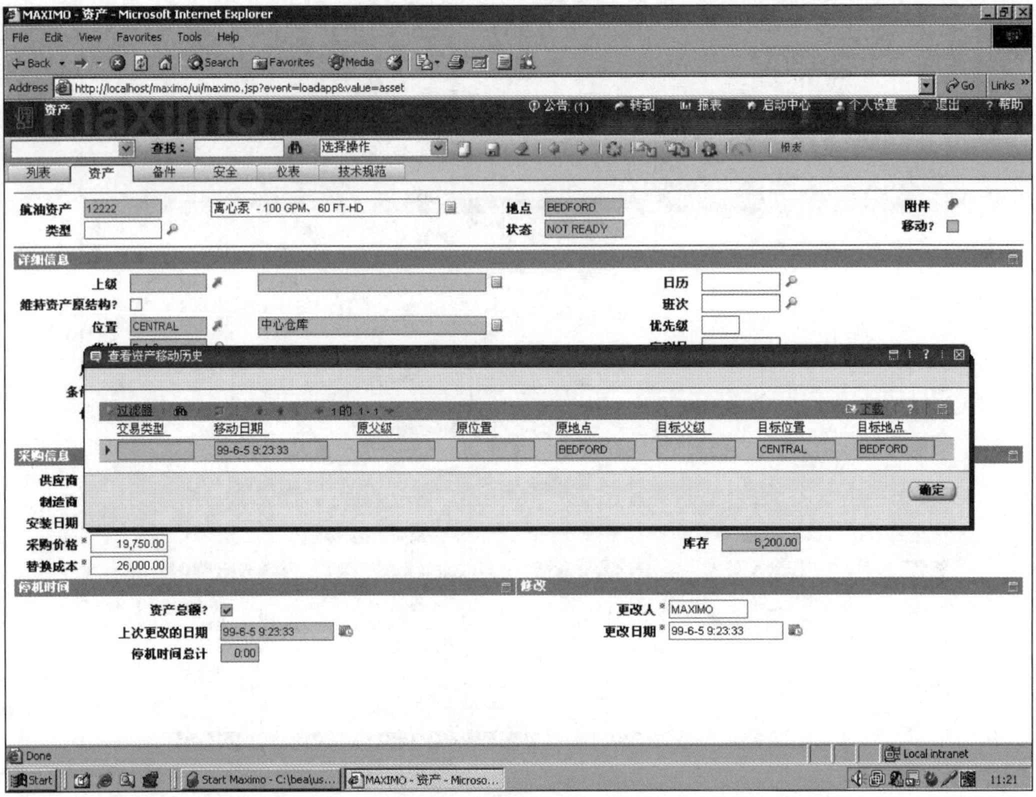

图 5-5 设备移动历史界面

5.2.6 设备维修信息查询

通过 Maximo 系统，用户可以方便地查询设备的静态和动态历史，了解设备全生命周期内的各项活动，如设备安装、调试、检修、技改的各项内容，统计各类成本。用户可查询到各种设备的变化情况、维修历史及移动情况，根据设备状况决定下一阶段应重点注意的维护问题。设备维修信息查询界面如图 5-6 所示。

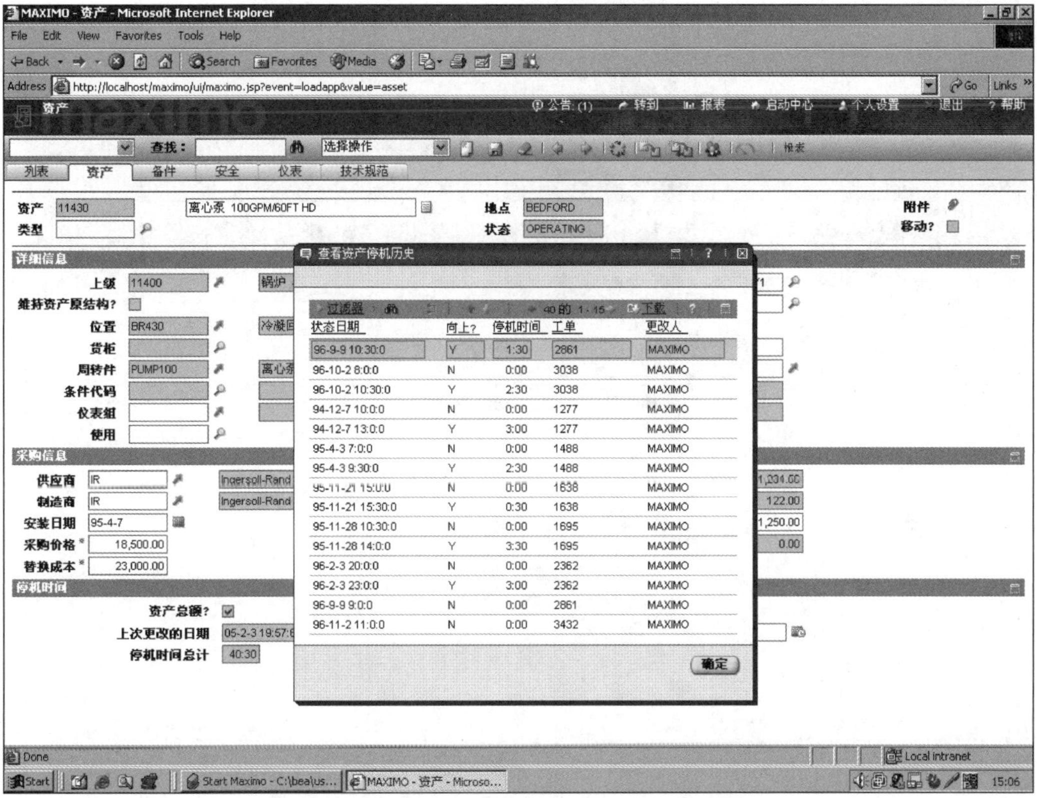

图 5-6　设备维修信息查询界面

5.2.7　设备故障树

Maximo 系统可定义故障代码，建立设备故障代码体系，使设备故障分类和高级故障分析变得可行。故障代码体系通过“建立故障类别—识别故障问题—分析故障原因—采取措施”形成故障树结构。故障树与设备相关联，能帮助有效地分析设备故障分布，从而采取相应的预防性维护措施，提高设备管理水平，也方便用户查找每类设备故障的原因和解决方法。同时，随着记录在检修工单中的故障信息不断增加，企业设备知识库也得到不断完善。

Maximo 系统支持对不同的设备建立不同的检修策略，并且能基于设备故障历史分析故障原因，从而调整相应的检修策略。

5.2.8　仪表设置

在 Maximo 系统中可设置设备仪表，记录设备信息，如运行时间、电能消耗等。上述信息可作为预防性维护的依据。当设备移动时，附加的仪表也随着资产移到新的安装地点。仪表界面如图 5–7 所示。

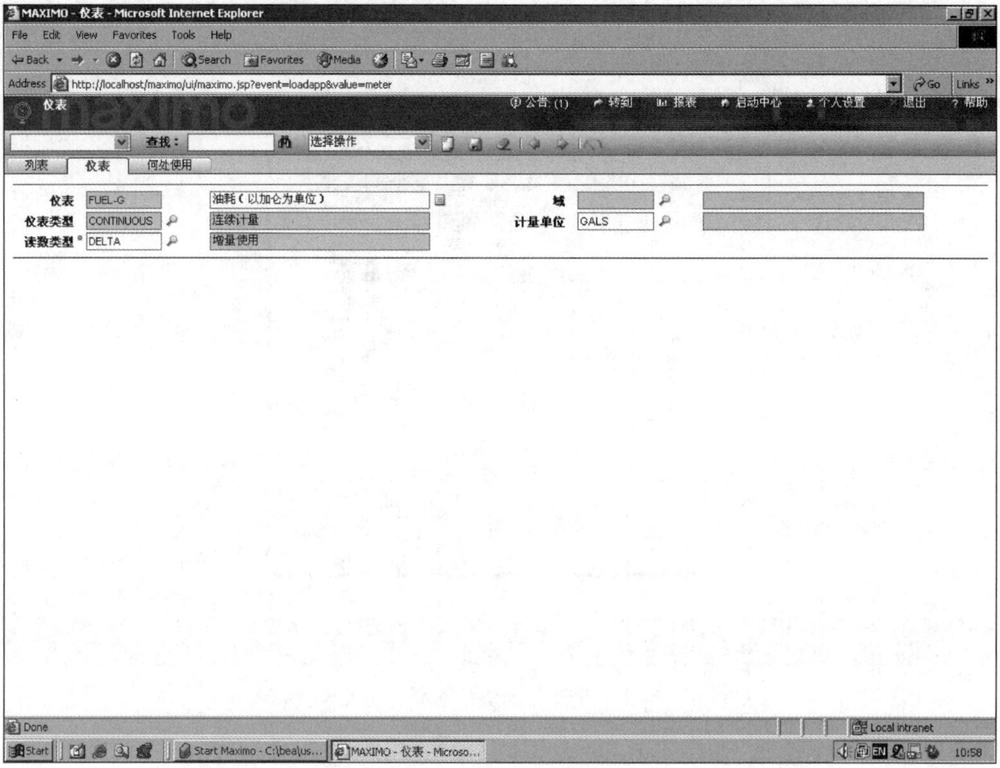

图 5–7 仪表界面

5.3 工作管理模块

Maximo 系统既可以管理预防性维护，也可以管理纠正性维护。Maximo 系统可进行工作计划，跟踪工作执行过程，并可建立工作标准。

5.3.1 工单

Maximo 的核心是强大的工单管理系统。使用 Maximo 工单管理系统可以迅速地获得工单计划和时间安排的所有信息，包括计划的维修步骤、人员、材料、工具、费用、设备、图纸、相关文档和故障分析等。Maximo 使用户能迅速解决维修问题并降低维修成本。

用户可以定义工作流程来计划、评审和批准工单。系统提供与处理工单相关的所有功能：创建、准备、批准、启动、完成、关闭、返工、取消。工单界面如图 5-8 所示。

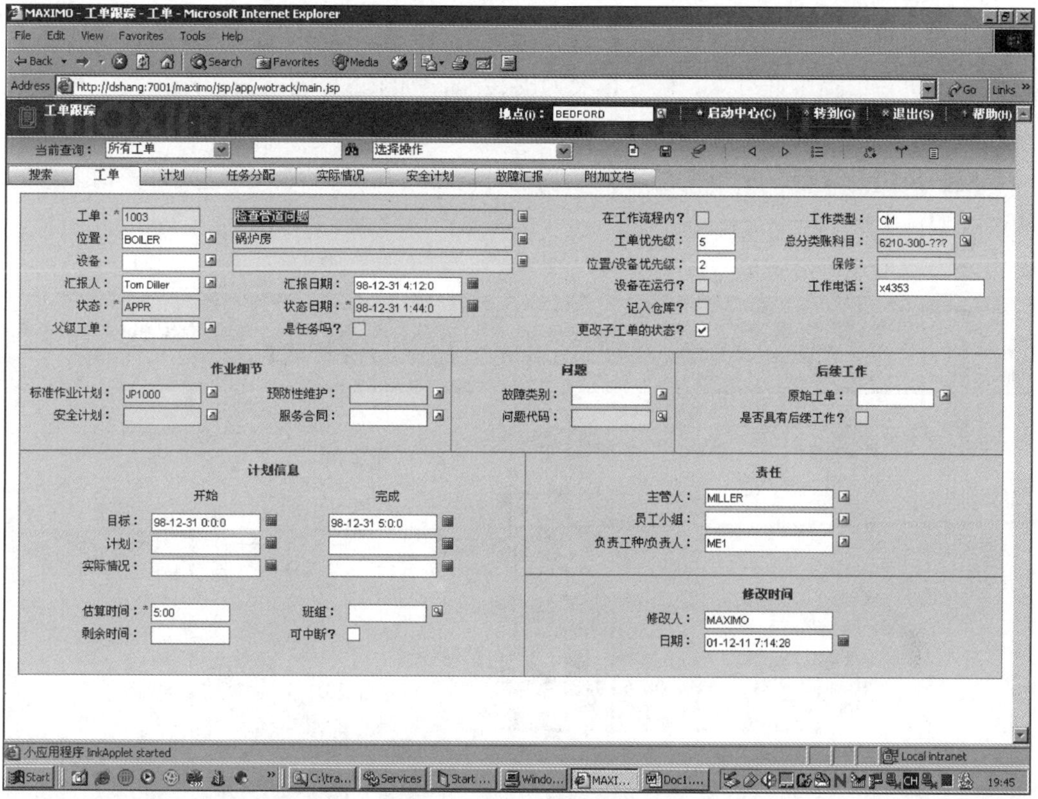

图 5-8 工单界面

5.3.2 标准作业计划

Maximo 系统中的标准作业计划可用于建立维修标准管理体系，在标准工作包中记录工序、质检点、质量标准、物资、工具、人员（工种）的相关信息。标准工作包建立了每项维修的工作标准、操作流程，根据标准工作包可以实现工作规范化。标准工作包可根据实际情况进行维护修改。

同时，Maximo 系统可根据用户需要，定义同类型 / 类别工单的检修路线，利用检修路线可一次完成同类设备的检查、保养等工作。

5.3.3 工作请求

在 Maximo 系统中，用户可提出工作请求，以输入设备故障等信息。工作请求根据设定的工作流程传递给相关人员，从而可产生工单，安排维修工作。

在 Maximo 系统中，可定义工单流程。根据设定的工作流程，Maximo 系统能根据设备与责任单位的对应关系，将工作任务分配给相关分部。系统可通过收件箱、电子邮件或手机短信提示许可人，确保信息及时传递，确保工单签发后送达预定的有资格的许可人。工作流进程界面如图 5–9 所示。

根据设定的流程，工单批准后，系统还可自动通知提交人。提交人可查询工单的当前状态，了解工作完成情况。

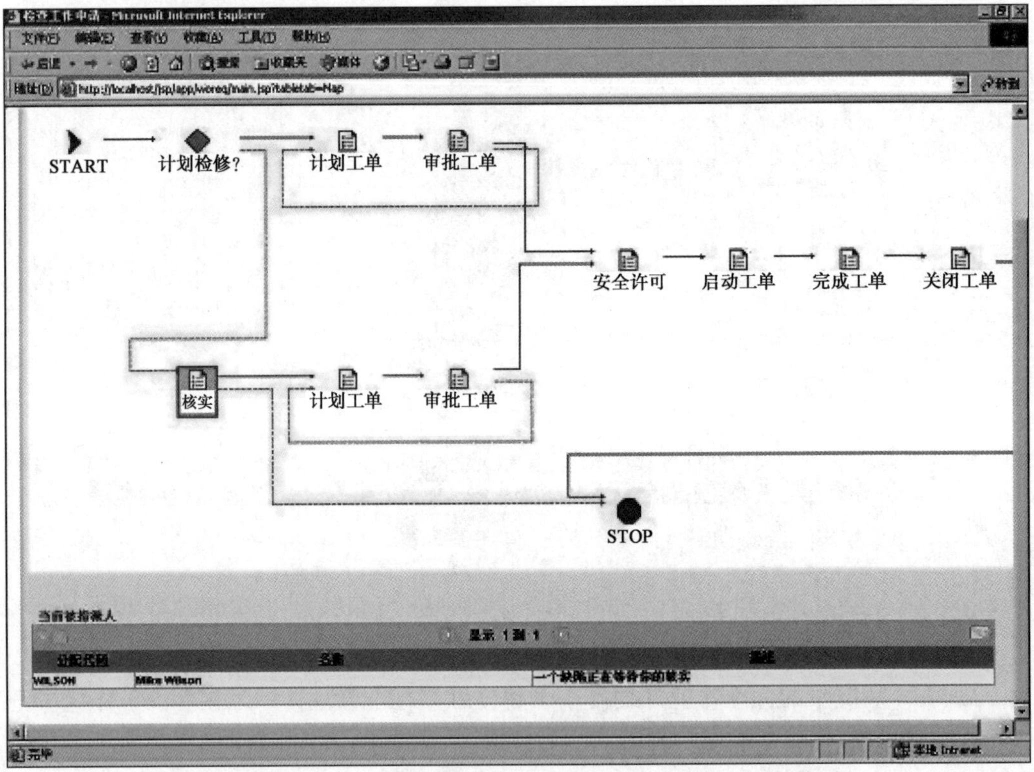

图 5–9　工作流进程界面

5.3.4 工单汇报

在工单实际执行后，用户可记录实际发生的资源消耗，包括人工、备件、工具等的消耗。在工单上，可追加备件信息。通过将上述消耗信息与工单计划的预算信息相比较，可不断完善计划。若工单有质量验收要求，则可设定由相关质量负责人检查验收。通过质量验收后，具有相关权限的负责人可关闭工单。工单汇报界面如图 5-10 所示。

图 5-10　工单汇报界面

5.3.5　预防性维护

Maximo 系统的预防性维护模块可以自动产生设备维护工单，自动协调多种资源组合，最大限度地提高设备管理人员的工作效率，降低劳动强度，保障设备正常运行，进一步提高设备生产率。预防性维护可用于定期检修、大 / 小修等，也可用于设备点检、预防性试验、定期保养润滑等工作。

1. 基于时间的预防性维护

在 Maximo 系统中，可根据日历时间设定预防性维护。例如，固定时间间隔，周期性或每年定期产生预防性维护工单，进行维护。Maximo 系统可在设定时间自动产生工单。基于时间的预防性维护界面如图 5-11 所示。

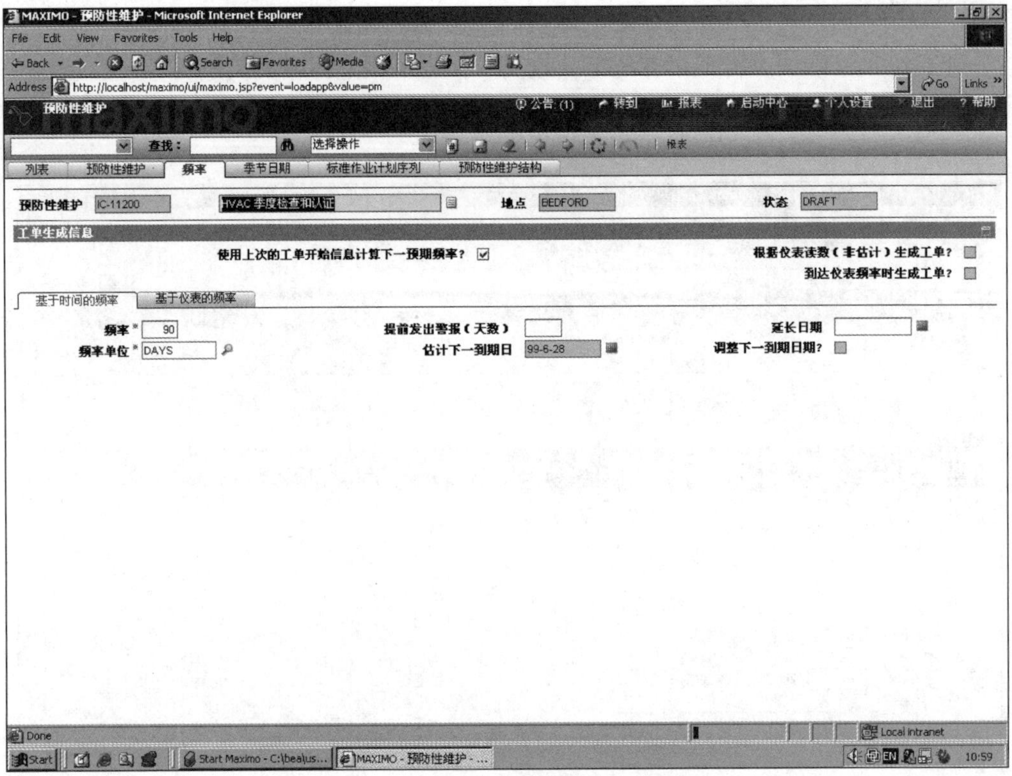

图 5-11　基于时间的预防性维护界面

2. 基于仪表读数的预防性维护

在 Maximo 系统中，可根据仪表读数设定预防性维护。例如，当行驶里程、运行小时数等各类仪表读数达到设定的标准时，系统产生预防性维护工单。基于仪表读数的预防性维护界面如图 5-12 所示。

3. 基于监测值的预防性维护

除按时间或仪表读数产生预防性维护工单外，Maximo 系统还支持根据设定的设备状态监测值产生预防性维护工单。系统可设置设备的状态监测点和监测点数据范围，自动定期检测触发条件，若满足触发条件则自动产生工作请求。

5.3.6　维护成本管理

Maximo 系统提供全面的维护成本查询、统计和分析功能，统计归类可按部门、人员、编号、设备、系统、时间、区段、项目等进行，并按规定的报表格式输出。查询工单维护成本界面如图 5-13 所示。

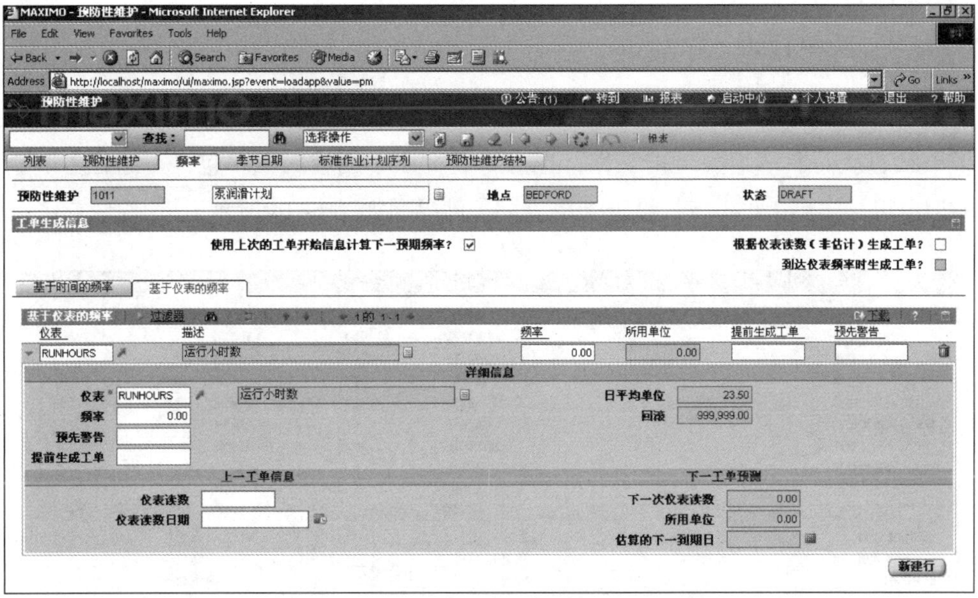

图 5-12　基于仪表读数的预防性维护界面

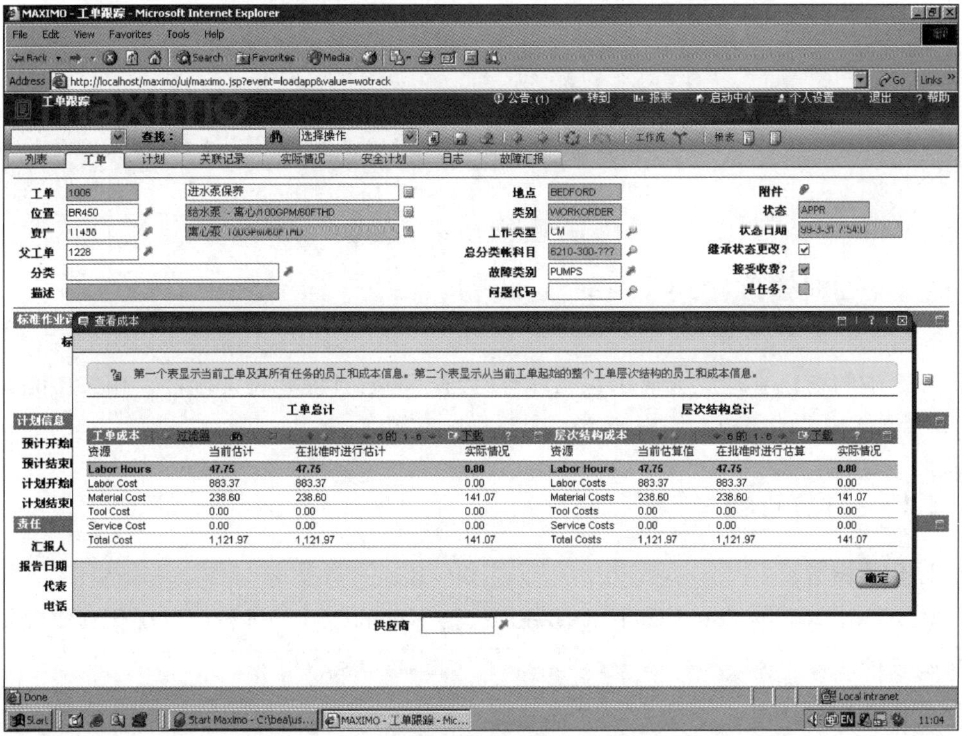

图 5-13　查询工单维护成本界面

5.3.7 工单查询

在 Maximo 系统中，可根据用户需求定义查询条件，用以查询工单。系统可改变成批工单状态从而取消相关维护工作，也可将成批工单创建成工单包，下达任务。查询到的记录可导出到 Excel 表。设定工单查询条件界面如图 5-14 所示。

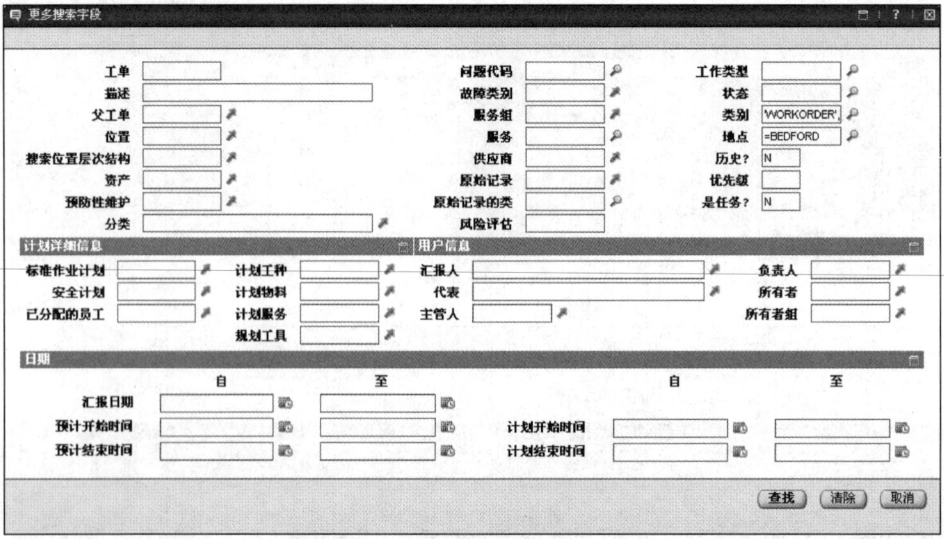

图 5-14　设定工单查询条件界面

5.4 物料管理模块

MSS 中的物料管理业务需求包括库存管理、采购管理和查询统计，相关功能通过 Maximo 系统的采购模块和库存模块实现。

5.4.1 库存管理

1. 仓库设置

Maximo 系统的库存模块可设定多仓库管理不同的备件，进行库存优化，实现库存管理与其他业务的关联。

2. 库存事务处理

Maximo 系统可实现对各类库存物资的全面管理，可完成出库、入库等各类库存事务操作。Maximo 系统中的程序可管理备件接收和服务接收。Maximo 系统中的“发放和转移”应用程序可进行各种日常库存操作，包括出入库管理的各项业务。系统可对库存物资的批次、储存时间等进行跟踪，可进行物资盘点、发放和退回。

3. 库存经济指标合理化建议

Maximo 系统可基于检修工作备件消耗历史给出库存经济指标调整的合理化建议，可进行库存分析。

对于标准备件或通用备件，系统支持基于可用量、重订货点、安全库存、经济批量、采购提前期等经济指标自动产生备件补货请求。

对于非标准备件或专用备件，系统支持单独录入采购申请，支持针对某项目检修任务进行专项采购申请，支持直送采购模式。

5.4.2 采购管理

1. 采购申请

Maximo 系统可定义工作流程，进行采购申请提交、需求计划批准，自动平衡库存和产生采购计划。用户可通过 Maximo 系统中的“采购申请”应用程序填报物资需求，由主管领导对物资需求进行批准。

采购部门计划员通过 Maximo 系统可查看需求计划中的库存物资可用量，自动平衡库存，编制采购计划。应根据当前库存、已有订单、维护工作预留备件、重订货点等指标确定合理的采购量。修改后的采购计划被批准后成为正式的采购计划。

Maximo 系统可管理询价和招标过程，通过对不同供应商提供的报价和其他情况进行比较，形成最终的采购订单。系统能够生成询价单。用户可直接填写询价项目，也可从采购申请单复制，不同采购申请单的项目可以复制到同一询价单上。系统支持输入投标商的报价。

Maximo 系统的询价单可记录所有的询价内容，可定义需询价的物资信息，定义可选供应商，并记录相应报价。

2. 订单管理

Maximo 系统可管理各类采购订单，跟踪采购订单执行过程，特点如下：

（1）可直接生成采购订单或从采购申请产生采购订单；

（2）采购清单可直接输入产生或由采购申请单复制产生；

（3）可执行供应商分析并指定供应商；

（4）可根据采购清单自动计算采购价格（包括税和各种费用）；

（5）可自动进行货币换算；

（6）可创建一揽子采购订单并分次执行；

（7）可创建价格协议；

（8）可控制采购订单状态（等待批准、批准、打印、关闭、取消）；

（9）可跟踪采购过程。

Maximo 系统可将采购申请内容复制到采购订单，从而减少工作量，确保信息传递的准确性。

5.4.3 查询统计

1. 库存盘点

Maximo 系统可进行定期或不定期库存盘点。盘点可分为全面盘点、单项产品盘点、单项库位盘点、随机抽查盘点、日常盘点、自定义盘点，以及按照 ABC（A 类为特别重要的库存，B 类为一般的库存，C 类为不重要的库存）管理盘点等。系统可实现盘点差异处理。盘点界面如图 5-15 所示。

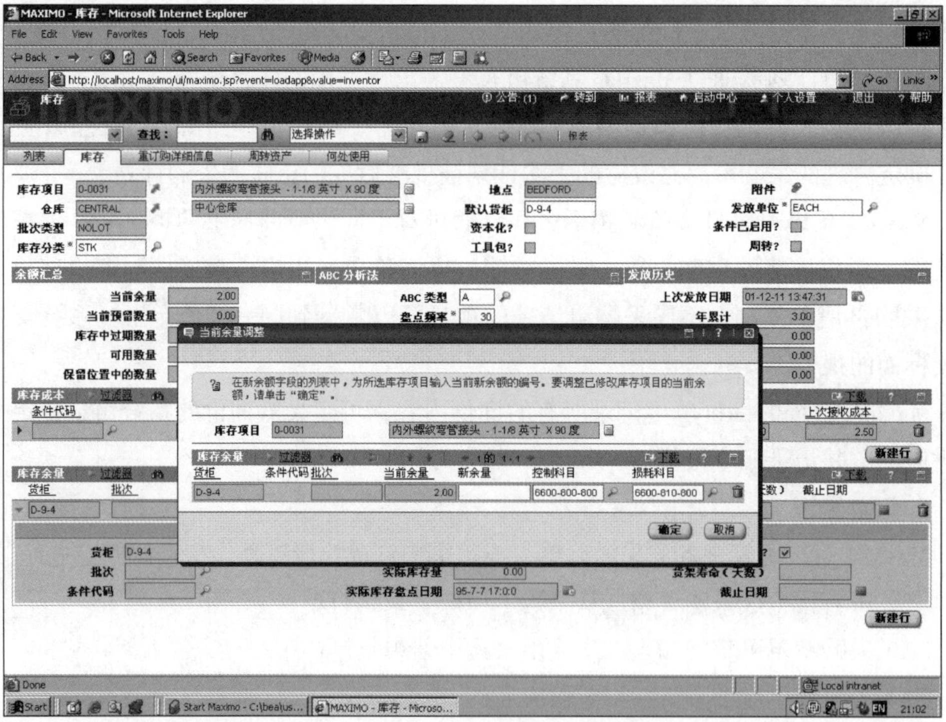

图 5-15　盘点界面

2. 物资查询

Maximo系统可进行灵活的库存查询，可准确掌握当前库存物资数量、仓库货位、物资积压、物资短缺、出入库等情况，并进行库存优化分析。库存优化界面如图5–16所示。

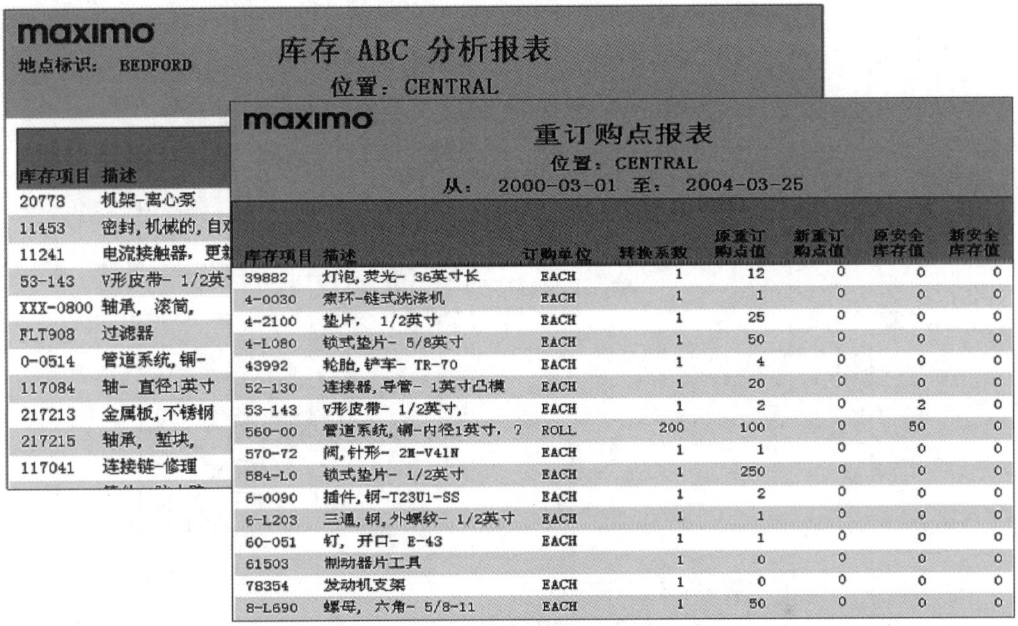

图5–16 库存优化界面

5.5 报表管理模块

MSS的报表业务需求通过Maximo系统的报表模块实现。Maximo报表体系可定义各类报表，进行相关查询统计，实时显示各项KPI状况。

5.5.1 Maximo报表

Maximo系统采用Actuate报表工具，提供所有模块的报表模板，可对资产、维护、库存等信息进行查询统计，产生各种格式类型的报表，还可产生用户自定义报表。

1. Maximo报表实现

用户可在Actuate报表设计器上进行报表开发，开发完成的报表经验证后可在报表服务器上发布。用户在客户端通过 IE（网页浏览器）访问报表。用户访问时提交请求页，填入相关参数及查询条件，上述信息由报表服务器提交数据库服务器，获得结果后产生报表，供用户查看或打印。报表体系架构如图 5-17 所示。

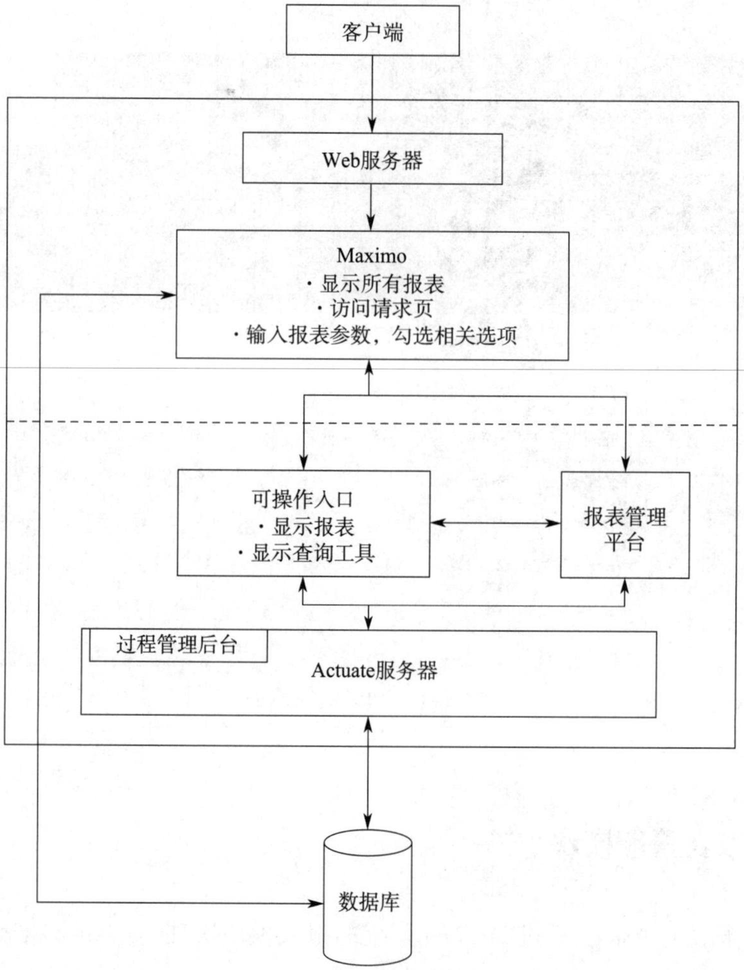

图 5-17　报表体系架构

2. 数据源选择

要生成报表就需要连接数据源。Maximo 报表体系支持多数据源。系统提供丰富的数据源模板，并提供简单的模板扩充方法，且支持远程修改扩充。报表设计器提供标准的数据库连接功能，能与多种数据库系统相连，进行多数据库查询。用户可直接通过报表设计器从数据库中选择字段，安排形成报表数据。

3. 用户报表自定义

通过应用 Actuate 报表设计器，用户可自定义所需要的报表、图表并将其附加在 Maximo 系统内。用户可自定义报表格式、字段位置，实现所见即所得。上述功能均不需要编程。用户可使用图表功能浏览或打印现有系统资料的图表。系统可建立报表链接，实现从主报表到子报表的数据访问。

4. 用户报表管理

Maximo 系统的报表管理工具可统一管理所有报表，包括系统自带的报表和用户开发的报表。所有报表在报表服务器上进行发布。

5. 报表格式设定

Maximo 系统支持各种报表格式，包括曲线图、棒图、饼图等统计图。Maximo 报表可建立报表间联系，可形成分组归类报表、主从链接报表等。所有报表有请求页，可进行请求操作。Maximo 报表可设定周期操作，同时可设置邮件信息，从而定期产生报表并将其发送给相关人员。

6. 报表数据导出

Maximo 报表通过 Actuate 报表设计器产生，报表界面兼容 Excel，报表内容可导出到 Excel 表中。

7. 报表链接

Maximo 系统可进行报表链接，生成主从链接报表，也可建立图表链接，从而实现从总体数据到具体数据的数据挖掘功能。报表同时满足进行趋势分析的功能要求。

5.5.2 Maximo 与 ISCS 的接口

Maximo 与 ISCS 的接口涉及 Maximo 与状态监控系统的集成。Maximo 通过 MaxLink 可与相关控制系统进行集成。

Maximo 通过状态监控系统网络或其他控制系统网络上设置的网关与其进行通信。出于设备安全的考虑，Maximo 系统只接收状态监控系统或其他控制系统的相关信息，而不能向其传输数据。

第6章

门禁系统

学习目标

- ☑ 了解门禁系统的组成、功能
- ☑ 熟悉门禁系统运行管理

知识要求

6.1 门禁系统的功能与故障处理方式

门禁系统（ACS）分为中央级、车站级、就地级，对应的设备分别为服务器和工作站、ACS主控制器、ACS就地级设备（包括就地控制器、读卡器、电磁锁等）。ACS主控制器通过RS-485总线与就地控制器进行通信。就地控制器与读卡器之间以韦根（Wiegand）格式进行通信，与出门按钮、门磁之间通过干接点连接，采用继电器信号对电控门锁进行控制。紧急破玻按钮利用干接点信号控制电控门锁。

6.1.1 门禁系统的功能

1. 中央级功能

ACS服务器在网络通信正常的情况下能实现对各车站（区域）系统内的所有门禁终端的监控管理，实现全系统运作、授权、设备监控、网络管理、数据库管理、维修管理，以及系统数据的集中采集、统计、保存、查询等功能。

在操作权限许可范围内，控制中心操作员可以在ACS授权工作站上对全线ACS设备进行授权。

维护人员可以通过ACS管理工作站对全线ACS设备的系统参数、工作模式、工作状态、运行故障进行监视，并进行设备维护。

2. 车站级功能

车站级 ACS 功能通过 ISCS 工作站来实现，ISCS 工作站界面上的电子地图能将现场门禁设备点位以动态图标显示，并监控各门禁设备的通信状态、运行状态及故障情况。门禁设备的状态信息会自动更新。当门禁设备出现状态变化或故障时，动态图标能够以颜色改变的方式在屏幕上准确、实时地显示（根据不同状态或故障等级而显示不同颜色）。此外，系统还会发出声音及给出报警信号。

ISCS 工作站还可以向单个或全部门禁设备下达控制命令，如开门、常开等。

ACS 主控制器除了把就地级门禁设备的信息上传到 ISCS 实现车站级功能外，还将其上传到中央级 ACS 服务器实现中央级功能。

ACS 在车站级的功能仅限于单个车站。

3. 就地级功能

读卡器读取卡内授权信息，并将其上传到就地控制器中。就地控制器根据保存的系统安全参数分析判断权限合法性，将所控制门的进出状态和门禁卡使用信息上传至 ACS 主控制器。报警事件存储在就地控制器中，同时上传至 ACS 主控制器。与 ACS 主控制器通信中断时，就地控制器自动转为离线工作模式，将发生的事件进行本地存储，并在通信恢复后，将离线后发生的事件信息上传到 ACS 主控制器。

紧急破玻按钮直接控制电控门锁的供电回路，即控制电控门锁的电源通断。在按下紧急破玻按钮后，电控门锁电源切断，电控门锁处于打开状态，保证疏散通道畅通。

就地控制器通过门磁信号来检测判断门的开关状态。

6.1.2 门禁系统的故障处理方式

中央级和车站级发生故障时，门禁系统的处理方式如下。

1. 中央级故障处理方式

ACS 服务器出现故障时，不影响车站级 ISCS 工作站对 ACS 功能的使用，也不影响就地控制器和 ACS 主控制器正常工作。故障时间段的所有事件信息将保存在 ACS 主控制器和就地控制器中，同时也会上传给车站 FEP（前端处理器）。当 ACS 服务器恢复正常后，故障时间段的所有事件信息会自动上传给 ACS 服务器。

ACS 授权工作站（管理工作站）出现故障时，不影响 ACS 服务器和 ACS 管理工作站（授权工作站）正常使用，也不影响就地级设备正常使用。ACS 授权工作站（管理工作站）的所有工作均可在 ACS 管理工作站（授权工作站）上进行。

2. 车站级故障处理方式

当ACS主控制器发生故障时，就地控制器仍能正常运行，不影响人员刷卡进出。故障期间的所有信息记录保存在就地控制器中。ACS主控制器恢复后，就地控制器会将故障时间段的所有信息自动上传至ACS主控制器，然后由ACS主控制器将信息上传至ACS服务器中，同时上传ACS主控制器恢复时的门禁系统实时信息到车站ISCS。

6.2 门禁系统的人机界面

6.2.1 HMI组成

ISCS可监视和控制ACS的部分功能。设备状态在工作站屏幕的图元上显示，操作员可以清楚地了解整个系统的状态。

人机界面（HMI）分为四部分，分别是菜单栏、导航栏、用户显示区、底部栏。系统启动后，菜单栏、导航栏和底部栏会自动加载，并且在屏幕的固定区域显示，用户不能移动或关闭这些窗口。用户显示区是除菜单栏、导航栏和底部栏这些固定窗口以外的部分，不会被固定窗口覆盖，用户打开的HMI画面可以在这个区域显示。HMI示例如图6-1所示。

菜单栏、导航栏、用户显示区和底部栏的主要功能如下。

1. 菜单栏

ISCS提供下拉菜单来调用各项功能的HMI画面。

2. 导航栏

导航栏包括子系统选择栏、功能选择栏、车站栏、日期时间、上海城市轨道交通标识、用户信息区等。在ACS专业里面，操作员可以选择想要查看的车站，然后根据需要再查看当前车站的站厅层、站台层、设备层或系统图。

3. 用户显示区

用户显示区可以显示各子系统的HMI画面。操作员在用户显示区浏览HMI画面时，每次在该区域打开新HMI画面后，之前显示在该区域的HMI画面会被自动清除。在用户显示区里，操作员可以对门禁点进行查看、控制等操作。如想操作某个门，只需单击此门的图元即可弹出操作面板，之后操作员可以根据需要来选择操作面板提供的功能。

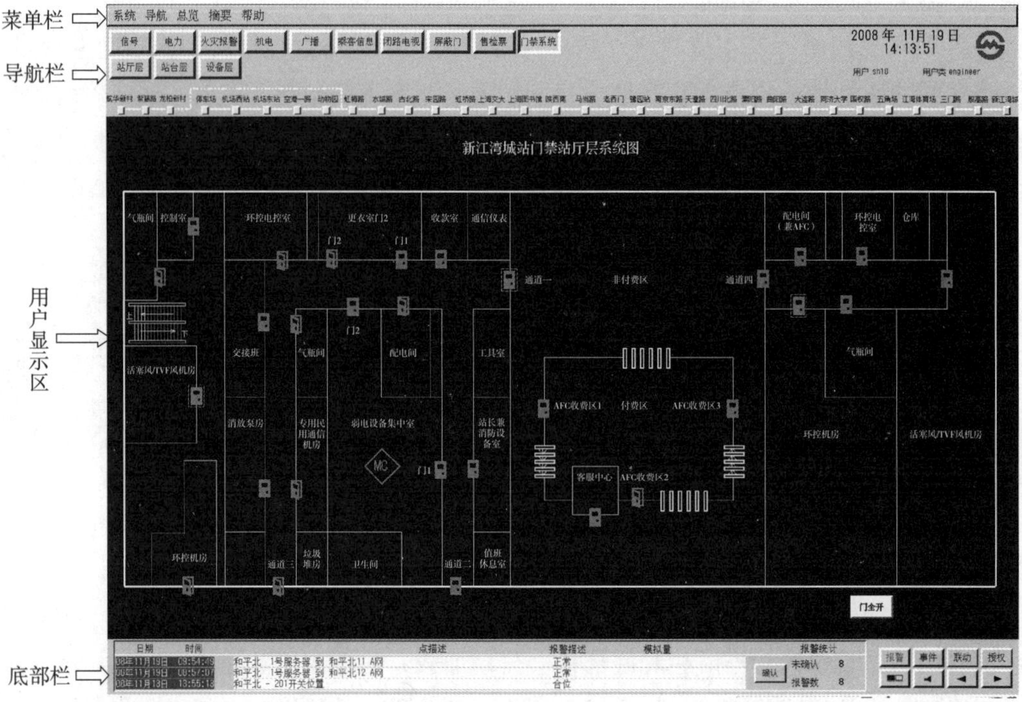

图 6-1 HMI 示例

4. 底部栏

底部栏位于屏幕的底部，主要由报警区、报警计数器、按钮组等组成。各门禁点反馈上来的报警信息全部显示在这个区域，而且报警信息都是以红色字体显示的，操作员可以轻易地观察到，以便迅速采取相应的措施。若报警提示的情况已经被确认无误，则操作员可以点击确认按钮来确认报警。

6.2.2 HMI 图元

ISCS 中的门禁子系统设备包括 ACS 主控制器、就地控制器、读卡器、电磁锁、出门按钮、紧急破玻按钮、门磁、电动逃生装置等。一般除门的开关状态和报警信息以门图元（图形元件）形式在电子地图位置上表示出来外，其他设备图元都不在画面上显示。当发生报警且门图元的边框红闪时，点击图元后可以弹出信息面板，从而使操作员了解该门的具体状态和报警信息。

门禁系统的状态有非激活、离线、门开、门关、常开、常闭等，门的报警有开门时间过长、非法闯入、防撬报警、破玻报警等。在图元上，可显示门开、门关、离线和非激活四种状态，并可显示是否报警。门的其他状态和详细报警信息可通过点击图元弹出的对话框来查看。在 ACS 的 HMI 画面上可看到的门禁系统图元见表 6-1。

表 6-1 门禁系统图元

图标	描述	颜色
	门打开，无报警	门图元为绿色，不显示边框
	门打开，有报警	门图元为红色，边框红闪
	门关闭，无报警	门图元为绿色，不显示边框
	门关闭，有报警	门图元为红色，边框红闪
	离线，有报警	门图元为淡蓝色
	非激活，有报警	门图元为灰色
	就地控制器正常	图元为绿色
	就地控制器报警	图元为红色

续表

图标	描述	颜色
	就地控制器离线	图元为淡蓝色
	ACS 主控制器正常	图元为绿色
	ACS 主控制器离线	图元为淡蓝色

6.2.3　门禁设备状态与 HMI 功能设计

ISCS 中的门禁系统底图是参照车站施工图来设计的，这样更能形象地表示出每个门的所在位置和状态，利于操作员查看。

1. 门禁设备状态

就地控制器的状态分为在线、离线、报警。通信正常时为在线状态，通信异常时为离线状态，机箱被撬、非法闯入等时为报警状态。

门磁的状态分为开启、关闭、开门时间过长、非法闯入。门磁的开启和关闭表示门的状态，开门时间过长和非法闯入将引起报警。

紧急破玻按钮的状态分为触发、正常。当有人按下紧急破玻按钮时，电磁锁电源切断，传送触发状态。紧急破玻按钮一般在紧急状态下启用，因此触发状态一般被定义为报警状态。

2. HMI 功能设计

电子地图设有门禁的位置上画有门图元（开、关两种图元）。门磁继电器状态的变化一般引发事件，表示门的状态；紧急破玻按钮状态的变化一般引发报警。当 ACS 主控制器等设备有故障时，门图元的边框会变成红色，点击后弹出信息面板，根据面板上的指示灯和字可判断出为何种报警。

所有实时报警信息都可以在门禁系统报警窗口里显示，也可以进行历史查询。不在门禁系统操作画面时，如果门禁系统发生报警，相关信息会在报警窗口显示。

ISCS 工作站中的 ACS 界面如图 6–2 所示。

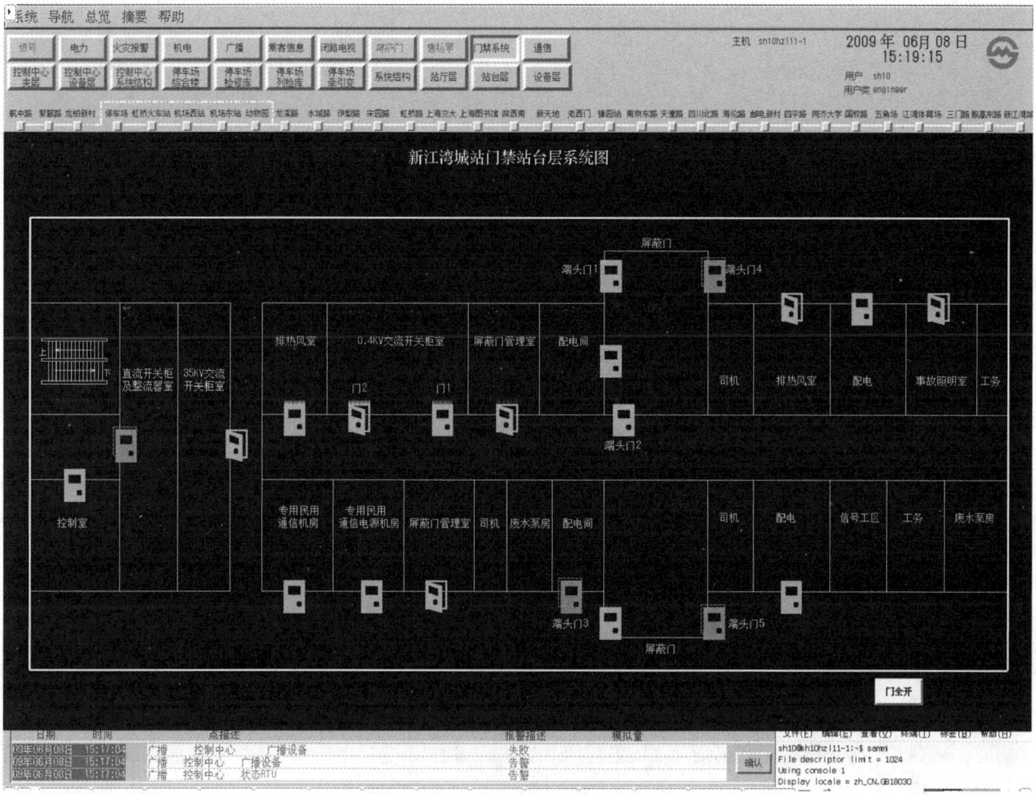

图 6–2 ISCS 工作站中的 ACS 界面

其中，红色图元代表该门禁点处于报警状态。左键点击门图元后弹出细节查看和控制面板。面板上面一行显示专业名、站名、点名；中间一行显示此门禁点的门的当前状态；下面一行有五个按钮，分别是控制、标记、详情、指派趋势和取消。

ACS 作为 ISCS 的子系统之一，除自身功能外，其他功能如事件报告、报警过滤等都和主系统一致。

6.2.4 门禁系统权限管理

ACS 的状态、报警和控制功能可以在控制中心、停车场和车站配置的工作站上查看、查询和操作，相应的权限见表 6–2。

表 6–2　　门禁系统权限

操作权限	总调						总调（查看）					
	HMI画面调阅（含浏览按钮）	HMI画面操作（含各种操作按钮）	报警与事件查看	设置标签	确认报警	控制（只针对SCADA点）	HMI画面调阅（含浏览按钮）	HMI画面操作（含各种操作按钮）	报警与事件查看	设置标签	确认报警	控制（只针对SCADA点）
ACS 设备			√	√	√	√			√			
ACS HMI 画面	√	√					√					
ACS 系统网络状态图												
操作权限	维调						维调（查看）					
	HMI画面调阅	HMI画面操作	报警与事件查看	设置标签	确认报警	控制	HMI画面调阅	HMI画面操作	报警与事件查看	设置标签	确认报警	控制
ACS 设备			√	√	√				√			
ACS HMI 画面	√	√					√					
ACS 系统网络状态图	√	√					√					
操作权限	工程师站 1（维保）						工程师站 2（客一）					
	HMI画面调阅	HMI画面操作	报警与事件查看	设置标签	确认报警	控制	HMI画面调阅	HMI画面操作	报警与事件查看	设置标签	确认报警	控制
ACS 设备			√	√					√	√	√	
ACS HMI 画面	√						√	√				
ACS 系统网络状态图	√						√	√				

续表

操作权限	车站PSC值班员						车站PSC值班员（查看）					
	HMI画面调阅	HMI画面操作	报警与事件查看	设置标签	确认报警	控制	HMI画面调阅	HMI画面操作	报警与事件查看	设置标签	确认报警	控制
ACS设备			√	√	√	√			√			
ACS HMI画面	√	√					√					
ACS系统网络状态图	√	√					√					

操作权限	车站消防控制室值班员						车站消防控制室值班员（查看）					
	HMI画面调阅	HMI画面操作	报警与事件查看	设置标签	确认报警	控制	HMI画面调阅	HMI画面操作	报警与事件查看	设置标签	确认报警	控制
ACS设备			√	√	√	√			√			
ACS HMI画面	√	√					√					
ACS系统网络状态图	√	√					√					

操作权限	停车场值班员						停车场值班员（查看）					
	HMI画面调阅	HMI画面操作	报警与事件查看	设置标签	确认报警	控制	HMI画面调阅	HMI画面操作	报警与事件查看	设置标签	确认报警	控制
ACS设备			√						√			
ACS HMI画面	√	√					√					
ACS系统网络状态图												

6.3 门禁系统运行管理

6.3.1 门禁系统运行管理内容

正常情况下，门禁系统处于全自动运行状态，无须人为介入。车站工作人员应熟悉管辖范围内门禁设备的分布情况，并根据各车站的实际情况对门禁系统进行操作。操作时，必须严格按操作规程进行，并保证设备处于良好的工作状态。在未经公司相关部门同意的情况下，不得随意修改各设备系统的软件参数设置。

火灾情况下，如与防灾报警系统联动失败，车站工作人员可启动车站控制室内 IBP 上的紧急释放按钮，将全站门禁释放。在门禁系统无法联动、无法释放且 IBP 紧急释放按钮无法操作时，车站工作人员可关闭门禁系统总电源，将锁电源断开，释放门禁。

故障情况下，如遇单扇门门禁功能故障，无法正常投入使用时，除立即报修外，车站工作人员应加强监护并将该门用机械锁锁闭。

6.3.2 门禁系统运行管理规定

车站工作人员按规定对门禁系统进行日常巡视，通过观察设备的运行状态，将其与标准常态进行比较，达到及早发现异常，及时将故障解决于发生初期的目的，尽量避免故障后维修。日常巡视时，应检查是否有断网、报警、无法正常开 / 关门等现象，确保设备正常运行，如发现异常现象应立即报修。

设备巡视是保障门禁系统运行的重要手段之一，通过定期巡视，可以及时发现问题、处理问题，避免故障扩大。设备巡视主要包括以下内容。

1. 综合监控（门禁）巡视

（1）显示器、工业控制计算机及其他设备完好，无缺损，无故障。

（2）操作系统应在运行状态；除特殊情况外，各套门禁终端均应设置为正常，不应强制常开或常闭；在操作界面上操作单扇门的开启和关闭时，应能正常工作。

（3）鼠标、键盘无缺损，无故障，可操作。

（4）如有故障应立即报修，将检查结果记录在日检表上。

（5）巡视时，不得影响程序正常运行。

2. 门禁系统软件巡视

（1）门禁系统软件应正常开启运行。

（2）门禁系统电子地图等图形界面显示正常。

（3）门禁系统各类事件、报警准确实时显示。

（4）检查是否有设备故障报警信息。

（5）如有故障应立即报修，将检查结果记录在日检表上。

（6）巡视时，不得影响程序正常运行。

3. 门禁系统网络巡视

（1）在综合监控（门禁）界面上查看通信软件，确认车站级与中央级之间的网络通信良好。

（2）在综合监控（门禁）界面上查看通信软件，确认车站级与就地级的控制器之间网络通信良好。

（3）如有故障应立即报修，将检查结果记录在日检表上。

（4）巡视时，不得影响程序正常运行。

4. 门禁系统终端设备巡视

（1）读卡器无缺损、掉落，无故障，指示灯显示正常。

（2）门锁无缺损、掉落。

（3）玻璃无缺损，外壳无掉落。

（4）出门按钮无缺损、掉落，无故障，操作正常。

（5）如有故障应立即报修，将检查结果记录在日检表上。

（6）巡视时，不得影响程序正常运行。

（7）通过车站控制室 IBP 紧急释放按钮检查是否能在应急时打开所有电磁锁。

6.4 门禁系统维护

6.4.1 门禁工作站维护

门禁工作站维护按周期可分为月度维护和年度维护，年度维护工作内容包含了全部的月度维护工作内容。门禁车站级工作站维护工作见表 6–3。

表 6–3　　门禁车站级工作站维护工作

序号	项目	内容	方法	工具及材料	技术要求	周期	备注
1	门禁车站级工作站月度维护	（1）工作站外观检查 （2）系统软件运行情况、监控功能、报警功能检查（7号线、10号线主要在综合监控工作站上检查） （3）车站级与中央级网络通信检查 （4）车站各控制器间网络通信检查 （5）工作站软件病毒检查 （6）记录	（1）目测检查 （2）操作检查	（1）棉布、卷筒纸 （2）万用表 （3）除尘器 （4）清理机箱用刷子 （5）十字旋具 （6）一字旋具 （7）导线 （8）老虎钳 （9）胶带 （10）笔记本式计算机	（1）工作站（监视器、工业控制计算机、键盘、鼠标等）表面无油污、积灰，无破损 （2）运行正常，各项功能正常 （3）通信正常 （4）无工作站软件病毒 （5）根据维护情况记录月检表	全线各车站每月1次	—
2	门禁车站级工作站年度维护	（1）同月度维护 （2）拆卸工作站进行检查，并进行清洁 （3）进行完整的系统备份 （4）对现场工作站、门禁控制器及下级读卡器、出门按钮、电磁锁、门磁、电源等设备的功能、使用性能进行检查	（1）目测检查 （2）操作检查 （3）通过软件平台测试读卡器接口模块与ACS主控制器的通信是否良好；控制输出的电磁锁是否正常开启或关闭，接收输入的读卡器、出门按钮、门磁等关联设备能否被接口模块、ACS主控制器正确识别	同月检	（1）同月度维护的（1）至（4）项 （2）用除尘器等清洁工作站 （3）刷卡、按出门按钮能正常进出门，并有实时记录上传到软件平台，能有效监控门禁状态 （4）根据维护情况记录年检表	全线各车站每年1次	—

6.4.2　门禁现场设备维护

门禁现场设备由网络控制器、ACS主控制器、就地控制器、门禁终端设备等组成。门禁终端设备包括读卡器、锁具、门磁、出门按钮、紧急破玻按钮、可视对讲机等。门禁现场设备维护工作见表 6–4。

表 6–4　门禁现场设备维护工作

序号	项目	内容	方法	工具及材料	技术要求	周期	备注
1	ACS 主控制器月度维护	（1）箱体外观检查 （2）电源接线检查及电压测量 （3）熔丝、继电器检查 （4）ACS 主控制器开关指示灯情况检查 （5）ACS 主控制器主板清洁 （6）备用蓄电池检查 （7）记录	（1）目测检查 （2）操作检查	（1）棉布、卷筒纸 （2）万用表 （3）除尘器 （4）清理机箱用刷子 （5）十字旋具 （6）一字旋具 （7）插线板 （8）导线 （9）老虎钳 （10）胶带 （11）熔丝	（1）箱体表面无油污、积灰，无破损 （2）接线正确，无松动；线头无断裂脱落；配线不散乱；电压正常 （3）熔丝无熔断，继电器无损坏 （4）指示灯闪烁正常 （5）用除尘器将主板上的灰尘吸除 （6）备用蓄电池无漏液、膨胀 （7）根据维护情况记录月检表	全线各车站每月1次	—
2	ACS 主控制器年度维护	（1）同月度维护 （2）备用蓄电池充放电试验 （3）与报警输入 / 继电器输出模块一起做联动试验，并查看相关门的动作情况及信号反馈情况	同月度维护	同月度维护	（1）同月度维护的（1）至（6）项 （2）断开控制器进线电源，对蓄电池进行 0.5 h 放电试验，电压应无明显下降 （3）各项联动均能按设计要求完成 （4）根据维护情况记录年检表	全线各车站每年1次	联动试验需在不影响运营的情况下进行，并需与相关专业配合

续表

序号	项目	内容	方法	工具及材料	技术要求	周期	备注
3	就地控制器（含就地主控制器及就地从控制器）月度维护	（1）箱体外观检查 （2）电源接线检查及电压测量 （3）控制回路接线、通信接线、引入线检查 （4）熔丝、继电器检查 （5）就地控制器开关指示灯情况检查 （6）就地控制器主板清洁 （7）备用蓄电池检查 （8）记录	（1）目测检查 （2）操作检查	（1）棉布、卷筒纸 （2）万用表 （3）除尘器 （4）清理机箱用刷子 （5）十字旋具 （6）一字旋具 （7）插线板 （8）导线 （9）老虎钳 （10）胶带 （11）熔丝	（1）箱体表面无油污、积灰，无破损 （2）接线正确，无松动；线头无断裂脱落；配线不散乱；电压正常 （3）熔丝无熔断，继电器无损坏 （4）指示灯闪烁正常 （5）用除尘器将主板上的灰尘吸除 （6）备用蓄电池无漏液、膨胀 （7）根据维修情况记录月检表	全线各车站每月1次	—
4	就地控制器（含就地主控制器及就地从控制器）年度维护	（1）同月度维护 （2）备用蓄电池充放电试验 （3）与报警输入/继电器输出模块一起做联动试验，并查看相关门的动作情况及信号反馈情况 （4）离线运行试验 （5）门强行闯入试验 （6）门延时不关试验	同月度维护	同月度维护	（1）同月度维护的（1）至（6）项 （2）断开控制器进线电源，对蓄电池进行0.5 h放电试验，电压应无明显下降 （3）各项联动均能按设计要求完成 （4）离线时不影响门禁使用，恢复联网后数据自动上传 （5）门强行闯入有报警 （6）门延时不关有报警 （7）根据维护情况记录年检表	全线各车站每年1次	联动试验需在不影响运营的情况下进行，并需与相关专业配合

续表

序号	项目	内容	方法	工具及材料	技术要求	周期	备注
5	单门对讲门禁控制器月度维护	（1）箱体外观检查 （2）电源接线检查及电压测量 （3）熔丝、继电器检查 （4）单门对讲门禁控制器开关指示灯情况检查 （5）单门对讲门禁控制器主板清洁 （6）备用蓄电池检查 （7）记录	（1）目测检查 （2）操作检查	（1）棉布、卷筒纸 （2）万用表 （3）除尘器 （4）清理机箱用刷子 （5）十字旋具 （6）一字旋具 （7）插线板 （8）导线 （9）老虎钳 （10）胶带 （11）熔丝	（1）箱体表面无油污、积灰，无破损 （2）接线正确，无松动；线头无断裂脱落；配线不散乱；电压正常 （3）熔丝无熔断，继电器无损坏 （4）指示灯闪烁正常 （5）用除尘器将主板上的灰尘吸除 （6）备用蓄电池无漏液、膨胀 （7）根据维护情况记录月检表	全线各车站每月1次	—
6	单门对讲门禁控制器年度维护	（1）同月度维护 （2）备用蓄电池充放电试验 （3）与振警输入/继电器输出模块一起做联动试验，并查看相关门的动作情况及信号反馈情况	同月度维护	同月度维护	（1）同月度维护的（1）至（6）项 （2）断开控制器进线电源，对蓄电池进行0.5 h放电试验，电压应无明显下降 （3）各项联动均能按设计要求完成 （4）根据维护情况记录年检表	全线各车站每年1次	联动试验需在不影响运营的情况下进行，并需与相关专业配合

续表

序号	项目	内容	方法	工具及材料	技术要求	周期	备注
7	报警输入/继电器输出模块月度维护	（1）箱体外观检查 （2）与 CCTV 系统接口的线路情况检查 （3）与 FAS 接口的线路情况检查 （4）与 AFC 系统接口的线路情况检查 （5）IBP 到报警输入/继电器输出模块的接线检查 （6）通信接线检查 （7）报警输入/继电器输出模块主板清洁 （8）主板芯片检查 （9）记录	（1）目测检查 （2）操作检查	（1）棉布、卷筒纸 （2）万用表 （3）除尘器 （4）清理机箱用刷子 （5）十字旋具 （6）一字旋具 （7）插线板 （8）导线 （9）老虎钳 （10）胶带	（1）箱体表面无油污、积灰，无破损 （2）接线正确，无松动；线头无断裂脱落；配线不散乱；电缆入口、连接电缆和防护软管处无破损 （3）用除尘器将主板上的灰尘吸除 （4）主板芯片无损坏 （5）根据维护情况记录月检表	全线各车站每月1次	—
8	报警输入/继电器输出模块年度维护	（1）同月度维护 （2）门禁系统与 CCTV 系统联动试验 （3）门禁系统与 FAS 联动试验 （4）门禁系统与 AFC 系统联动试验 （5）门禁系统与 IBP 联动试验	同月度维护	同月度维护	（1）同月度维护的（1）至（4）项 （2）各项联动均能按设计要求完成 （3）根据维护情况记录年检表	全线各车站每年1次	联动试验需在不影响运营的情况下进行，并需与相关专业配合

续表

序号	项目	内容	方法	工具及材料	技术要求	周期	备注
9	门禁终端设备月度维护	（1）外观检查 （2）锁具检查 （3）门磁开关检查 （4）读卡器检查 （5）出门按钮、紧急破玻按钮检查 （6）可视对讲检查 （7）记录	（1）目测检查 （2）操作检查	（1）棉布、卷筒纸 （2）万用表 （3）十字旋具 （4）一字旋具 （5）插线板 （6）导线 （7）老虎钳 （8）胶带 （9）紧急破玻按钮专用玻璃 （10）紧急破玻按钮专用钥匙 （11）小螺钉	（1）设备表面无油污、积灰，无破损 （2）锁具无损坏，电磁锁紧固螺钉无松动 （3）加电时，门处于锁死状态 （4）电磁锁电压正常 （5）信号反馈正常 （6）读卡器功能正常 （7）可视对讲功能正常，画面、语音清晰 （8）读卡器面板指示灯闪烁正常 （9）紧急破玻按钮功能正常 （10）根据维护情况记录月检表	全线各车站每月1次	—
10	门禁终端设备年度维护	同月度维护	同月度维护	同月度维护	（1）同月度维护的（1）至（9）项 （2）必要时，可使用专用工具检查锁具耐压力 （3）根据维护情况记录年检表	全线各车站每年1次	—

6.5 新线门禁系统验收

6.5.1 验收人员要求

1. 验收人员的资质

验收人员必须熟悉规程，必须通过专业培训并考试合格方可上岗操作。从事安防设备验收的人员，特别是从事与门禁设备相关验收的人员，应持有相关部门核发的安防资质证书。

2. 验收人员的安全防护

验收人员对待工作应认真负责，遵守相关规章制度，工作时应穿戴相应的劳动防护用品。

3. 验收人员操作注意事项

验收操作电气设备时，验收人员必须按照低压电气操作规程要求操作，确保人身安全，做好相关记录。验收人员必须具备相应的工作技能和经验，严格依照设备说明书、标准及要求验收。

6.5.2 验收内容与合格要求

1. 布线

门禁系统的布线应符合国家标准《建筑电气工程施工质量验收规范》（GB 50303—2015）的规定。抽查数量按 20% 比例确定。验收方法为观察、检查、核对资料。

（1）识读设备与控制器之间的通信信号线宜采用多芯屏蔽双绞线。

（2）门磁开关及出门按钮与控制器之间的通信信号线的线芯最小截面积不宜小于 0.5 mm^2。

（3）控制器与执行设备之间的绝缘导线的线芯最小截面积不宜小于 0.75 mm^2。

（4）控制器与车站工作站之间的通信信号线宜采用双绞铜芯绝缘导线，其线径根据传输距离而定，线芯最小截面积不宜小于 0.5 mm^2。

2. 一般项目

门禁系统用的电缆竖井宜与电力、照明用的低压配电线路电缆竖井分别设置。若受条件限制必须合用，则两种电缆应分别布置在竖井的两侧。从接线盒、线槽等处引到控制器、读卡器、按钮的线路无法布置金属硬管时，均应有金属软管保护。

金属材质的标准机箱箱体应采取防水、防潮、防腐蚀等措施。机箱挂壁安装于门禁保护区内侧（室内）吊顶或天花板下，高度以人员无法直接触及为基础进行统一设置（如箱体底边距地面 2.5 m）。机箱安装应牢固，固定支点不得少于 4 个；宜采用上下侧进线，强弱电分开布管，两者距离不小于 300 mm；接地线应与机箱外壳相连。

3. 设备安装

门禁系统的工作模式可以分为在线、离线（不能上传数据但系统单体可正常使用）、灾害等多种模式。其中，在线与离线模式对应网络通信正常与不正常；灾害等模式可以在系统内自定义，对应不同的紧急状况。

主电源可使用市电或电池。备用电源可使用二次电池及充电器、UPS、发电机。如果系统的执行部分为闭锁装置，且该装置的工作模式为断电开启，B 级、C 级的控制设备必须配置备用电源。备用电源应保证系统能连续工作不少于 48 h，且执行设备能正常开启 50 次以上。

4. 执行部分

系统执行部分的防护等级分类见表 6–5。

5. 识读部分

系统识读部分的防护等级分类见表 6–6。

表 6–5　　系统执行部分的防护等级分类

等级＼要求	外壳防护能力	控制出入能力		防破坏 / 防技术开启（抵抗时间或次数）
		执行部件	强度要求	
普通防护级别（A 级）	有防护面的，外壳应符合国家标准《外壳防护等级（IP 代码）》（GB/T 4208—2017）中 IP42 的要求，否则应符合 IP32 的要求	机械锁定部件（锁舌、锁栓等）	符合标准《机械防盗锁》（GA/T 73—2015）A 级别要求	符合标准《机械防盗锁》（GA/T 73—2015）A 级别要求
		电磁铁作为间接闭锁部件的	符合标准《机械防盗锁》（GA/T 73—2015）A 级别要求	符合标准《机械防盗锁》（GA/T 73—2015）A 级别要求，防电磁场开启时间大于 1 500 min 且小于等于 3 000 min
		电磁铁作为直接闭锁部件的	符合标准《机械防盗锁》（GA/T 73—2015）A 级别要求	符合标准《机械防盗锁》（GA/T 73—2015）A 级别要求，防电磁场开启时间大于 1 500 min 且小于等于 3 000 min，抵抗出入目标以 3 倍正常运动速度撞击 3 次

续表

要求 / 等级	外壳防护能力	控制出入能力		防破坏／防技术开启（抵抗时间或次数）
		执行部件	强度要求	
普通防护级别（A级）		阻挡指示部件（电动挡杆等）	—	—
中等防护级别（B级）	有防护面的，外壳应符合国家标准《外壳防护等级（IP代码）》（GB/T 4208—2017）中IP42的要求，否则应符合IP32的要求	机械锁定部件（锁舌、锁栓等）	符合标准《机械防盗锁》（GA/T 73—2015）B级别要求	符合标准《机械防盗锁》（GA/T 73—2015）B级别要求
		电磁铁作为间接闭锁部件的	符合标准《机械防盗锁》（GA/T 73—2015）B级别要求	符合标准《机械防盗锁》（GA/T 73—2015）B级别要求，防电磁场开启时间大于3 000 min且小于等于5 000 min
		电磁铁作为直接闭锁部件的	符合标准《机械防盗锁》（GA/T 73—2015）B级别要求	符合标准《机械防盗锁》（GA/T 73—2015）B级别要求，防电磁场开启时间大于3 000 min且小于等于5 000 min，抵抗出入目标以5倍正常运动速度撞击3次
		阻挡指示部件（电动挡杆等）	—	—
高防护级别（C级）	有防护面的，外壳应符合国家标准《外壳防护等级（IP代码）》（GB/T 4208—2017）中IP42的要求，否则应符合IP32的要求	机械锁定部件（锁舌、锁栓等）	符合标准《机械防盗锁》（GA/T 73—2015）B级别要求	符合标准《机械防盗锁》（GA/T 73—2015）B级别要求
		电磁铁作为间接闭锁部件的	符合标准《机械防盗锁》（GA/T 73—2015）B级别要求	符合标准《机械防盗锁》（GA/T 73—2015）B级别要求，防电磁场开启时间大于5 000 min
		电磁铁作为直接闭锁部件的	符合标准《机械防盗锁》（GA/T 73—2015）B级别要求	符合标准《机械防盗锁》（GA/T 73—2015）B级别要求，防电磁场开启时间大于5 000 min，抵抗出入目标以10倍正常运动速度撞击3次
		阻挡指示部件（电动挡杆等）	—	—

表 6–6　系统识读部分的防护等级分类

要求 / 等级	外壳防护能力	保密性			防破坏 / 防技术开启（有防护面设备的最小抵抗时间）（min）			
		用电子编码作为密钥信息的	用图形图像、人体生物特征、物品特征、时间等作为密钥信息的	防复制和破译				
普通防护级别（A 级）	外壳应符合国家标准《入侵和紧急报警系统　控制指示设备》（GB 12663—2019）的有关要求，识读现场装置外壳应符合国家标准《外壳防护等级（IP 代码）》（GB/T 4208—2017）中 IP42 的要求，室外型的外壳还应符合国家标准《外壳防护等级（IP 代码）》（GB/T 4208—2017）中 IP53 的要求	密钥量 $>10^4\times n_{max}$	密钥差异 $>10\times n_{max}$ 误识率不大于 $1/n_{max}$	使用的个人信息识别载体应能防复制	防钻	10	防误识开启	1 500
					防锯	3		
					防撬	10	防电磁场开启	1 500
					防拉	10		
中等防护级别（B 级）	外壳应符合国家标准《外壳防护等级（IP 代码）》（GB/T 4208—2017）中 IP42 的要求，室外型的外壳还应符合国家标准《外壳防护等级（IP 代码）》（GB/T 4208—2017）中 IP53 的要求	密钥量 $>10^4\times n_{max}$，并且至少符合以下一项：①连续输入错误的密钥信息时有限制操作措施；②采用自行变化编码；③采用可更改编码（限制无权限人员更改）	密钥差异 $>10^2\times n_{max}$ 误识率不大于 $1/n_{max}$	使用的个人信息识别载体应能防复制；用无线电传输密钥信息的，经 24 h 扫描时间后获得正确码的概率小于 4%，或每次操作钥匙后自行变化编码	防钻	20	防误识开启	3 000
					防锯	6		
					防撬	20	防电磁场开启	3 000
					防拉	20		

续表

要求 / 等级	外壳防护能力	保密性			防破坏 / 防技术开启（有防护面设备的最小抵抗时间）（min）			
		用电子编码作为密钥信息的	用图形图像、人体生物特征、物品特征、时间等作为密钥信息的	防复制和破译				
高防护级别（C 级）	外壳应符合国家标准《外壳防护等级（IP 代码）》（GB/T 4208—2017）中 IP42 的要求，室外型的外壳还应符合国家标准《外壳防护等级（IP 代码）》（GB/T 4208—2017）中 IP55 的要求	密钥量 $>10^6 \times n_{max}$，并且至少符合以下一项：①连续输入错误的密钥信息时有限制操作措施；②采用自行变化编码；③采用可更改编码（限制无权限人员更改） 不能采用在空间可被截获的方式传输密钥信息	密钥差异 $>10^3 \times n_{max}$ 误识率不大于 $0.1/n_{max}$	制造的所有钥匙应能防未授权的信息读取，防复制	防钻	30	防误识开启	5 000
					防锯	10		
					防撬	30	防电磁场开启	5 000
					防拉	30		

6.5.3 验收工器具及材料

验收工器具及材料见表 6–7。

表 6–7　　　　验收工器具及材料

名称	规格	单位	数量
笔记本式计算机	专用	台	1
AC 220 V / DC 24（12）V 稳压电源	专用	台	2
数字钳形万用表	—	台	2
数字万用表	—	台	2
试电笔	100 ~ 500 V	支	2
钟表组合螺钉旋具	6 件	套	1
组合螺钉旋具	一字旋具 6 件，十字旋具 4 件，内、外六角旋具各 3 件	套	1
钢卷尺	宽度为 3.5 mm	卷	1
钢直尺	长度为 300 mm	把	1
尖嘴钳	长度为 150 mm	把	1
电工袋	小号	个	1
高级塑料工具箱	450 mm × 200 mm × 190 mm，3 层	个	1
斜口钳	长度为 125 mm	把	1
剥线钳	长度为 170 mm	把	1
计时器	—	个	2
套装螺钉旋具	10 件	套	2
对讲机	数字式	个	2
门禁卡	IC（集成电路）卡	张	2

第7章

环控系统

学习目标

- ✔ 了解环控系统的组成
- ✔ 了解环控设备安装
- ✔ 了解环控系统运行管理
- ✔ 了解环控系统巡视检查与维护

知识要求

7.1 环控系统简介

7.1.1 环控系统的作用

环控系统是城市轨道交通工程中的一个重要组成部分。环控系统的作用是对城市轨道交通的环境空气进行处理，在正常运行期间为城市轨道交通乘客提供舒适良好的乘车环境，并为工作人员提供必要的安全、卫生、舒适的环境条件，同时为车站各种设备用房和管理用房提供满足工艺和功能要求的环境条件，为列车及设备运行提供良好的工作条件。当城市轨道交通内发生火灾毒气事故时，环控系统能提供新鲜空气，及时排除有害气体，为人员撤离事故现场创造条件，显然，其重要性是不言而喻的。

7.1.2 环控系统的分类

根据城市轨道交通工程的特点，环控系统按车站建筑形式分为地面高架车站环控系统、地面车站环控系统和地下车站环控系统，按环境控制对象分为地面车站（含地面高架车站）环控系统、地下车站环控系统、地下区间隧道环控系统、主变电站环控系统、牵引变电站环控系统等。其中，地下车站环控系统又分为屏蔽门系统和非屏蔽门系统。非屏蔽门系统按城市轨道交通系统与地面通风风道的连接方式又分为闭式系统和开式系统。

屏蔽门系统是指在站台与区间隧道之间设置完全隔断、可以移动的屏蔽门，列车停站时屏蔽门与列车门一一对应打开，列车出站时屏蔽门关闭。这一物理屏障将巨大的列车产热拒之于车站之外，站内采用空调制冷系统，保证站内温度符合标准，而区间隧道则利用列车运行活塞风，通过风井与室外进行通风换气，满足区间通风要求。采用这种环控制式的有上海城市轨道交通 1 号线、8 号线、9 号线、10 号线，以及深圳城市轨道交通一期工程等。

非屏蔽门系统是指城市轨道交通车站与区间隧道在物理结构上相连通的系统。非屏蔽门系统主要指闭式系统，即夏季空调开启时，整个地下车站及区间除两端隧道洞口、车站出入口和空调新风外基本与外界相隔绝的一种空调通风方式。闭式系统可根据全年气温变化转为开式运行（开式系统）。目前，我国采用闭式系统的主要有上海城市轨道交通 2 号线、广州城市轨道交通 1 号线等。

7.1.3 环控系统的组成

城市轨道交通环控系统主要由以下两部分组成。

● 车站空调通风系统。其中，车站的站厅、站台公共区空调通风系统（兼排烟）简称为车站空调通风大系统；车站设备用房和管理用房空调通风系统（兼排烟），以及主变电站、牵引变电站空调通风系统简称为车站空调通风小系统。需要说明的是，地面车站、地面高架车站由于公共区域散热、散湿条件好，因此无车站空调通风大系统，只具有车站空调通风小系统。

● 区间隧道通风系统。区间隧道活塞风和机械通风系统（兼排烟）以及车站区间排热系统（屏蔽门式）合称为区间隧道通风系统。

其他还有空调循环水系统、隧道洞口空气幕系统、折返线通风系统等。

下面重点介绍地下车站环控系统的组成。

1. 屏蔽门式环控系统的组成

典型屏蔽门式环控系统由车站空调通风系统和区间隧道通风系统两部分组成，见表 7–1。

（1）车站空调通风系统

1）车站公共区空调通风系统。车站公共区空调通风系统通常采用集中式全空气系统，主要由组合式空调箱、回排风机，以及站厅、站台的排烟设备、全新风机、空调新风机、调节阀、防火阀等组成。

表 7–1　　典型屏蔽门式环控系统

系统	组成
车站空调通风系统	车站公共区空调通风系统（兼排烟） 车站设备用房和管理用房空调通风系统（兼排烟） 空调循环水系统
区间隧道通风系统	区间隧道活塞风系统 区间隧道机械通风系统（隧道风机和射流风机系统） 车站区间排热系统

2）车站设备用房和管理用房空调通风系统。车站设备用房和管理用房空调通风系统通常采用局部集中式全空气系统（变风量系统）、局部空气–水系统（风机盘管系统）、局部空气冷却系统（VRV 系统和小空调机，VRV 即变制冷剂流量）等多种系统。其中，局部集中式全空气系统主要由热泵 / 单冷机组、变风量空调箱、新风机、排风机（兼排烟）、调节阀、防火阀等组成。局部空气–水系统主要由热泵 / 单冷机组、风机盘管、排风机（兼排烟）、送风机等组成。局部空气冷却系统主要由 VRV 系统室内机和室外机、送风机、排风机（兼排烟）或分体式小空调机组成（由于存在安全隐患，分体式小空调机目前在地下车站已很少使用）。

3）空调循环水系统。空调循环水系统主要由热泵 / 单冷机组、冷冻水泵、管道和阀件等组成，通常在采用空气–水系统的车站空调通风大系统和车站空调通风小系统中运用。车站空调通风大系统中的空调循环水系统主要由冷水机组、冷冻 / 冷却水泵、冷却塔、分水器、集水器、管道和阀件等组成。目前，城市轨道交通中也有车站空调通风大系统和车站空调通风小系统共用空调循环水的设计。

（2）区间隧道通风系统

1）区间隧道活塞风系统。城市轨道交通工程在车站两端为每一区间隧道设置活塞 / 机械通风系统，包括活塞风井、活塞风阀、活塞 / 机械风阀等。目前，最常用的活塞风道净面积约为 16 m^2。该系统的通风原理是利用列车在区间隧道运行时对隧道内空气前压后吸的活塞效应来进行通风换气，区间隧道降温和区间列车新风是依靠活塞风井实现的。

2）区间隧道机械通风系统。在需要对区间隧道进行强制通风时，必须采用区间隧道机械通风系统。车站两端活塞风道（或中间风井）内通常设置隧道风机，以便区间冷却、事故和火灾通风时运行。地下线路内若设置渡线、存车线、联络线等配线，则正线气流较难组织，此时通常还需设置辅助通风设备（如射流风机、喷嘴等）。

3）车站区间排热系统。为将列车产生的热量及时排至地面，在车站区间需设置排热系统，其由排热风机、车轨上部排热风道和站台下部排热风道组成。车轨上部排热风道上设置成组风口，正对列车空调冷凝器；站台下部排热风道上设置成组风口，正对列车刹车制动装置，将列车停站时散发的热量直接排至地面。

2. 闭式环控系统的组成

典型闭式环控系统由车站空调通风系统和区间隧道通风系统两部分组成，见表 7–2。

表 7–2　　典型闭式环控系统

系统	组成
车站空调通风系统	车站公共区空调通风系统（兼排烟） 车站设备用房和管理用房空调通风系统（兼排烟） 空调循环水系统
区间隧道通风系统	区间隧道活塞风系统（含迂回风道） 区间隧道机械通风系统 隧道洞口空气幕系统

（1）车站空调通风系统

1）车站公共区空调通风系统。车站公共区空调通风系统通常采用集中式全空气系统，主要设备同屏蔽门式环控系统，两者区别在于站台、站厅的气流组织不一样。闭式环控系统一般采用车站站厅上部均匀送风、站台上部均匀送风，并统一由设于站台轨道顶部风管和设于站台板下风管排风的结构，因此无屏蔽门式环控系统的排热风机。此外，其在站端列车进站侧设置集中送冷风口，使列车进站时伴随的大量高温区间活塞风在冲入站台候车区域之前就和集中送冷风相混合，缓减活塞风对站台的瞬时热冲击。

2）车站设备用房和管理用房空调通风系统。闭式环控系统的车站设备用房和管理用房空调通风系统的形式与设备同屏蔽门式环控系统。

3）空调循环水系统。闭式环控系统的空调循环水系统的形式与设备同屏蔽门式环控系统。

（2）区间隧道通风系统

1）区间隧道活塞风系统。区间隧道活塞风系统由设于车站两端的活塞风井及设于站端的迂回通道组成。常用活塞风井的净面积约为 16 m^2，迂回风道的净面积约为 30 m^2。

2）区间隧道机械通风系统。车站两端活塞风道（或中间风井）内通常设置隧道风机，以便区间冷却、事故和火灾通风时运行。由于闭式环控系统的车站和区间隧道相连通，当区间隧道发生事故时，较难在区间隧道形成有效气流，因此需要较多的风机联合运作，必要时需设置辅助通风设备（如推力风机等）。此外，地下线路内若设置渡线、存车线、联络线等配线，则正线气流较难组织，此时通常还需设置辅助通风设备（如射流风机、喷嘴等）。

3）隧道洞口空气幕系统。由于闭式环控系统夏季采用空调，依靠列车行驶活塞风将车站冷风带入区间隧道，因此城市轨道交通系统同外界热空气的交换越少越好。隧道洞口空气幕系统就是阻挡内外气流交换的系统，一般由地下车站和区间隧道尽可能开启所有与外界的通风口，再充分利用风机、消声器和喷嘴形成。采用该系统之后，距洞口较近的车站空调负荷可降低，站内环境比较容易控制。

3. 开式环控系统的组成

利用列车行驶对空气的活塞效应与外界通风换气来控制内部热环境，排除余热、余湿，这种环控系统一般为开式环控系统，可根据需要进行开式、闭式运行。需要说明的是，由于城市轨道交通车站公共区空调通风系统的设计基本上以车站中轴线为对称分界线对称设计布局，因此城市轨道交通车站公共区空调通风系统设备（不论是南北还是东西系统设备）基本上也对称设计布局。

7.1.4 环控系统的主要设备

1. 冷水机组

冷水机组是城市轨道交通环控系统的主要设备，为车站中央空调提供冷源。按压缩机的压缩形式划分，上海城市轨道交通目前共有三种类型的冷水机组：活塞式冷水机组、离心式冷水机组和螺杆式冷水机组。

2. 空调机组

空调机组是城市轨道交通环控系统中的空气集中处理设备，可完成对空气的多种处理功能，包括对空气的过滤、冷却、加热、去湿、消声及新风和回风混合等。城市轨道交通地下车站为夏季空调工况时，通常由冷水机组提供7 ~ 12 ℃的冷冻水至空调机组的表面式冷却器（简称表冷器），经与空气进行热交换后，冷冻水回到冷水机组，被冷水机组冷却后，再送至空调机组的表冷器，完成一个冷却循环。经过空调机组表冷器冷却后的空气由空调机组内的离心风机送至站厅和站台。

3. 风机

城市轨道交通环控系统中通常使用两类风机，即轴流风机和离心风机。轴流风机的特点是风压较低，风量较大，噪声相对较大。离心风机的特点是风压高，风量可调，噪声相对较小。在城市轨道交通环控系统中，风机按用途和作用可分为：区间隧道用的事故冷却风机，通风季节用的全新风机，空调季节用的空调新风机、回/排风机，空调及通风季节用的排热风机，设备用房用的送风机、排风机，管理用房用的送风机、排风机，主变电站、牵引变电站、降压变电站用的送风机、排风机等。排风机一般兼作排烟、排毒风机，但在城市轨道交通车站重要场所往往会专设排烟、排毒风机。

4. 水泵

城市轨道交通中央空调循环水系统中使用的水泵通常是IS系列单级离心水泵，用作冷冻循环水和冷却循环水的动力。

5. 冷却塔

在制冷装置中，最为普遍的冷凝器冷却方式是水冷式。水冷式冷凝器必须使用一套冷却水系统，而冷却塔作为冷却水系统的降温设备被广泛地应用于中央空调循环水系统中。冷却水在冷水机组的冷凝器中吸热，温度升高，通过冷却水泵至冷却塔的布水器中。在布水器中，冷却水被喷淋，形成细小水滴，流经填料层时形成薄薄的水膜，最后流到塔底。水滴和水膜表面的饱和水蒸气分压力与空气中的水蒸气分压力差是热量传递的动力，热量传递的过程就是部分液态水汽化成水蒸气扩散到空气中去的过程。热量传递的总效果是大部分水被冷却。冷却后的水被冷却水泵输送到冷水机组的冷凝器中开始新的循环。每循环一次会损失部分冷却水，主要原因是蒸发和漂损。蒸发和漂损量一般占冷却水循环量的1%～5%。

6. 阀门

在城市轨道交通环控系统中，阀门广泛应用于工况调节、流量控制、防火排烟等系统中。阀门按大类可分为风阀及水阀。风阀大量应用于通风系统及空调系统中。水阀主要应用在冷却循环水和冷冻循环水系统中。

7. 风口

风口又称空气分布器，用于向房间送入空气或排出空气，通过在通风管道上设置各种形式的送风口、回风口及排风口，可调节送入或排出的空气量。风口的形式较多，根据使用对象可分为通风系统风口和空调系统风口。通风系统常用圆形风管插板式送风口、旋转送风口、单面或双面送/吸风口、矩形空气分布器、塑料插板式侧面送风口等。城市轨道交通环控系统常用百叶送风口（单/双/三层等）、圆形或方形散流器、送吸式散流器、流线型散流器、送风孔板、网式回风口等。

8. 消声器

用于空调系统的消声器类型很多，根据消声原理的不同可分为阻性消声器、抗性消声器、共振型消声器、复合型消声器等。

除此之外，风管构件也可作为消声器，其具有节约空间的优点，常用的有消声弯头和消声静压箱。

7.2 环控设备安装

7.2.1 环控设备安装基础知识

环控系统涉及热力学、传热学、流体力学、制冷原理等方面的知识。在了解环控设备安装之前，必须对空调及空调系统有初步了解。

1. 空气调节基础知识

空气调节简称空调，它是通过对空气的处理使某区域范围内空气的温度、相对湿度、气流速度和洁净度达到一定要求的工程技术。空气的温度、相对湿度、气流速度和洁净度简称空调的“四度”。所谓“达到一定要求”就是指空气的参数必须稳定在一定的基数上，并且不超过允许的波动范围，常用空调基数和空调精度来表示。

（1）空气的组成。自然界中的空气是由数量基本稳定的干空气和数量经常变化的水蒸气组成的混合物。这种混合物称为湿空气（凡是含有水蒸气的空气均称为湿空气），即人们常说的空气。

（2）空气的物理性质

1）温度。温度是描述物体冷热程度的物理量，主要有三种标定方法：摄氏温标、华氏温标和绝对温标（又称热力学温标或开氏温标）。

2）压力。一般空气的压力就是指当地的大气压，常用单位有国际单位（Pa）、工程单位（kgf/cm^2）、液柱高度单位（mmHg 和 mmH_2O）。

在空调系统中，空气的压力是用仪表测量出来的，但仪表显示的压力不是空气压力的绝对值，而是“表压”，即空气的绝对压力与当地大气压力的差值。

（3）相关概念

1）露点温度。由于饱和空气的含湿量与温度有关，因此可以通过降低温度的方法使不饱和空气达到饱和，再由饱和到凝结出水珠（即结露）。在结露之前，空气的含水总量不变。在一定压力和水蒸气含量不变的情况下，将湿空气冷却到相对湿度为100%时所对应的温度称为露点温度。

2）机器露点温度。机器露点温度与空气的露点温度有区别，它是指经过人为的对空气加湿或减湿冷却后所达到的接近饱和的空气状态的温度。在空调系统中，一般将通过表冷器后的空气终状态点温度近似认为是机器露点温度。

3）干、湿球温度。空气的相对湿度通常用干、湿球温度计测量。

干、湿球温度计的结构如图7–1所示，它是由两个相同的温度计组成的。使用时将其放在通风处，一个温度计放在空气中，直接测量出来的温度称为干球温度；另一个温度计的感温部分用纱布包裹起来，纱布下端放在盛满水的水槽里，测量出来的温度称为湿球温度。

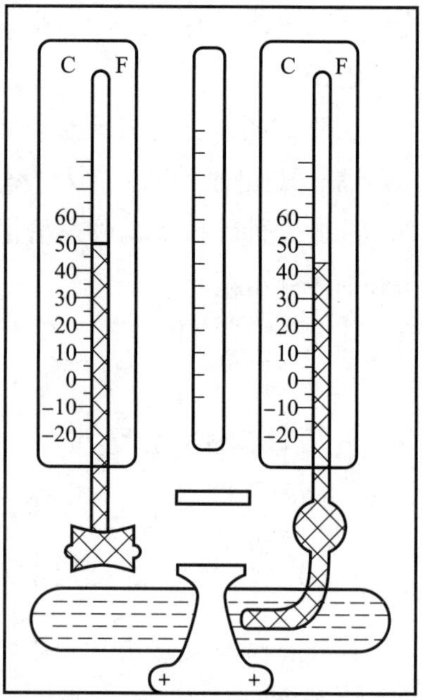

图7–1　干、湿球温度计

2. 空调系统基础知识

（1）空调系统的分类。空调系统主要由冷热源部分、空气处理部分、空气输送及分配部分、冷热媒输送和自动控制部分组成。在工程中，由于空调场所的用途、性质、热湿负荷等不同，因此空调系统有许多分类方式。

1）空调系统按空气处理设备的设置情况分为集中式空调系统、半集中式空调系统、集中冷却的分散型机组空调系统、全分散式空调系统。

2）空调系统按承担室内负荷所用的介质分为全空气式空调系统、全水式空调系统、空气–水式空调系统、制冷剂式空调系统。

3）空调系统按风管中的空气流动速度分为低速空调系统、高速空调系统。

4）空调系统按空气来源分为封闭式空调系统、全新式空调系统、混合式空调系统。

（2）集中式空调系统。集中式空调系统是典型的全空气式空调系统，是工程中最常用的系统之一。它广泛应用于强调舒适性或工艺性的各类空调工程应用场所中，如会堂、宾馆、商场、城市轨道交通，以及对空气环境有特殊要求（恒温、恒湿、洁净）的工业厂房等。

集中式空调系统由空气处理设备、空气输送设备、空气分配装置等组成。

7.2.2 环控设备安装要求

1. 预埋件安装

（1）各设备基础预埋件的材料、规格、尺寸、制作、安装方式及预埋位置应符合设计要求。

（2）各设备基础预埋件应可靠接地，接地方式、接地数量应满足设计要求。

（3）基础槽钢安装检验标准见表7–3。安装后，其顶部宜高出抹平地面10 mm。安装后的基础槽钢应做防腐蚀处理。

表7–3 基础槽钢安装检验标准

项目	允许偏差	检验频率		检验方法
		范围	点数	
垂直度	每米小于1 mm 全长小于5 mm	每片槽钢	2	用靠尺、塞尺检验
水平度	每米小于1 mm 全长小于5 mm		2	用水平尺检验
位置误差及平行度	小于5 mm		2	用经纬仪、水平仪及钢尺检验

（4）机械设备安装基础的质量应符合国家标准《混凝土结构工程施工质量验收规范》（GB 50204—2015）的有关规定，并应有验收资料和记录。

（5）机械设备安装的位置、标高和管口方向必须符合设计要求。用地脚螺栓固定的机械设备，其垫铁的放置位置应正确且接触应紧密，螺栓必须拧紧并有防松动措施。

2. 空调机组安装

（1）空调机组的型号、规格、方向和技术参数应符合设计要求。现场组装的组合式空调机组应做漏风量检验，其漏风量必须符合国家标准《组合式空调机组》（GB/T 14294—2008）的规定。

（2）静电空气过滤器金属外壳接地必须良好。

（3）整体出厂的制冷机组应水平安装，应在底座或与底座平行的加工面上进行纵、横向检测，其偏差均不应大于1/1 000。

（4）在制冷系统投入运行前，应对安全阀进行调试校核，其开启和回座压力应符合设备技术文件的要求。

（5）对组装式制冷机组和现场充注制冷剂的机组必须进行吹污试验、气密性试验、真空试验和充注制冷剂检漏试验，其相应的技术数据必须符合产品技术文件和有关国家标准、规范的规定。

（6）制冷系统吹扫排污应采用压强为 0.6 MPa 的干燥压缩空气或氮气，以浅色布检查 5 min，无污物为合格。吹扫干净后，应将系统中阀门的阀芯拆下清洗干净。

（7）制冷管道系统应进行强度试验、气密性试验及真空试验，且必须合格。

（8）制冷设备与制冷附属设备的安装应符合下列规定。

1）制冷设备与制冷附属设备应具有产品合格证书、产品性能检验报告，其型号、规格和技术参数必须符合设计要求。

2）设备安装的位置、标高和管口方向必须符合设计要求。用地脚螺栓固定的制冷设备或制冷附属设备，其垫铁的放置位置应正确且接触应紧密，螺栓必须拧紧并有防松动措施。

（9）制冷系统的管道、管件和阀门应具有出厂合格证、质量证明书，其型号、材质、工作压力等必须符合设计要求。

（10）管道敷设时，管道外壁与相邻管道的管件边缘距离不应小于 10 mm；同排管道的法兰或活接头相互错开的距离应大于等于 100 mm；管道穿越墙体或楼板处应设钢制套管，管道接口不得置于套管内，其接头位置与墙面的距离应大于 800 mm。

（11）钢制套管应与墙体饰面或楼板底部平齐，上部应高出楼层地面 20 ~ 50 mm；钢制套管不得作为管道支撑；保温管道与钢制套管的四周间隙应使用不燃绝热材料填塞紧密。

3. 空调循环水系统安装

（1）空调循环水系统的设备与附属设备、管道、管件及阀门的型号、规格、材质及连接形式应符合设计规定。

（2）管道安装应符合下列规定。

1）隐蔽管道必须按规定安装。

2）焊接钢管、镀锌钢管不得采用热煨弯。

（3）管道与设备的连接应在设备安装完毕后进行，与水泵、制冷机组的连接必须采用柔性接口。柔性短管不得强行对口连接，与其连接的管道应设置独立支架。

（4）冷热水及冷却水系统应在系统冲洗、排污合格（排出口水的颜色和透明度与入水口的相近，无可见杂物）后再循环试运行 2 h 以上，保证水质正常后再与制冷机组、空调设备相贯通。

（5）管道系统安装完毕且外观检查合格后，应按设计要求进行水压试验。冷热水及冷却水系统的试验压力要求为：当工作压力小于等于 1 MPa 时，试验压力为 1.5 倍工作压力，但最小不小于 0.6 MPa；当工作压力大于 1 MPa 时，试验压力应比工作压力大 0.5 MPa。

（6）各类耐压塑料管的强度试验压力为 1.5 倍工作压力，严密性试验压力为 1.15 倍设计工作压力。

（7）凝结水系统应采用充水试验，以不渗漏为合格。

（8）阀门的安装位置、高度、进出口方向必须符合设计要求，连接应牢固紧密。

（9）安装在保温管道上的各类手动阀门的手柄均不得向下。

（10）阀门安装前必须进行外观检查，阀门的铭牌应符合国家标准《工业阀门　标志》（GB/T 12220—2015）的规定。对于工作压力大于 1 MPa 及在主、干管上起切断作用的阀门，应进行强度和严密性试验，合格后方准使用。其他阀门可不单独进行试验，在系统试压中检验即可。

1）强度试验时，试验压力为公称压力的 1.5 倍，持续时间不少于 5 min，阀门的壳体、填料应无渗漏。

2）严密性试验时，试验压力为公称压力的 1.1 倍，在试验持续的时间内应保持不变，时间应符合表 7–4 的规定，以阀瓣密封面无渗漏为合格。

表 7–4　　阀门严密性试验压力持续时间

公称直径	最短压力持续时间（s）	
	金属密封	非金属密封
小于等于 50 mm	15	15
65 ~ 200 mm	30	15
250 ~ 450 mm	60	30
大于等于 500 mm	120	60

（11）补偿器的补偿量和安装位置必须符合设计及产品技术文件的要求，并应根据设计的补偿量进行预拉伸或预压缩。

设有补偿器（膨胀节）的管道应设置固定支架，其结构形式和固定位置应符合设计要求，并应在补偿器预拉伸（或预压缩）前固定。导向支架的设置应符合所安装产品技术文件的要求。

（12）冷却塔的型号、规格、技术参数必须符合设计要求。安装含有易燃材料的冷却塔时，必须严格执行防火安全规定。

（13）水泵的型号、规格、技术参数应符合设计要求和产品性能指标。水泵正常连续试运行的时间不应少于 2 h。

4. 风管安装

（1）在风管穿过需要封闭的防火、防爆墙体或楼板时，应设预埋管或防护套管，其钢板厚度不应小于 1.6 mm。风管与防护套管之间应用不燃且对人体无危害的柔性材料封堵。

（2）风管部件安装必须符合下列规定。

1）各类风管部件的安装应能保证其正常的使用功能，并便于操作。

2）安装斜插板风阀时，阀板必须为向上拉启；水平安装时，阀板还应为顺气流方向插入。

3）止回风阀、自动排气活门的安装方向应正确。

（3）防火阀、排烟阀的安装方向和位置应正确。防火分区隔墙两侧的防火阀距墙表面不应大于 200 mm。

（4）风管的连接应平直，不扭曲。明装风管水平安装时，水平度的允许偏差为 3/1 000，总偏差不应大于 20 mm。明装风管垂直安装时，垂直度的允许偏差为 2/1 000，总偏差不应大于 20 mm。安装风管的位置应正确，无明显偏差。

对于含有凝结水或其他液体的风管，其坡度应符合设计要求，并在最低处设排液装置。

（5）风管支架、吊架的安装应符合以下规定。

1）风管水平安装时，若直径或长边尺寸小于等于 400 mm，支架、吊架间距不应大于 4 m；若直径或长边尺寸大于 400 mm，支架、吊架间距不应大于 3 m。对于以上两种情况，螺旋风管的支架、吊架间距可分别延长至 5 m 和 3.75 m。对于薄钢板法兰风管，其支架、吊架间距不应大于 3 m。

2）风管垂直安装时，支架、吊架间距不应大于 4 m，单根直管至少应有 2 个固定点。

3）风管支架、吊架应按国家标准与规范选用强度和刚度相适应的形式和规格。直径或边长大于 2 500 mm 的超宽、超重等特殊风管的支架、吊架应符合设计规定。

4）支架、吊架不宜设置在风口、阀门、检查门及自控机构处，离风口或插接管的距离不宜小于 200 mm。

5）当水平悬吊的主、干风管长度超过 20 m 时，应设置防止摆动的固定点，每个环控系统不应少于 1 个。

6）吊架的螺孔应采用机械加工。吊杆应平直，螺纹应完整、光洁。安装后，各支架、吊架的受力应均匀，无明显变形。

7）风管或空调设备使用的可调隔振支架、吊架的拉伸量或压缩量应按设计要求进行调整。

8）抱箍支架折角应平直，抱箍应紧贴并箍紧风管。安装在支架上的圆形风管应设托座和抱箍，其弧度应均匀，且直径与风管外径相一致。

（6）各类风阀应安装在便于操作及检修的部位，安装后的手动或电动操作装置应灵活、可靠，阀板关闭应保持严密。

1）防火阀直径或长边尺寸大于等于 630 mm 时，应设独立支架、吊架。

2）排烟阀（排烟口）及手控装置（包括预埋套管）的安装位置应符合设计要求。预埋套管不得有死弯或瘪陷。

（7）排风罩、吸风罩的安装应位置正确、牢固可靠，排列应整齐。

（8）风口与风管的连接应严密、牢靠，与装饰面相紧贴，表面平整、不变形，调节灵活、可靠。安装条形风口时，接缝处应衔接自然，无明显缝隙。同一厅室、房间内的相同风口的安装高度应一致，排列整齐。

1）明装、无吊顶的风口的安装位置和标高偏差不应大于 10 mm。

2）风口水平安装时，水平度偏差不应大于 3/1 000。

3）风口垂直安装时，垂直度偏差不应大于 2/1 000。

7.3 环控系统运行管理

7.3.1 环控系统的运行方式

环控系统的运行方式通常分为正常运行方式和非正常运行方式。正常运行方式可分为通风季节和空调季节两种运行方式，其中，空调季节运行方式又可根据新风和送风的干、湿球温度分为多种类型。由于地面车站和地面高架车站只设有小系统，因此下面所说的车站公共区和区间隧道环控系统的运行方式均指的是地下车站。地下车站、地面车站和地面高架车站的设备用房和管理用房的环控系统运行方式基本相同。

1. 车站公共区正常运行方式

（1）通风季节

1）通风季节运行工况启动条件。当外界空气温度小于空调箱送风温度，且站厅、站台温度小于设计值时，应采用通风工况。上海城市轨道交通站厅、站台温度设计值分别为 30 ℃、29 ℃。

2）通风季节运行工况启用设备。通风季节设备运行要求应根据设计工况、城市轨道交通运行时间、当地气候情况等而定，见表 7–5。

表 7–5　　通风季节设备运行要求（车站公共区）

设备名称	时间		要求
	首班车	末班车	
空调箱	开	关	首班车到，开；末班车走，关
全新风机	开	关	同上
回排风机	开	关	同上
排热风机	开	关	视站内排风、排热情况灵活调整
全新风阀	开	—	—
回排风阀	开	—	—
排热风阀	开	—	—
排风阀	开 / 关	—	—
回风阀	关 / 开	—	—
空调箱进、出风阀	常开		—

（2）空调季节

1）空调季节运行工况启动条件。当外界空气温度大于等于空调箱回风温度，且站厅、站台温度大于设计值时，应采用空调工况；也可根据季节和气候的变化，以及各车站内的温度、客流、设备状况等，由主管部门统一下达采用空调工况和各车站工况转换的时间指令，以达到既满足环境要求又节省能源的目的。

2）空调季节运行工况启用设备。空调季节设备运行要求应根据设计工况、城市轨道交通运行时间、当地气候情况等而定，见表 7–6。

表 7-6　　空调季节设备运行要求（车站公共区）

设备名称	时间		要求
	首班车	末班车	
冷水机组	—		按具体情况确定开、关时间
冷却泵、冷冻泵	—		同上
冷却塔	—		同上
空调箱	开	关	—
空调新风机	开	关	—
回排风机	开	关	—
空调箱进、出风阀	常开		—
回排风阀	开	—	—
空调新风阀	开	—	—
排风阀	开	—	10%≤开度≤30%
回风阀	开	—	70%≤开度≤90%

2. 设备用房和管理用房正常运行方式

（1）通风季节。只有排风系统的设备用房和管理用房全年按通风工况运行。共用独立的送排风系统的设备用房和管理用房应按通风工况运行。在上海地区，当送风温度小于 15 ℃，可只开排风机，关闭送风机；也可视设备用房和管理用房的具体情况、当地气候条件等在满足环境质量要求的前提下灵活调整。

对于采用各类 VRV 小空调机进行空气调节的设备用房和管理用房，当室内温度小于 30 ℃时，应将 VRV 小空调机置于送风模式下运行。有特殊要求的设备用房和管理用房除外。

对于有独立送排风系统且有小空调机、VRV 空调等进行空气调节，或采用变风量空调箱进行集中送排风的设备用房和管理用房，在上海地区，当外界温度大于等于 15 ℃且小于 30 ℃时，应采用通风工况；当送风温度小于 15 ℃时，可只开排风机，关闭送风机；也可视设备用房和管理用房的具体情况、当地气候条件等在满足环境质量要求的前提下灵活调整。有特殊要求的设备用房和管理用房除外。

通风季节设备运行要求见表 7-7。

表 7–7　　通风季节设备运行要求（设备用房和管理用房）

设备名称	时间		要求
	首班车	末班车	
各类小空调机	—	—	● 置于“通风”状态 ● 当回风温度小于 15 ℃时关机
送风机	开	关	当回风温度小于 15 ℃时关机
排风机	开	关	—
变风量空调箱	开	关	—
各类风阀	常开或比例开		—

（2）空调季节。当室外温度大于等于 30 ℃时，应采用空调工况。室内温度控制范围原则上设置为 27～28 ℃，特殊的设备用房根据要求可设置为 25～26 ℃。特殊的设备用房和管理用房可根据具体要求全年在空调工况下运行。

空调季节设备运行要求见表 7–8。

表 7–8　　空调季节设备运行要求（设备用房和管理用房）

设备名称	时间		要求
	首班车	末班车	
单冷空调机	—		按具体要求时间开、关 温度设定为 27～28 ℃或 25～26 ℃
风冷单冷机组	—		同上
热泵空调机	—		夏季温度设定同上，冬季温度设定为（24±1）℃
风冷热泵机组	—		同上
送风机	开	关	—
排风机	开	关	—
变风量空调箱	开	关	—
各类风阀	常开或比例开		—

3. 区间隧道正常运行方式

（1）活塞风运行方式。区间隧道正常状态下的通风是利用列车在区间隧道运行所产生的空气前压后吸的活塞效应，通过活塞风井吸入和排出空气进行的，称为活塞风运行方式。

（2）夜间隧道冷却方式。当由于各种因素（通常是夏季高温）导致区间隧道环境温度过高（高于 35 ℃）时，需要在列车夜间停运后对区间隧道进行机械通风冷却。此时，根据调度指令按夜间隧道冷却方式运行环控设备。

4. 非正常运行方式

环控系统非正常运行方式通常发生在下列情况下：列车在区间隧道阻塞，列车在区间隧道内发生火灾，车站站厅、站台发生火灾，设备用房和管理用房发生火灾。当上述情况发生时，环控设备要根据相应的情况改变运行方式，做出相应的调整（通风季节、空调季节相同）。事故排除后，环控系统再恢复正常运行方式。

（1）列车在区间隧道阻塞时的运行方式。当列车因故阻塞在区间隧道内时，必须向隧道内送入新风，送排风原则是沿着列车运行方向进行送排风。车站事故风机操作应根据调度指令，在明确了列车阻塞位置（上行线或下行线）后，打开阻塞区间前方车站的事故风机、后方车站的事故风机或推力风机，以及相关风阀开关。后方事故风机或推力风机给阻塞区间隧道送入新风，前方事故风机进行排风。车站的其他环控设备仍按通风季节或空调季节工况运行。故障排除后，系统根据调度指令恢复原状态运行。以上操作通常由调度员在中央主机上进行，或由车站值班员根据调度指令在车站控制主机上进行，也可就地或在环控电控室进行。就地操作具有最优先权。

（2）列车在区间隧道内发生火灾时的运行方式。当列车在区间隧道内发生火灾时，必须对隧道内进行送风和排烟，送排风原则是使疏散旅客迎送风方向。车站事故风机操作必须根据总调度所的环控调度指令，在明确了列车所在位置（上行线或下行线，靠近哪个车站）及火灾在列车上的位置后，按照指令关闭相应的活塞风阀、迂回风阀及非火灾区间的机械活塞风阀，打开机械风阀和隔离风阀，开启相应事故风机进行送排风。以上操作通常由调度员在中央主机上进行，或由车站值班员根据调度指令在车站控制主机上进行，也可就地或在环控电控室进行。中央主机操作系统具有最优先权，哪个站进行送风或排风由调度员决定。车站的其他环控设备按相应要求运行。

（3）车站站厅、站台发生火灾时的运行方式。城市轨道交通车站站厅、站台由车站两端的通风（空调）系统进行送排风（排烟）。送排风（排烟）原则是使火灾区域的气流为负压。

1）站厅发生火灾。当站厅发生火灾时，环控系统根据相应站厅火灾工况运行，通常包括：开启站厅排风（排烟）防火阀和站台送风防火阀；关闭站厅送风防火阀和站台排风（排烟）防火阀；关闭空调箱回风阀或回风防火阀，开启排风（排烟）阀。对站厅进行排烟且火灾扑灭后，恢复原状态运行。

2）站台发生火灾。当站台发生火灾时，环控系统根据相应站台火灾工况运行，通常包括：开启站台排风（排烟）防火阀和站厅送风防火阀，有排热风机则可同时开启；关闭站台送风防火阀和站厅排风（排烟）防火阀；关闭空调箱回风阀或回风防火阀，开启排风（排烟）阀。对站台进行排烟且火灾扑灭后，恢复原状态运行。

3）启用设备。启用设备包括新风机、空调箱、回排风机、排热风机（站台发生火灾时）等。

4）关闭设备。关闭设备包括冷水机组、VRV 系统设备、冷冻泵、冷却泵、冷却塔等。

（4）设备用房和管理用房发生火灾时的运行方式

1）有气体灭火系统或高压细水雾灭火系统用房。当火灾发生时，关闭该用房送风防火阀和排烟防火阀，以及相应的送风机、排风机和房门，灭火系统灭火（正常情况下灭火系统应自动执行，当自动执行失灵时，应手动执行）。在确认火灾已经扑灭后，打开上述风阀，先开启排风机排除室内气体，再开送风机，气体排除后，恢复原状态运行。

2）没有气体灭火系统和高压细水雾灭火系统用房。当火灾发生时，应打开该用房的排风机或排烟机，当有集中排烟系统时，应关闭非火灾用房的排烟防火阀进行集中排烟。有送风机的用房应维持送风状态。火灾扑灭后，恢复原状态运行。

7.3.2 环控系统日常运行管理

1. 车站环控设备的运行操作管理

主管部门制定各车站环控设备的运行操作管理规程，操作人员必须严格执行各车站环控设备的运行操作管理规程，不得擅自更改和违反。各环控设备均应有明确的操作管理规程。

2. 车站环控设备的操作人员

操作人员必须培训合格，并取得上岗证方可操作车站环控设备；必须熟悉设备的位置和运行状态；必须按规定的时间巡查和记录各环控设备运行状态，发现异常和问题时必须按相应规程要求执行。

3. 车站负责人和相关人员

车站负责人和相关人员必须熟悉所管理设备的位置和运行状态，能及时处理可能导致设备损坏的故障。

7.4 环控设备巡视检查与维护

7.4.1 环控设备日常巡视检查

环控设备日常巡视检查应根据设备布置情况分期设置实施，巡视检查的周期根据不同车站设备的布置情况、设备使用情况、监测和监控系统的功能情况等确定，目的是通过预防性巡视检查确保设备安全运行。各类设备的日常巡视检查要求如下。

1. 冷水机组日常巡视检查要求

（1）检查冷冻水和冷却水进出水流量、压力是否符合要求。

（2）检查冷水机组供电电源电压是否符合要求。

（3）检查冷水机组电流、高压、油压、油温、油位、低压、蒸发器和冷凝器进出水温是否符合要求。

（4）检查日操作记录表，查看记录是否完整，有无异常情况和数据。

2. 冷却塔日常巡视检查要求

（1）检查冷却塔布水是否均匀正确，水量是否正常，有无异常振动。

（2）检查冷却塔风机旋转方向是否正确，电流是否在规定范围内。

（3）检查冷却塔浮球工作是否正常，塔体是否漏水，补水箱水位是否正常。

（4）检查冷却塔填料是否完好，填料上方有无异物，进出风是否顺畅。

（5）检查冷却塔电动机传动皮带有无损坏、脱落现象。

3. 空调机组日常巡视检查要求

（1）检查空调机组运行时有无异常声音或振动。

（2）检查空调机组风机电流是否在规定范围内。

（3）检查空调机组运行时各通道是否关闭，有无损坏、漏风现象。

（4）检查空调机组内传动皮带是否松紧适宜，有无损坏、脱落现象。

（5）检查空调机组过滤网是否清洁。

（6）在空调季节时，检查空调机组表冷器是否清洁，冷凝水是否排出顺畅，机内是否无积水，进出水温差与压差是否正常。

（7）检查空调机组运行电流有无异常。

（8）在记录表上记录巡视检查数据。

4. 风机日常巡视检查要求

（1）检查风机运行时有无异常声音或振动。

（2）检查可见风道内有无异物，风道的过滤网是否干净，进出风口处的网格有无堵塞、损坏现象。

（3）检查风机的运行电压、电流是否在规定范围内。

（4）检查风机是否按运行工况要求投入运行。

（5）检查风机的固定支架和减振器是否松动。

5. 风阀日常巡视检查要求

（1）检查风阀运行时有无异常声音或振动。

（2）检查风阀的状态是否符合运行工况要求。

（3）检查风阀的支架或吊架是否松动。

（4）检查可见风阀的叶片是否有锈蚀、变形、脱落、咬死等现象。

6. 风幕机日常巡视检查要求

（1）检查风幕机运行时有无异常声音或振动。

（2）检查风口有无异物。

（3）检查风幕机的支架或吊架固定是否牢靠。

7. 环控电控室日常巡视检查要求

（1）检查环控模式是否正确。

（2）检查一、二类负荷电源的电压是否正常。

（3）检查各类动力设备电控柜电压及运行电流是否正常。

8. 公共区域设备日常巡视检查要求

（1）检查风管和风口有无异响，保温层有无破损，风口百叶是否松脱、振动。

（2）检查各类水管有无漏水，保温层有无破损。

（3）检查消防设备是否正常。

（4）检查自动扶梯运行是否正常。

（5）检查各类照明系统是否完好。

7.4.2 环控设备维护

1. 冷水机组

（1）压缩机维修或更换

1）离心机的叶轮推力轴承、大小齿轮等传动件维修或更换。

2）全封闭螺杆机更换，半封闭螺杆机传动件等部件维修或更换。

（2）蒸发器维修或更换

1）对于满液式蒸发器，部分管簇泄漏或堵塞即更换。

2）对于壳管式蒸发器，大部分管簇泄漏即更换。

（3）冷凝器维修或更换

1）对于满液式冷凝器，部分管簇泄漏或堵塞即更换。

2）对于壳管式冷凝器，大部分管簇泄漏即更换。

（4）排除器维修或更换（仅限19DK离心式冷水机）。

（5）管路及各种阀门、管件维修或更换。

（6）控制系统及控制部件维修或更换。

（7）主机板、输入/输出板、控制板、电源板、PLC板等维修或更换。

（8）油泵及润滑系统维修或更换

1）油泵维修或更换。

2）油润滑系统管路、冷却装置、过滤装置、阀件维修或更换。

（9）节流装置（热力膨胀阀、线性浮阀、提动阀、节能器、先导阀等）及过滤器维修或更换。

（10）压缩机电动机、传动系统、启动柜电气部件及线路维修或更换。

（11）各种压力传感器、液位传感器、温度传感器、电流传感器、电压传感器更换。

（12）安全保护装置维修或更换。

（13）高低压保护装置、安全阀、防爆阀、电压/电流保护装置等更换。

2. 风冷热泵/单冷机组

（1）压缩机维修或更换

1）压缩机外部辅助部件维修或更换。

2）压缩机过磨损坏即更换。

（2）蒸发器维修或更换

（3）冷凝器泄漏即维修或更换。

（4）四通换向阀更换（仅限风冷热泵机组）。

（5）热力膨胀阀、电子膨胀阀更换。

（6）冷却风机维修或更换。

（7）管路及各种阀门、管件维修或更换。

（8）控制柜电气部件及线路维修或更换。

（9）控制装置维修或更换。

（10）传感器更换。

（11）安全保护装置维修或更换。

（12）机组内部水泵及管路维修或更换。

3. 分体式空调和 VRV 空调机组

（1）压缩机维修或更换

1）压缩机外部辅助部件维修或更换。

2）压缩机过磨损坏即更换。

（2）蒸发器维修或更换

（3）冷凝器泄漏即维修或更换。

（4）四通换向阀更换（仅限制热空调机组）。

（5）毛细管、膨胀阀更换。

（6）室内风机和室外风机维修或更换。

（7）管路及各种阀门、管件维修或更换。

（8）室内机和室外机的控制装置、电气部件及线路维修或更换。

（9）传感器更换。

（10）安全保护装置维修或更换。

（11）过滤网更换。

（12）排水泵、接水盘及排水管路维修或更换（仅限 VRV 空调机组）。

4. 冷却塔

（1）冷却塔电动机维修或更换。

（2）传动系统维修或更换。

（3）风叶维修或更换。

（4）布水器调整、维修或更换。

（5）补水浮球维修或更换。

（6）填料更换或补充。

（7）塔体外表及进出水阀维修或更换。

（8）膨胀水箱的进出水阀维修或更换。

5. 组合式空调箱和变风量空调箱

（1）箱内风机电动机维修或更换。

（2）箱内风机和传动系统维修或更换。更换轴与轴承时，必须进行风机动力平衡测试。

（3）箱体、通道门密封条、手柄等维修或更换。

（4）箱内过滤网及支架维修或更换。

（5）箱内表冷器、挡水板、消声器、冷凝水接水盘、进出水管件和水封装置维修或更换。

（6）空调箱电加热器维修或更换。

（7）静电除尘装置维修或更换。

（8）箱内表冷器内部管路清洗。

6. 风机

（1）风机电动机维修或更换。

（2）风机叶轮维修或更换。

（3）风机风叶维修或更换。

（4）风机机壳维修或更换。

（5）风机的吊架、支撑装置、减振装置维修或更换。

（6）风机润滑系统油路疏通或维修。

7. 风阀

（1）风阀外壳维修或更换。

（2）风阀叶片维修或更换。

（3）风阀执行机构维修或更换。

（4）风阀连杆机构维修或更换。

（5）风阀的吊架、支撑装置维修或更换。

（6）消声器维修或更换。

8. 风机盘管

（1）风机盘管内风机电动机维修或更换。

（2）风机盘管内风机和传动系统维修或更换。

（3）箱体、通道门密封条、手柄等维修或更换。

（4）风机盘管内过滤网和支架维修或更换。

（5）风机盘管内表冷器、挡水板、消声器、冷凝水接水盘、进出水管件和水封装置维修或更换。

9. 受压容器

（1）受压筒体及其安全附件检测。

（2）安全保护装置（如安全阀）检测。

（3）测量调控装置检测。

（4）仪器仪表检测、维修或更换。

7.5 新线环控系统验收

7.5.1 基本要求

环控系统验收包括设备和管线安装、系统单调和联调、系统功能和性能的验收。环控系统验收涵盖所有车站、变电站、基地、控制中心等合同规定的场所。

1. 环控系统应满足设计要求、合同规定要求及国家各类技术标准。

2. 安装的机械设备、零部件和主要材料必须符合工程设计和产品标准的规定，并应有合格证明。

3. 环控设备应有装箱清单、设备说明书、产品质量合格证书和产品性能检测报告等随机文件，进口设备还应具有商检合格的证明文件。

4. 环控设备、附属设备、管道、管件及阀门的型号、规格、性能、技术参数等必须符合设计要求。设备机组的外表应无损伤，密封性应良好，随机文件和配件应齐全。

5. 制冷机组本体的安装、试验、试运转及验收应符合国家标准《制冷设备、空气分离设备安装工程施工及验收规范》（GB 50274—2010）的有关规定。

6. 与制冷机组相配套的蒸汽、燃油、燃气供应系统和蓄冷系统的安装应符合设计文件、消防规范与产品技术文件的规定。

7. 环控设备安装工程施工完毕后，要完成系统单调和联调、系统负荷试运转并通过。

8. 施工记录完整（包括隐蔽工程）。

9. 系统全部功能和性能检测符合设计规定、相关标准及合同规定。

10. 验收由建设单位组织，由监理单位、施工单位、运营单位参加。

11. 验收由施工单位负责准备所有所需工器具、检测所用仪器仪表等。

12. 验收人员应遵守相关规章制度，工作时应穿戴相应的劳动防护用品。

13. 验收电气设备时，必须按照低压电气操作规程要求操作，确保人身安全。

14. 验收人员必须具备相应的工作技能和经验。

15. 要严格依照设备说明书的标准及验收要求进行验收。

16. 做好相关验收记录。

7.5.2 验收内容

1. 空调机组安装

（1）组合式空调机组

1）组合式空调机组各功能段的组装应符合设计的顺序和要求；各功能段之间的连接应严密，整体应平直。

2）组合式空调机组与供回水管的连接应正确，机组下部冷凝水排放管的水封高度应符合设计要求。

3）组合式空调机组应清扫干净，箱体内应无杂物、垃圾和积尘。

4）组合式空调机组内空气过滤器（网）和空气热交换器的翅片应清洁、完好。

（2）分体式空调机组和整体式空调机组

1）分体式空调机组的室外机和整体式空调机组的安装固定应牢固可靠，除应满足冷却风循环空间的要求外，还应符合环境卫生保护有关法规的规定。

2）分体式空调机组的室内机位置应正确，并保持水平，冷凝水排放应畅通，管道穿墙处必须密封，不得有雨水渗入。

3）整体式空调机组管道的连接应严密、无渗漏，四周应留有相应的维修空间。

（3）现场组装的静电除尘器

1）阳极板组合后的阳极排平面度允许偏差为 5 mm，其对角线允许偏差为 10 mm。

2）阴极小框架组合后的主平面平面度允许偏差为 5 mm，其对角线允许偏差为 10 mm。

3）阴极大框架的整体平面度允许偏差为 15 mm，整体对角线允许偏差为 10 mm。

4）对于阳极板高度小于等于 7 m 的静电除尘器，阴、阳极间距允许偏差为 5 mm；对于阳极板高度大于 7 m 的静电除尘器，阴、阳极间距允许偏差为 10 mm。

5）振打锤的固定应可靠；振打锤的转动应灵活；振打锤头方向应正确；振打锤头与振打砧之间应保持良好的线接触状态，接触长度应大于振打锤头厚度的 0.7 倍。

（4）空气过滤器

1）空气过滤器安装平整、牢固，方向正确。空气过滤器与框架、框架与围护结构之间应严密，无穿透缝。

2）框架式或粗效、中效袋式空气过滤器的四周与框架应均匀压紧，无可见缝隙，并应便于拆卸和更换滤料。

（5）变风量末端装置应设独立支架、吊架，与风管连接前宜做动作试验。

（6）风机盘管机组

1）风机盘管机组安装前宜进行单机三速试运转及水压检漏试验，试验压力为系统工作压力的 1.5 倍，试验观察时间为 2 min，不渗漏为合格。

2）风机盘管机组应设独立支架、吊架，安装的位置、高度及坡度应正确，固定应牢固。

3）风机盘管机组与风管、回风箱或风口的连接应严密可靠。

2. 制冷机组安装

（1）制冷附属设备安装的水平度或垂直度允许偏差均不应大于 1/1 000，并应符合设备技术文件的规定。

（2）采用隔振措施的制冷设备或制冷附属设备，其隔振器安装位置应正确，各个隔振器的压缩量应均匀一致，其偏差均不应大于 2 mm。

（3）设置弹簧隔振的制冷机组应设有防止机组运行时产生水平位移的定位装置。

（4）制冷设备、制冷附属设备、管道、管件及阀门的型号、规格、性能、技术参数等必须符合设计要求。制冷机组的外表应无损伤，密封性应良好，随机文件和配件应齐全。

（5）制冷设备及制冷附属设备安装的允许偏差和检验方法见表 7–9。

表 7–9　　制冷设备及制冷附属设备安装的允许偏差和检验方法

项目	允许偏差（mm）	检验方法
平面位置	10	用经纬仪、拉线及钢尺检查
标高	10	用经纬仪、水平仪及钢尺检查

（6）制冷系统阀门

1）制冷剂用阀门安装前应进行强度和严密性试验。强度试验压力为阀门公称压力的 1.5 倍，试验时间不得少于 5 min；严密性试验压力为阀门公称压力的 1.1 倍，持续 30 s 后不漏为合格。试验合格后，应保持阀体内干燥。

2）若阀门进、出口封闭件破损或阀体锈蚀，则还应进行解体清洁。

3）阀门位置、方向和高度应符合设计要求。

4）水平管道上的阀门手柄不应朝下，垂直管道上的阀门手柄应朝向便于操作的地方。

3. 阀门、管道安装

（1）自控阀门的安装位置应符合设计要求。电磁阀、调节阀、热力膨胀阀、升降式止回阀等阀门的阀头均应向上。热力膨胀阀的安装位置应高于感温包。感温包应安装在蒸发器末端的回气管上，与管道接触良好，绑扎紧密。

（2）安全阀应垂直安装在便于检修的位置上，其排气管的出口应朝向安全地带，排液管应装在泄水管上。

（3）制冷设备与附属设备之间的制冷剂管道坡度与坡向应符合设计要求及设备技术文件要求。

（4）管道直管段支架间距应符合规定，弯曲段应在起弯点附近增设管道支架。

（5）管道的位置、标高的允许偏差为 10 mm，管道的水平度或垂直度允许偏差不大于 2/1 000。

（6）软管

1）外径大于 30 mm 的软管，其最小弯曲半径不应小于外径的 9 倍。

2）外径小于等于 30 mm 的软管，其最小弯曲半径不应小于外径的 7 倍。

3）软管与管接头的连接处应有一段直管段，其长度不应小于外径的 6 倍；软管过长或受较强振动时，宜用管卡夹牢。

4）当自重会引起软管较大变形时，应设支托或按其自垂位置进行安装。

5）软管长度除满足弯曲半径和移动行程外，应留有 4% 的余量。

（7）管道绝热保温材料层的厚度应符合设计规定，与支架和设备相接触处应垫上与绝热保温材料层厚度相同的垫木或绝热保温材料。

（8）注意阀门进、出介质的方向，严禁装错；阀门装设位置应便于操作、调整和检修。

（9）冷凝器和蒸发器的进、出水口连接正确。

（10）空调循环水系统的所有最高点应安装自动放气阀。

（11）在冷水或冷却水进、出口上应安装温度计和压力表。

（12）管道所有局部弯头的底部应安装排水阀，以使空调循环水系统的水能排空。

（13）当空调循环水系统的管道采用建筑用硬聚氯乙烯（PVC–U）、三型聚丙烯（PP–R）、聚丁烯（PB）、交联聚乙烯（PEX）等有机材料时，其连接方法应符合设计要求和产品技术要求。

（14）金属管道焊接

1）金属管道焊接材料的品种、规格、性能应符合设计要求。管道对接焊口的组对和坡口形式等应符合规定；对接焊口的平直度允许偏差不大于 1/100，全长的允许偏差不大于 10 mm。管道的固定焊口应远离设备，且不宜与设备接口中心线相重合。管道对接焊缝与支架、吊架的距离应大于 50 mm。

2）金属管道焊缝表面应清理干净，焊缝外观质量不得低于国家标准《现场设备、工业管道焊接工程施工规范》（GB 50236—2011）中的相关规定。

（15）对于螺纹连接的管道，螺纹应清洁、规整，断丝或缺丝数不大于螺纹全扣数的 10%；连接应牢固；接口处根部外露螺纹为 2 ~ 3 扣，无外露填料。对镀锌管道的镀锌层应注意保护，对局部破损处应做防腐处理。

（16）对于法兰连接的管道，法兰面应与管道中心线垂直，并同心；法兰对接应平行，其偏差不应大于外径的 0.15%，且不得大于 2 mm；连接螺栓长度应一致，螺母在同侧，均匀拧紧，螺栓紧固后不应低于螺母平面；法兰衬垫的品种、规格应符合设计要求。

（17）钢制管道

1）在安装前，应将管道和管件内、外壁的污物和锈蚀清除干净。当管道安装间断时，应及时封闭敞开的管口。

2）弯管的弯曲半径应符合下列要求：热弯的弯曲半径不应小于管道外径的 3.5 倍，冷弯的弯曲半径不应小于管道外径的 4 倍，焊接弯管的弯曲半径不应小于管道外径的 1.5 倍，冲压弯管的弯曲半径不应小于管道外径的 1 倍。弯管的最大外径与最小外径之差不应大于管道外径的 8%，管壁减薄率不应大于 15%。

3）冷凝水排水管坡度应符合设计规定。无设计规定时，其坡度宜大于等于 0.8%。软管连接的长度不宜大于 150 mm。

4）冷热水管道与支架、吊架之间应有绝热衬垫（承压强度能满足管道重量的不燃、难燃硬质绝热材料衬垫或经防腐处理的木衬垫），其厚度不应小于绝热层厚度，宽度应大于支架、吊架支承面的宽度。衬垫表面应平整，衬垫接合面的空隙应填实。

5）管道安装的允许偏差和检验方法见表 7-10。暗装管道的位置应正确，无明显偏差。

（18）钢塑复合管道在系统工作压力不大于 1 MPa 时可采用涂（衬）塑焊接钢管螺纹连接，与管道配件的连接深度和扭矩应符合相关规定；在系统工作压力为 1 ~ 2.5 MPa 时可采用涂（衬）塑无缝钢管法兰连接或沟槽式连接，管道配件均为涂（衬）塑无缝钢管件。对于沟槽式连接的管道，其沟槽与橡胶密封圈、卡箍套必须为配套合格产品。支架、吊架的间距应符合规定。

表 7-10　　管道安装的允许偏差和检验方法

<table>
<tr><th colspan="3">项目</th><th>允许偏差</th><th>检验方法</th></tr>
<tr><td rowspan="3">坐标</td><td rowspan="2">架空及地沟</td><td>室外</td><td>25 mm</td><td rowspan="6">按顺序检查管道的起点、终点、分支点和变向点及各点之间的直管
用经纬仪、水准仪、液体连通器、水平仪、拉线和量尺检查</td></tr>
<tr><td>室内</td><td>15 mm</td></tr>
<tr><td colspan="2">埋地</td><td>60 mm</td></tr>
<tr><td rowspan="3">标高</td><td rowspan="2">架空及地沟</td><td>室外</td><td>20 mm</td></tr>
<tr><td>室内</td><td>15 mm</td></tr>
<tr><td colspan="2">埋地</td><td>25 mm</td></tr>
<tr><td colspan="2" rowspan="2">水平管道平直度</td><td>公称直径≤100 mm</td><td>管道有效长度的 2%，最大 40 mm</td><td rowspan="2">用直尺、拉线和量尺检查</td></tr>
<tr><td>公称直径 >100 mm</td><td>管道有效长度的 3%，最大 60 mm</td></tr>
<tr><td colspan="3">立管垂直度</td><td>管道有效长度的 5%，最大 25 mm</td><td>用直尺、线锤、拉线和量尺检查</td></tr>
<tr><td colspan="3">成排管段间距</td><td>15 mm</td><td>用直尺、量尺检查</td></tr>
<tr><td colspan="3">成排管段或成排阀门在同一平面上</td><td>3 mm</td><td>用直尺、拉线和量尺检查</td></tr>
</table>

（19）金属管道支架、吊架。金属管道支架、吊架的形式、位置、间距、标高应符合设计要求和相关技术标准，无设计规定时，应符合下列要求。

1）支架、吊架安装应平整牢固，与管道接触紧密。管道与设备连接处应设独立支架、吊架。

2）冷（热）媒水、冷却水系统管道机房内，总 / 干管的支架、吊架应采用承重防晃管架，与设备连接的管道管架应有减振措施。当水平支管的管架采用单杆吊架时，应在管道起点、阀门、三通、弯头及长度每隔 15 m 处设置承重防晃支架、吊架。

3）对于无热位移的管道吊架，其吊杆应垂直安装；对于有热位移的管道吊架，其吊杆应向热膨胀（或冷收缩）的反方向偏移安装，偏移量应计算确定。

4）滑动支架的滑动面应清洁、平整，其安装位置应从支承面中心向位移反方向偏移 1/2 位移值或符合设计文件规定。

5）竖井内的立管每隔 2 ~ 3 层应设导向支架。在建筑结构负重允许的情况下，水平安装钢管道的支架、吊架最大间距应符合表 7-11 的规定。

表 7–11 水平安装钢管道的支架、吊架最大间距

公称直径（mm）	15	20	25	32	40	50	70	80	100	125	150	200	250	300
L_1（m）	1.5	2.0	2.5	2.5	3.0	3.5	4.0	5.0	5.0	5.5	6.5	7.5	8.5	9.5
L_2（m）	2.5	3.0	3.5	4.0	4.5	5.0	6.0	6.5	6.5	7.5	7.5	9.0	9.5	10.5

注：①公称直径大于 300 mm 的管道可参考公称直径为 300 mm 的管道。

②以上数据适用于工作压力不大于 2 MPa、不保温或保温材料密度不大于 200 kg/m^3 的管道系统。

③ L_1 用于保温管道，L_2 用于不保温管道。

6）管道支架、吊架的焊接应由合格持证焊工实施，不得有漏焊、欠焊或焊接裂纹等缺陷。支架与管道焊接时，管道侧的咬边量应小于管壁厚度的 0.1。

4. 空调循环水系统安装

（1）管道绝热层

1）绝热产品的材质和规格应符合设计要求；管壳的粘贴应牢固，铺设应平整；绑扎应紧密，无滑动、松弛与断裂现象。

2）硬质或半硬质绝热管壳的拼接缝隙在保温时不应大于 5 mm，在保冷时不应大于 2 mm，并用黏结材料勾缝填满。纵缝应错开，外层的水平接缝应设在侧下方。当绝热层厚度大于 100 mm 时，应分层铺设，层间应压缝。

3）硬质或半硬质绝热管壳应用金属丝或难腐织带绑扎，绑扎间距为 300 ~ 350 mm，且每节至少绑扎两道。

4）松散或软质绝热材料应按规定的密度压缩其体积，疏密应均匀。在管道上包扎毡类材料时，搭接处不应有空隙。

（2）管道防潮层

1）防潮层应紧密粘贴在绝热层上，封闭良好，不得虚粘或有气泡、褶皱、裂缝等。

2）立管的防潮层应由管道的低端向高端敷设，环向搭接的缝口应朝向低端，纵向的搭接缝应位于管道的侧面并顺水流方向。

3）卷材防潮层采用螺旋形缠绕的方式施工时，卷材的搭接宽度宜为 30 ~ 50 mm。

（3）金属保护壳

1）金属保护壳应紧贴绝热层，不得有脱壳、褶皱、强行接口等现象。接口的搭接应顺水流方向，并有凸筋加强，搭接尺寸为 20 ~ 25 mm。采用自攻螺钉固定时，螺钉间距应匀称，并不得刺破防潮层。

2）户外金属保护壳的纵、横向接缝应顺水流方向，其纵向接缝应位于管道的侧面。金属保护壳与外墙面或屋顶的交接处应加设泛水。

（4）冷热源机房内，制冷系统管道的外表面应做色标。

（5）冷却塔

1）冷却塔基础标高应符合设计规定，允许偏差为20 mm。冷却塔地脚螺栓与预埋件的连接或固定应牢靠，连接部件应采用热镀锌或不锈钢螺栓，其紧固力应一致均匀。

2）冷却塔安装应水平，单台冷却塔安装水平度和垂直度允许偏差均为2/1 000。同一冷却水系统的多台冷却塔安装时，各台冷却塔的水面高度应一致，高差不应大于30 mm。

3）冷却塔的出水口及喷嘴的方向和位置应正确，积水盘应严密、无渗漏，布水器布水均匀。对于带转动布水器的冷却塔，其转动部分应灵活，喷水出口方向应与设计要求或产品要求一致。

4）冷却塔风机叶片端部与塔体四周的径向间隙应均匀。对于可调整角度的叶片，角度应一致。

（6）水泵及附属设备

1）水泵的平面位置和标高的允许偏差为10 mm，安装用的地脚螺栓应垂直拧紧，且与设备底座接触紧密。

2）垫铁组放置位置正确，放置平稳，接触紧密，每组不超过3块。

3）对于整体安装的水泵，纵向水平偏差不应大于0.1/1 000，横向水平偏差不应大于0.2/1 000。对于解体安装的水泵，纵向、横向水平偏差均不应大于0.05/1 000。水泵与电动机采用联轴器连接时，联轴器两轴芯的轴向倾斜允许偏差不大于0.2/1 000，径向位移允许偏差不大于0.05 mm。小型整体安装的管道水泵不应有明显偏斜。减振器与水泵基础连接应牢固、平稳，接触应紧密。

（7）水箱、集水器、分水器等设备

1）支架或底座的尺寸、位置符合设计要求。设备与支架或底座接触紧密，安装平正、牢固。

2）平面位置允许偏差为15 mm，标高允许偏差为5 mm，垂直度允许偏差为1/1 000。

3）膨胀水箱安装位置及接管连接应符合设计文件要求。

7.5.3 验收合格要求

1. 组合式空调机组及分体式空调机组

（1）一般项目

1）空调箱内配置的初效过滤器、空气净化装置、表冷器、风机、电动机、消声器及其他零部件符合国家有关标准的规定，并具权威检测机构测试合格证明。

2）空调箱构件表面做防锈和防腐处理。

3）空调箱外表面光洁，无明显划伤、锈斑和压痕；喷涂层均匀，色调一致，无起泡和剥落现象；机组清洁干净，箱体内无杂物。

4）空调箱各功能段（包括框架和壁板）有足够的强度，不出现凹凸变形。

5）空调箱箱体保温层与壁板结合牢固密实，箱体连接件有防冷桥措施。

6）空调箱设排水口，凝结水排放流畅，无溢出和渗漏。

7）空调箱表冷器排数符合设计要求。

8）空调箱横断面上风速均匀，气流不产生短路，表冷器迎面风速小于等于 2.5 m/s。

9）过滤段、中间段、混合段、风机段设置检修门。检修门严密、灵活，开启及锁紧功能良好，净宽度不小于 470 mm。表冷段前的空段长度不小于 600 mm。箱体内设有 24 V 低压照明防潮灯及内部配线，并有效固定。

10）机组进出口风端调节阀控制良好，功能、性能符合设计要求。

11）轴承更换周期不小于 75 000 h。

12）机组在额定电压下能正常启动和运转。

（2）主控项目

1）组合式空调箱能在环境温度小于等于 45 ℃、相对湿度小于等于 95% 的条件下连续正常运行，且每日连续正常运行时间不小于 20 h。

2）空调箱若采用变频调节运行，所配风机、电动机适应变频运行条件。

3）风机盘管进行水压或气压试验时，在相关条件下应无渗漏。

4）在规范规定的试验工况下，组合式空调机组整体实测时满足国家标准《组合式空调机组》（GB/T 14294—2008）的相关要求，如：

①风量实测值不低于额定值的 95%；

②全压实测值不低于额定值的 90%；

③功率实测值不超过额定值的 10%；

④机组内静压保持 700 Pa 时，漏风率不大于 2%；

⑤机组供冷量的实测值不低于额定值的95%；

⑥挡水段的过水量不应超过每千克干空气0.4 g。

5）带电部件与箱体之间的绝缘电阻不应小于2 MΩ。

6）机组噪声和振动

①噪声。机组在额定风量和风压下运行时，噪声值［dB(A)］应符合合同技术要求。

②振动。机组在额定风量和风压下运行时，振动值（mm/s）应符合合同技术要求。

2. 空气净化装置

（1）一般项目

1）空气净化装置使用寿命不低于20年，适用温度为 -20～40 ℃，相对湿度小于95%。

2）机组内留有必要的安装检修空间，有检修门、电源、控制箱。

3）由于空调箱配置初效过滤段，因此电子空气净化装置无须单独配置初效过滤段，能与现已配置的初效过滤器同时工作。

4）空气净化装置能方便地拆除和安装，易于清洗，在正常工作、清洗情况下，任何部件都不生锈。

5）空气净化装置能够与空调箱同步运行，同时EMCS可以进行远程监测，及时获得设备运行状态信息。

6）空气净化装置具有故障报警、清洗饱和报警、安全保护（漏电保护）等功能。

（2）主控项目

1）空气净化装置保证可在有人的环境中使用，不会对环境造成二次污染及对人员造成伤害，其性能符合标准《公共场所集中空调通风系统卫生规范》（WS 394—2012）中的要求，并有国家级权威检测机构出具的带CMA（中国计量认证）标志的检测报告。

2）针对下述各项技术指标均有国家级权威检测机构出具的检测报告。

①颗粒物净化效率。对于粒径为1 μm的可吸入颗粒物，在风速为2～3 m/s时，一次性通过时的净化效率大于等于80%。

②微生物净化效率。对于微生物，在风速为2.5～3 m/s时，一次性通过时的净化效率大于等于90%。

③消毒效果。一次性通过时的除菌率大于等于90%。

④连续运行装置阻力。在空调正常送排风速（2～3 m/s）下，连续运行装置阻力小于40 Pa。

⑤净化效率变化。连续运行 24 h 的前后净化效率变化小于 5%。

3）空气净化装置具有完善的控制系统，可实现手动、自动、远程监测等多种运行方式。

4）空气净化装置具有国内认可的安全认证，如 UL、CE、CQC（中国质量认证）、CCC（中国强制认证），以证明其长期使用的安全性。

5）电子空气净化装置工作时不产生对其他电子通信设备形成干扰的强电磁场，制造商必须提供第三方权威机构出具的 EMC（电磁兼容）认证。

3. 风机

（1）一般项目

1）风机表面清洁、平整，无碰伤、划痕及锈斑；漆层牢固，色泽均匀一致，无起泡、缩皱和剥落现象。

2）电动机为内置式。

3）风机由机壳、叶轮、电动机、软接头、电源接线盒等组成，吸风端无接管的风机设置集流器和入口网罩。

4）风机为高效、低噪声设备。

5）排风机（兼排烟风机）、排烟风机具有耐 280 ℃高温、持续运行 1 h 的性能。

6）风机设计使用寿命大于等于 15 年，第一次大修前安全运转时间大于等于 24 000 h。

7）风机配用电动机采用 380 V/50 Hz 电源，电源接线盒设于机壳外便于操作处。

8）风机拆卸维修方便，连接风机的软接头、基础固定螺栓均可灵活拆卸。

9）耐高温风机配套的软接头具有耐 280 ℃高温、持续运行 1 h 的性能，并附国家级消防检测型式试验证书。

10）风机叶轮的动、静平衡满足 AMCA（国际空气运动与控制协会）规定的 G2.5 级振动要求。

11）所有风机在装配后做整机动平衡检测，达到 ISO 1940 标准及 AMCA 204 标准 G2.5 级要求，每台风机附有由计算机打印出的振动频谱分析图表。

（2）主控项目

1）在规定的全压条件下，所对应的风机流量最大偏差为 ±5%。

2）在规定的流量条件下，所对应的风机全压最大偏差为 ±5%。

3）在接近最高效率点处，工况点风机实际效率偏差小于等于 3%。

4）风机噪声符合标准《通风机　噪声限值》（JB/T 8690—2014）的要求。

4. 组合风阀

（1）一般项目

1）风阀轴端采用具有自润滑功能的铜合金轴承，启闭灵活可靠，风阀叶片全闭时有良好的密封性。

2）风阀的叶片、上框架采用锌合金钢板制作，能承受火灾时的高温；底框采用槽钢，表面做防腐处理。

3）在 1 400 Pa 下，风阀叶片启闭自如。风阀整体能承受 2 000 Pa 的压强而不产生变形。

4）组合风阀除电动启闭外还能就地手动启闭，启闭状态有信号显示，并能满足遥信、遥测、遥控的需求。

5）组合风阀在不同工况中能按预定设计启闭。

（2）主控项目

1）单体风阀组合后，气流有效通风面积不小于 80%；在风阀全开面风速为 10 m/s 的条件下，阻力损失小于 38 Pa。

2）对于公称尺寸为 1 200 mm × 1 200 mm 的标准风阀，风阀泄漏率（风阀全闭、静压差为 1 000 Pa 时的漏风量与风阀全开、风速为 10 m/s 时的通风量之比）小于 1%。

3）在 1 400 Pa 静压条件下，风阀执行机构启闭自如。一台角行程执行机构能控制一台联动组合式多叶型钢制风阀，启闭全程时间不大于 40 s。

4）风阀及其电动执行机构能在环境温度为 280 ℃的条件下连续运行 1 h，且此条件下受控启闭灵活。

5）在周期性列车活塞风正、负压冲击下，风阀零部件不出现松动或变形。

6）电动执行机构的输出扭矩大于组合风阀实际所需最大扭矩的 1.5 倍，且每平方米不小于 40 N · m。对于安装在排烟系统的排烟道中的电动风阀，其电动执行机构具备与风阀同等的耐高温性能。

7）电动执行机构具有远距离电动控制和现场手动控制的功能，并设置电动 / 手动操作转换把手，具有机械和电气两种限位装置，并且具有电动控制启停、手动 / 自动转换、故障报警、启停状态显示等功能。

5. 单体风阀

（1）一般项目

1）风阀整体具有足够的强度和刚度，能承受运行条件下的最大压差。

2）风阀具有结构坚固、叶片刚度大、泄漏率小、控制精度高、摩擦力矩小、运转灵活、噪声小、维护方便、安装方便等优点。

3）风阀能根据需要在0～100%开度范围内进行调节，调节到某角度定位后能够无障碍灵活严密关闭，开启时能够无障碍灵活开到定位角度。

4）叶片在全开时垂直于流通截面，在全闭时平行于流通截面。

5）在工作温度范围内、标示的工作压差下，风阀能连续工作而不影响气密性及驱动装置的正常操作。

6）风阀在最大设计流速下不产生振动和异常的噪声。

7）风阀有表示开度的指示机构，有保证全开和全闭位置的限位机构。

8）风阀及其零部件做防锈、防腐、防潮和防火处理。

9）在不小于1 500 Pa的条件下，风阀叶片启闭自如，且不影响泄漏率和驱动装置的正常操作。

10）风阀外涂层美观、光洁，无起泡及明显缺陷。

11）风阀全开时，有效通风面积比大于等于80%。

12）转动轴承、密封条及转动部分的正常使用寿命为2年，其余的材料和部件在正常情况下使用寿命不少于10年。所有执行器开关元器件均为防水型。

（2）主控项目

1）主要部件框架、叶片、密封件、电动执行器、传动机构、温感器符合设计规定和合同规定。

2）风阀采用的零部件符合相关技术要求及相应的安全规程、国家标准、行业标准，且符合按规定程序批准的图样和技术文件的要求。

3）电动执行器的防护等级不低于IP55，绝缘等级为H级。

4）风阀具有各种安全保护功能和安全监控功能，并具有故障诊断功能。

5）防火阀及防烟阀在连续工作时的关闭可靠性应在250次以上。

6）风阀具有国家级权威检测机构出具的耐高温试验及检验报告。

7）电动调节阀从全关到全开的时间、从全开到全关的时间均不大于30 s。

8）电动风阀设置手动驱动以备用，驱动装置应保证风阀在最大工作压差下操作正常。

9）排热、排烟系统的风阀具有抗疲劳特性，保证风阀零部件在风压冲击下不出现松动或变形。

6. 冷水机组

（1）一般项目

1）冷水机组压缩机、蒸发器、冷凝器、节流装置等设备的技术性能和功能符合设计要求、相关标准和合同要求。制冷剂应采用环保冷媒。

2）冷水机组的COP（性能系数）和IPLV（综合部分负荷性能系数）值符合合同规定。

3）冷水机组冷却水、冷冻水水阻均小于0.1 MPa。

4）整机运转平稳，可靠性高，易损件少，噪声小，液击不敏感。

5）机组控制、保护和显示功能及通信接口满足控制系统要求。

6）每台冷水机组应配备计算机及相应软件控制，配备大屏幕中文或代码液晶显示（显示冷水机组运行参数，至少包括冷冻水进/出水温度、冷却水进/出水温度、吸气压力、排气压力、压缩机累计运行时间和故障诊断信息），并能保存故障信息等。

7）对于大小系统合用的冷水机组，要有相应的控制功能（如根据机组对压力的需求，对水泵、冷却塔风扇的运行进行控制），以确保机组在小负荷、低气温环境下能正常运行。

8）冷水机组整机使用寿命不少于20年，整机维修周期不少于30 000 h；轴承及轴封的更换周期不少于75 000 h；无大修时间大于75 000 h。

（2）主控项目

1）冷水机组应具有较宽广的冷量调节范围，可在15%～100%范围内连续调节，且单机头故障状态下不对运营环境产生较大影响。

2）能提供样机检测的项目及相关技术要求和试验方法。

3）冷水机组安全阀出口至排风道的连接排气管接管安全可靠。

4）安全阀具有质量检测证书，安全阀前加装截止阀以便年检。

5）提供的产品生产厂家的冷水机组性能试验装置通过AHRI（美国空调供热制冷协会）或JIS（日本工业标准）或合肥通用机电产品检测院（国家压缩机制冷设备质量监督检验中心）认证，认证证书必须在有效期内。

6）冷水机组蒸发器外壳保温满足不产生冷凝结露的要求，冷水机组保温材料的防火性能满足国家标准。冷水机组额定噪声值小于等于85 dB（A）（按JB/T 4330—1999标准测定），振动值按国家标准《蒸气压缩循环冷水（热泵）机组　第1部分：工业或商业用及类似用途的冷水（热泵）机组》（GB/T 18430.1—2007）测定。

7. 冷却塔

（1）一般项目

1）冷却塔上、下塔体均采用聚酯玻璃钢。其增强材料为中碱无捻粗纱布和玻璃纤维毡，符合相应的规定；基体为不饱和聚酯树脂，符合国家标准《纤维增强塑料用液体不饱和聚酯树脂》（GB/T 8237—2005）的规定。

2）车站控制室能控制和显示冷却塔和相应水阀的运行状态：正常工况下，能显示冷却塔和相应水阀的运行状态；事故工况下，能关停冷水机组，使冷却塔停止运作。

3）对于有阻燃要求的冷却塔，聚酯玻璃钢的氧指数不低于 28。

4）冷却塔塔体刚度符合设计要求。

5）冷却塔塔体使用寿命为 20 年，填料使用寿命为 10 年。

6）中央控制室显示冷却塔开 / 关情况。

（2）主控项目

1）标准工况下，按水温降对比法求出的冷却塔实测冷却能力与设计冷却能力的百分比不得小于 90%。

2）冷却塔噪声不得超过国家标准《机械通风冷却塔　第 1 部分：中小型开式冷却塔》（GB/T 7190.1—2018）中的噪声指标。

3）冷却塔的飘水率符合要求，不允许有明显的飘水现象。

4）标准工况下，电动机的电流值不超过额定电流值，实测耗电比不大于 0.04 kW · h/m^3。

8. 水泵（冷冻水泵、冷却水泵）

（1）一般项目

1）水泵能在环境温度为 –20 ~ 45 ℃、相对湿度为 10% ~ 95% 的条件下连续正常运行，且每日连续运行时间为 24 h。

2）水泵能在环境温度为 –20 ~ 45 ℃、相对湿度为 10% ~ 95% 的仓储条件下，在运营初期高湿度可能产生凝露条件下仍正常启动和运行。

3）水泵为清水离心泵且采用机械密封，水泵的最高使用压力符合设计要求。

4）正常工作条件下，冷冻水泵输送水温为 7 ~ 12 ℃的清水，且为闭式循环。

5）水泵结构紧凑，运转平稳，噪声小。

（2）主控项目

1）水泵效率不低于国家标准《离心泵　效率》（GB/T 13007—2011）的规定值。

2）水泵技术性能符合国家标准《离心泵技术条件（Ⅰ类）》（GB/T 16907—2014）的要求。

3）水泵控制具有车站控制室控制、就地控制和冷水机组联控三种方式。车站控制室能控制和显示水泵的运行状态：正常工况下，能显示水泵运行状态；事故工况下，能关停冷水机组，使水泵停止运作。

4）能提供水泵的技术性能表、性能曲线图、外形及安装尺寸图、法兰连接尺寸及设计说明。

9. VRV 空调

（1）一般项目

1）正常工况下，制冷运行温度为 –5 ~ 52 ℃，制热运行温度为 –25 ~ 14.5 ℃。

2）事故工况下，VRV 空调具有断电再启动功能。VRV 空调需有顺序启动功能，且机器在出现故障时具有后备运转功能。

3）在交流（380 ± 19）V、频率（50 ± 2.5）Hz 的波动范围内能正常工作。

4）室外机的制冷 / 制热量符合配置额定要求，不得负偏离。

5）VRV 空调满足连续满负荷运行要求。为尽量延长压缩机的使用寿命，能均衡各压缩机的运行时间。

6）VRV 空调能适应城市轨道交通高温、高湿、多油污、多粉尘、震动的运行环境，满足连续运行要求。

（2）主控项目

1）冷媒配管长度达到 190 m，室内、外机高差能达到 50 m 以上。

2）室外机采用直流变频压缩机，室外机风扇也采用直流变频技术。

3）室外机具有循环倒机运行功能及故障补偿技术。

4）室内机均配置凝结水提升泵，冷凝水提升高度不小于 500 mm。

5）室内机配备的过滤网带有一定的抗菌作用。

6）VRV 空调具有先进的除霜技术。

7）VRV 空调具有先进的回油技术。

8）VRV 空调采用原厂提供的冷媒铜管。

9）噪声指标符合以下要求：四出风式内机 2 匹（1 匹 =735 W）以下不大于 32 dB，2 匹以上、4 匹以下不大于 43 dB，4 匹以上、6 匹以下不大于 46 dB；外机噪声不大于 55 dB，并具有在静音模式下工作的功能。

10）耗电量指标符合以下要求：四出风式内机 2 匹以下不大于 30 W，2 匹以上、4 匹以下不大于 90 W，4 匹以上、6 匹以下不大于 115 W。

11）室内机控制采用集中控制，遥控器必须可以显示当前空调运行状态及故障代码，并具有故障自动报警功能。

技能要求

出入口卷帘门更换

操作步骤

步骤 1 拆除门帘箱。拆除时，不要野蛮操作，不要损坏材料，以免造成不必要的损失。

步骤 2 拆除卷帘门门片。拆除时，不要野蛮操作，不要损坏材料，以免造成不必要的损失。

步骤 3 拆除卷帘门滚筒。吊起卷帘门滚筒时，要注意安全，严禁站在滚筒下方。

步骤 4 拆除从动轴承。

步骤 5 更换从动轴承。保证新轴承转动灵活，对新轴承进行充分润滑。

步骤 6 拆除电动机。

步骤 7 拆除卷帘门主轴和支架板。

步骤 8 更换卷帘门主轴和支架板。保证新主轴转动灵活，对主轴进行充分润滑。

步骤 9 安装卷帘门滚筒。

步骤 10 安装新电动机。

步骤 11 安装卷帘门门片。

步骤 12 拆除卷帘门控制箱。

步骤 13 安装新的带有储能功能的卷帘门控制箱。

步骤 14 上电调试。接通电源，按动按钮的上、下键，检查门的运动方向是否正确，再按动按钮将卷帘放下三分之一，调整好上、下限位，检查控制器内的接触器吸合是否对应（左侧为上行，右侧为下行），最后操纵卷帘上下走几遍，检查卷帘运行是否平稳。

步骤 15 恢复门帘箱。确保门帘箱安装牢固，不阻碍卷帘门正常开关。

车站空调箱表冷器更换

操作步骤

步骤 1 拆除报废表冷器

（1）关阀门，排尽残水。

（2）拆除挡水板（长片型近 30 块）。

（3）拆除过滤网（方型近 20 只）。

（4）拆除箱体面板。

（5）拆除相应的进 / 出水管、软接头、阀门等。

（6）吊住上片表冷器，6 人以斜角度共同抬出表冷器。空调箱表冷器分上、下两片，冻裂发生在下片，抽出下片前，先要吊住上片。

（7）将报废表冷器运往专业生产厂家，按原样生产。

步骤 2 安装新表冷器

（1）将新表冷器安装在原位置处。

（2）连接进 / 出水管、软接头和阀门（办理动火手续及相关施工证明）。

（3）试压 16 kg 4 h，观察表压情况，确保设备与水管连接处不渗漏。

（4）安装箱体面板。

（5）安装过滤网。

（6）安装挡水板。

（7）系统进水。

（8）做好管道保温。

（9）进行系统调试。

回风阀安装及施工

操作步骤

步骤 1 确认现场安装环境，回风管应伸出墙面 20 cm，以便于安装回风阀。

步骤 2 现场测试回风阀的功能，看是否动作正常。

步骤 3 检查回风阀的熔断器规格，查看是否是规定的熔断温度（280 ℃）。

步骤 4 在回风阀与回风管两面法兰上粘上橡胶密封圈，等密封圈牢固后，开出密封圈上的螺孔，以方便安装螺钉。

步骤 5 将回风阀安装到回风管上，用螺钉固定好，回风阀执行器宜放在便于维修的位置。

步骤 6 连接好回风阀执行器内的线路（控制线、反馈线），进行相应的系统功能测试。

步骤 7 安装完成后，做到工完场清。

车站空调通风大系统火灾工况联动试验

操作准备

1. 观察消防报警主机当前工作状态是否符合进行设备联动的要求。

2. 查看消防报警主机显示窗口的当前内容，确认无火警、无系统及网络故障；评估存在的故障及监管信息是否影响消防联动的开展。

3. 确认消防报警主机显示屏下方灯检区的主机手动 / 自动开关处于自动状态。

4. 通过车站 FAS 工作站的中文信息区直观地了解车站设备的当前状态。

5. 观察车站 EMCS 工作站，判断终端设备的网络通信情况。

6. 通过车站 ACS 工作站确认车站 ACS 网络连接正常。

7. 检查打印设备，确认完好。

操作步骤

步骤 1　联动试验

（1）利用便携式火灾探测器实验器对车站火灾报警系统的末端探测设备进行功能测试（非气体灭火保护区）。

（2）现场确认感烟探测器的巡检灯与火警灯同时亮起（长亮），表明该设备已收到模拟火警信号。此时，现场操作人员将上述信息通知消防控制室人员。

（3）消防控制室人员接到通知后，观察消防报警主机显示的内容，确认模拟火警的具体位置与主机显示位置信息是否一致，并查询设备联动的反馈情况。

（4）消防控制室人员同时访问相应的工作站，进一步核实已发生的模拟火警在工作站上的显示情况。

（5）确认 FAS 工作站的地图情况和设备收到信息后的反馈情况。

（6）通过 EMCS 工作站显示的内容记录火灾运行模式并观察设备联动情况是否正常。

（7）结合消防报警主机与 FAS 工作站的反馈信息，观察车站 IBP 上的变化并通过现场确认设备联动情况。

（8）在同一防烟分区内，利用火灾探测器实验器再次触发另一个模拟火警点。

（9）当出现二次火警后，观察消防报警主机新增的设备反馈情况。

（10）通过现场再次确认设备联动情况。

（11）利用车站联动，对站内的消防专用电话进行抽样测试。

步骤2 车站设备复位

（1）利用消防报警主机上的复位键，手动解除火警信号。

（2）通过AFC控制箱对车站闸机进行复位（部分车站闸机需现场手动复位）并观察车站IBP的状态。

（3）通过IBP的状态显示确认各类联动的风机、风阀（需通过EMCS工作站确认）复位。

（4）观察车站EMCS工作站，确认设备复位后的系统状态。

（5）填写本次联动试验的记录单，收集联动试验的打印记录以备查询。

（6）通知相关专业人员对车站供电系统完成复位。

（7）若联动涉及车站防火卷帘门，还需赴现场手动解除其火警信号。

第8章

固定灭火系统

学习目标

- ✔ 了解固定灭火系统的组成
- ✔ 了解固定灭火系统的工作原理
- ✔ 了解固定灭火系统运行管理

知识要求

8.1 消火栓系统

消火栓系统在城市轨道交通地下、地面和高架都是主要的消防灭火装置。消火栓以水作为灭火介质，是一种及时、有效的灭火工具。

8.1.1 消火栓系统的组成

城市轨道交通消火栓系统由室内消火栓箱、消火栓管网、室外消火栓、消防水泵接合器、阀门及增压泵、稳压设施、电气控制箱等组成。

1. 室内消火栓箱

城市轨道交通地下车站的站厅层两侧每隔 45 m 左右设一消火栓箱（交叉布置或单边布置）。地下车站站台层的消火栓箱设在楼梯间侧墙上和站台层两端。城市轨道交通室内消火栓箱由水枪、水带、消火栓、消防增压泵及其启动按钮和消防水喉设备组成。为便于维护、管理与使用，同一城市轨道交通建筑物内应选用同一型号、规格的水枪和水带。水枪、水带、消火栓平时置于消火栓箱内，消防水喉设备一般置于消火栓下方。

（1）水枪和水带。水枪的喷嘴口径有 13 mm、16 mm、19 mm 三种。喷嘴口径为 13 mm 的水枪配直径为 50 mm 的水带，喷嘴口径为 16 mm 的水枪可配直径为 50 mm 或 65 mm 的水带，喷嘴口径为 19 mm 的水枪配直径为 65 mm 的水带。低层建筑的消火栓选用喷嘴口径为 13 mm 或 16 mm 的水枪。

水带直径有 50 mm 和 65 mm 两种；水带长度有 15 m、20 m、25 m、30 m 四种；水带材质有麻织和化纤两种，并有衬胶与不衬胶之分，衬胶水带阻力较小。水带长度应根据消火栓的布置和水力计算来确定。

城市轨道交通室内消火栓箱一般配备喷嘴口径为 19 mm 的水枪和直径为 65 mm 的水带，水带长度为 25 m。城市轨道交通室内消火栓箱配备的 QZW19 型多用途水枪具有喷雾、直流和关闭三种功能。该水枪具有直流射程远、射流集中、雾化效果好、覆盖面大的特点。

水枪出水时，按照标出的“喷雾→直流→关闭”方向转动手轮就可以得到所需的水流状态。

水枪在适当压力范围内使用可获得良好的直流和雾化效果，压力过低将影响射程并使雾化程度降低，压力过高则使雾化程度提高而射程不再增加。额定工作压力为 3.5×10^5Pa。

（2）消火栓。消火栓主要由固定接口、阀体、阀瓣、密封垫、丝杆、阀盖、手轮等组成。当转动手轮打开阀瓣时，消火栓即出水。

城市轨道交通室内消火栓主要使用的是 SN65 型单阀单口消火栓和 SNSS65 型双阀双口消火栓。

消火栓是采用内扣式接口的球形阀式龙头，进水口端与消防竖管相连接，出水口端与水带相连接。消火栓按出口形式分为单出口消火栓和双出口消火栓两大类。双出口消火栓直径为 65 mm，单出口消火栓直径有 50 mm 和 65 mm 两种。当水枪最小射流量小于 5 L/s 时，应采用直径 50 mm 的消火栓；当水枪最小射流量大于等于 5 L/s 时，应采用直径 65 mm 的消火栓。消火栓按阀和栓口数量可分为单阀单口消火栓、双阀双口消火栓和单阀双口消火栓。一般情况下，采用单阀单口消火栓时，消火栓间距应保证同层相邻两个消火栓的水枪的充实水柱能同时到达被保护范围内的任何位置。

室内消火栓应设置在明显、易于取用的位置，一般设在走道、楼梯附近或出入口处。消火栓的栓口离地面高度宜为 1.1 m，栓口出水方向宜向下或与设置消火栓的墙面相垂直。消防电梯前室严禁安装消火栓。

（3）消防增压泵及其启动按钮。消防增压泵启动按钮安装在室内消火栓箱内。使用时，先把水枪和水带与消火栓连接，打开阀门，有水流出后再击碎玻璃，此时启动按钮弹出，消防增压泵启动，指示灯亮。

（4）消防水喉设备。消防水喉设备根据设置情况有消防软管卷盘和自救式小口径消火栓设备两种，可安装在消防竖管或生产、生活给水管道上。与室内消火栓设备相比较，自救式小口径消火栓设备具有操作简便、机动灵活等优点。自救式小口径消火栓设备是消防软管卷盘与SN系列室内消火栓组合形成的一种新式消防设备，目前城市轨道交通车站就采用这种设备，用于扑救初期火灾。

2. 消火栓管网

室内消防给水系统应与生产、生活给水系统分开独立设置。室内消防给水管道应布置成环状。室内消防给水环状管网的进水管和区域高压（或临时高压）给水系统的引入管不应少于两根，当其中一根发生故障时，其余的进水管或引入管应能保证消防用水量和水压的要求。

室内消防给水管网应布置成独立的环状管网系统，以便在管网某段维修或发生故障时仍能保证火场用水。城市轨道交通消火栓系统中的室内环网有水平、垂直、立体三种形式，可根据建筑类型、消防给水管道和消火栓布置确定，其必须保证供水干管和每根消防竖管都能做到双向供水。需要由环状管网引出支状管道时（如设置屋顶消火栓时），支状管道上的消火栓数不宜超过一个（双口消火栓按一个计算）。塔式高层建筑的消防给水管网一般布置成竖向环网。

城市轨道交通消火栓系统中的室内消防给水环状管网的进水管不应少于两根，且应从建筑物的不同方向引入。若从不同方向引入有困难，引入管宜接至竖管的两侧。若在两根竖管之间引入两根进水管，则应在两根进水管之间设置只供发生事故或检修时使用的分隔阀门，此阀门为常开阀门。当其中一根进水管发生事故或检修时，其余进水管仍应保证全部的消防用水量和规定的消防水压。

城市轨道交通车站消火栓系统由市政上水管道两路供水。管道从地面进入消防泵房内，管道压力应保证灭火时最不利点消火栓水压不小于0.1 MPa，满足消防用水量和水压要求，消防时可由消防泵提升压力。管道出消防泵房后在车站内形成环网布置，并与相邻上、下行线区间隧道内的消火栓管道（见图8-1中的粗线）相连通。当本站消防泵不能工作或两路消防供水断水时，可由相邻两个车站的消防泵进行增压供水。

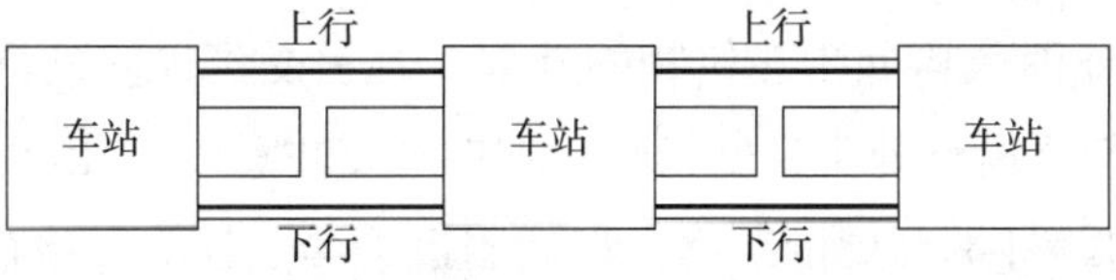

图8-1　区间隧道内的消火栓管道

在地面，消火栓系统设有两个双头消防水泵接合器，当本站消防泵不能工作或两路消防供水断水时，也可由消防车将增压水通过双头消防水泵接合器送往车站消火栓管网供水。

3. 室外消火栓

（1）分类。室外消火栓分为地上式与地下式两种。室外消火栓沿道路设置。道路宽度超过 60 m 时，两边设置消火栓，且宜靠近十字路口。消火栓距房屋外墙的距离应大于 5 m，距路边的距离应小于 2 m。消火栓的间距不应超过 120 m。室外消火栓的保护半径不应超过 150 m。在市政消火栓保护半径 150 m 以内，若消防用水量不超过 15 L/s，可不设室外消火栓。

1）地上式室外消火栓。地上式室外消火栓由本体、进水弯管、阀塞、出水口、排水口等组成，本体的大部分露在地面上，具有易于寻找、出水操作方便等特点，适用于气候温暖地区。地上式室外消火栓有一个直径为 150 mm 或 100 mm 和两个直径为 65 mm 的接口。其中，两个直径 65 mm 的接口为内扣式接口，供接水带；一个直径 150 mm 或 100 mm 的接口为丝扣接口，供接消防车的吸水胶管。

2）地下式室外消火栓。地下式室外消火栓由本体、进水弯管、阀塞、丝杆、丝杆螺母、出水口、排水口等组成，具有防冻、不易遭人为损坏、便利交通等优点，但位置不明显、操作不便，适用于气候寒冷地区。采用地下式室外消火栓时，要求在附近地面上设有明显的固定标志，以便于在雨雪等恶劣天气下寻找消火栓。另外，地下式室外消火栓应有直径为 100 mm 和 65 mm 的接口各一个，其中，直径 100 mm 的接口供接消防车的吸水胶管，直径 65 mm 的接口供接水带。

（2）使用。使用地上式室外消火栓时，先用专用扳手打开出水口闷盖，接上水带或吸水胶管，再用专用扳手打开阀塞，即可供水。使用后，应关闭阀塞，盖上出水口闷盖。

使用地下式室外消火栓时，先打开消火栓井盖，拧下闷盖，再接上消火栓与吸水胶管的连接器（也可直接将吸水胶管接到出水口上），或接上水带，用专用扳手打开阀塞，即可供水。使用后，应恢复原状。

（3）维护。室外消火栓处于建筑物的外部，容易受到风吹雨淋或人为损坏，因此要注意经常维护，使之始终处于完好状态。维护时要注意以下几点：

1）清除阀塞启闭杆端部周围杂物，将专用扳手套于杆头，检查是否适合，转动阀塞启闭杆，加注润滑油；

2）擦洗出水口螺纹上的锈渍，检查闷盖内的橡胶垫圈是否完好；

3）打开消火栓，检查供水情况，放尽锈水后再关闭，并观察有无漏水现象；

4）外表油漆剥落后，应及时修补；

5）清除消火栓附近的障碍物，对于地下式室外消火栓，注意及时清除井内积聚的垃圾、沙土等。

8.1.2 消火栓系统的工作原理

1. 消防泵电气控制原理

（1）正常工作状态。按消防要求，每个车站消火栓系统使用两台消防泵，并安装在车站的消防泵房内，在日常运行时，一台设置在自动位置，另一台设置在备用位置。消防泵房内的消防控制双切电源箱可实现消防泵启停。

消防泵电气控制原理如图 8–2 所示。1 号为工作泵，2 号为备用泵，将 QS4、QS5 合上，转换开关 SA 转至自动位置，检修开关 QS3 放至右位，电源开关 QS2 合上，为启动做好准备。若车站某部位出现火情，用小锤将对应部位的启动按钮玻璃击碎，其内部按钮因不受压而断开，使中间继电器 KA1 线圈失电，时间继电器 KT3 线圈通电，经延时，KT3 常开触头闭合，使中间继电器 KA2 线圈通电，接触器 KM1 线圈通电，1 号泵电动机启动运转，进行灭火。若 1 号泵故障，2 号泵自动投入。当出现火情时，若 KM1 机械卡住，其触头不动作，则时间继电器 KT1 触头闭合，使接触器 KM2 线圈通电，2 号泵电动机启动运转。

（2）其他状态。手动启动时，将 SA 转至手动位置，按下 SB3（SB4），KM1 通电动作，1 号泵电动机运转。若需 2 号泵运转，按下 SB7（SB8）即可。当管网压力过高时，压力继电器闭合，使中间继电器 KA3 通电动作，信号灯 H4 亮，警铃 HA 响。当低位水池水位低于设定水位时，水位继电器 SL 闭合，中间继电器 KA4 通电，同时信号灯 H5 亮，警铃 HA 响。当需要检修时，将 QS3 放至左位，中间继电器 KA5 通电动作，同时信号灯 H6 亮，警铃 HA 响。

2. 消防泵与消防报警主机的联动关系

消火栓系统与消防报警系统一般通过智能型控制模块和反馈模块连接，同时也可与输入 / 输出模块连接。依据消防规范，消防泵与消防报警主机的联动关系如下：

（1）消防泵的启动与消防报警主机的自动或手动状态无关；

（2）每个消火栓系统必须具备两台消防泵，一台设置在自动位置，另一台设置在备用位置，即热备用状态；

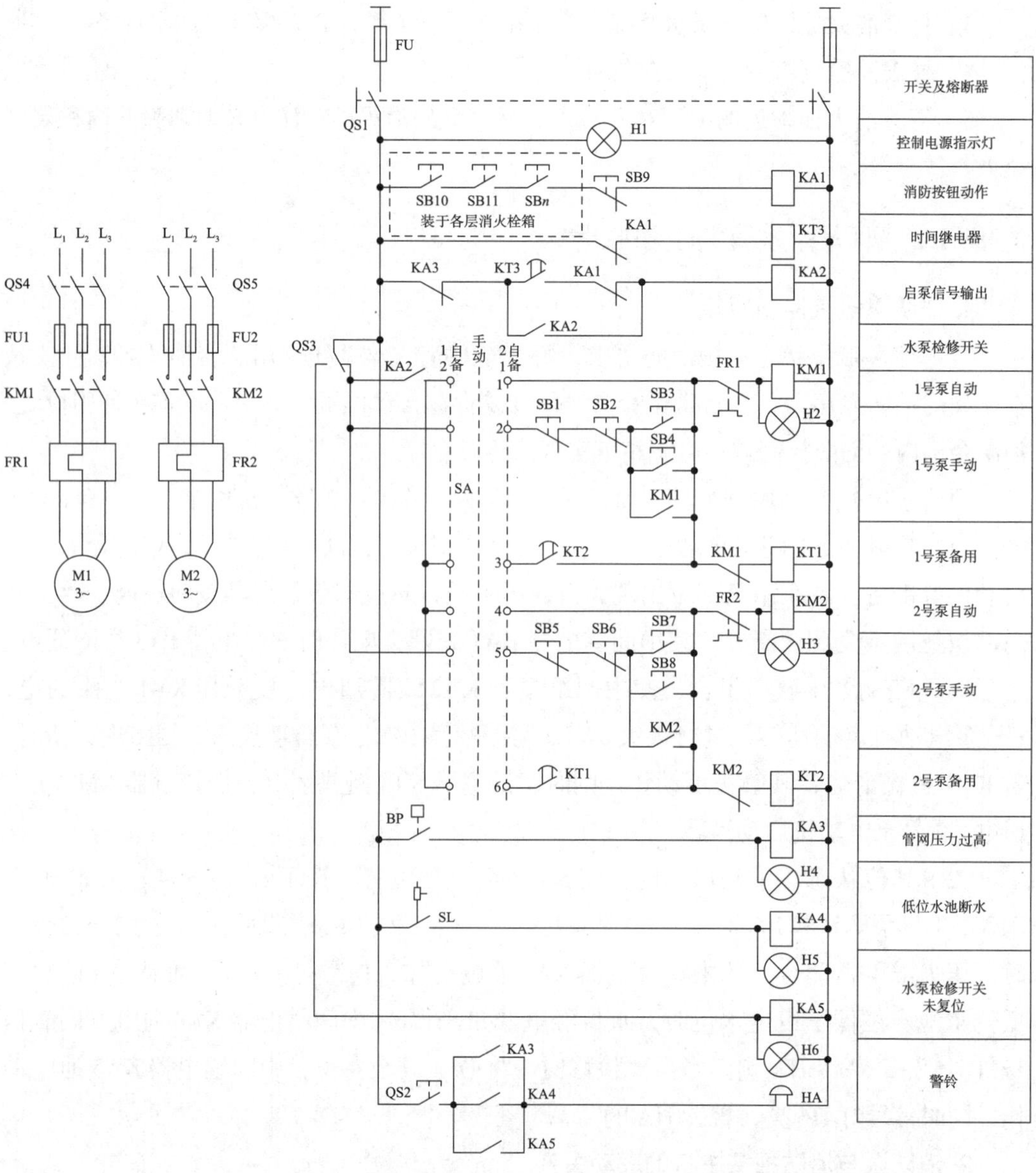

图 8-2　消防泵电气控制原理

（3）消火栓系统必须配有手动启泵按钮，其启泵信号（或故障信号）反馈到消防值班室（在消防报警主机或联动控制器上显示）；

（4）消防值班室配有手动启泵设备，其启泵信号（或故障信号）反馈到消防控制室（在消防报警主机或联动控制器上显示）。

3. 消防泵启动和复位

（1）消防泵启动

1）击碎启动按钮玻璃，消防泵启动，启泵信号反馈至消防报警主机，相应的红色指示灯常亮。

2）在消防报警主机面板上有DIP（双列直插式封装）消防泵强制开关（或开泵按钮），可向上拨动开关（或按下按钮），发出消防泵启动命令，当泵启动后，主机显示窗显示内容，面板上DIP红色指示灯亮，监视黄色指示灯亮。

3）在消防报警主机操作键盘上输入消防泵启泵代码，输入开命令，使消防泵启动。

4）在消防泵房的双电源控制箱上就地开启消防泵，将联动开关置于手动挡，按下“开启”按钮，消防泵启动。消防报警主机面板接收反馈信号，显示窗显示相应内容，红色指示灯亮。

5）在车站控制室的消防控制箱上进行操作，按下启动按钮，消防泵启动，信号反馈至消防报警主机。

（2）消防泵复位

1）若是通过启动按钮开启消防泵，则应先将消防泵房电气操作箱上的手动/自动转换开关转至手动位置，再按下停止按钮，最后到现场更换被击碎的玻璃，使系统复位。系统复位后，再将手动/自动转换开关转至自动位置。

2）若是通过DIP消防泵强制开关开启消防泵，则应先将开关向下拨，将命令撤销，再按下车控室消防控制箱紧急停泵按钮停泵，然后输入消防报警主机关命令，最后将车控室消防控制箱紧急停泵按钮复位。

3）若是通过在消防报警主机操作键盘上输入消防泵启泵代码开启消防泵，则应先按下车控室消防控制箱紧急停泵按钮停泵，再输入喷淋泵代码，撤销命令，最后将车控室消防控制箱紧急停泵按钮复位。

4）若是通过消防泵房的双电源控制箱就地开启消防泵，则应按下停泵按钮，使系统复位。系统复位后，再将手动/自动转换开关转至自动位置。

5）若是通过在车站控制室的消防控制箱上进行操作开启消防泵，则应先按下停泵按钮（或合闸按钮）不放，由其他人员在消防泵房的电气操作箱上将手动/自动转换开关转至手动位置，再按下停止按钮，使系统复位。系统复位后，再将手动/自动转换开关转至自动位置。

8.2 自动喷水灭火系统

8.2.1 自动喷水灭火系统基础知识

自动喷水灭火系统是目前世界上应用最广泛的一种固定消防装置，至今已有 100 多年的历史，其最大的特点是价格低廉、灭火效率高。据美国、澳大利亚等国家统计，自动喷水灭火系统的灭火成功率在 96% 以上。自动喷水灭火系统能否安全可靠工作关键在于系统的自动控制是否符合国家规范的要求。该系统适用于温度不低于 4 ℃（低于 4 ℃将受冻）且不高于 70 ℃（高于 70 ℃将失控，产生误动作，造成水灾）的场所。

自动喷水灭火系统可分为闭式系统、雨淋系统、水幕系统和自动喷水–泡沫联用系统。

闭式系统采用闭式洒水喷头，发生火灾时，能自动打开闭式洒水喷头喷水灭火。常用的闭式系统有湿式系统、干式系统、干湿式系统和预作用系统四类。城市轨道交通自动喷水灭火系统一般使用的是湿式系统（水喷淋系统）。

雨淋系统又称开式系统，采用开式洒水喷头，由火灾报警系统或传动管控制，发生火灾时，能自动开启雨淋报警阀并启动供水泵向开式洒水喷头供水灭火。

水幕系统由开式洒水喷头或水幕喷头、雨淋报警阀组、水流报警装置等组成，用于挡烟阻火和冷却分隔物。

自动喷水–泡沫联用系统配有供给泡沫混合液的设备，灭火时既可以喷水又可以喷泡沫。

8.2.2 自动喷水灭火系统的组成

车站湿式自动喷水灭火系统由喷淋泵、湿式报警阀、喷头、延迟器、水力警铃、压力开关（安装在干管上）、末端试水装置、水流指示器、管网、报警止回阀、供水设施、报警装置、控制盘等组成。

1. 水流指示器

水流指示器的功能是及时报告发生火灾的部位。当喷头开启或管网发生泄漏时，管道中有水流通过，水流指示器中的桨片随水流而动作，接通延时电路 15 ~ 30 s 后，继电器触点吸合，向消防控制室发出电信号，指示开启喷头所在的分区。

为使系统维修时关停的范围不致过大而在水流指示器入口前设置阀门时，要求该阀门采用信号阀，其信号线与消防控制室相连，在消防控制室可以监视信号阀启闭状态，防止因误操作而造成配水管道断水。国内生产的信号阀有无触点式输出和有触点式输出两种，电源为 24 V 直流电源，显示灯可就近显示，也可远距离（消防控制室）显示。

2. 喷头

喷头可分为开式喷头和闭式喷头。目前，城市轨道交通采用的是动作温度为 68 ℃ 的闭式喷头。它是系统的重要组成部分，其性质、质量和安装优劣会直接影响初期火灾的扑灭效果，选择时必须注意。闭式喷头可分为易熔合金式喷头、双金属片式喷头和玻璃球式喷头三种。应用最多的是玻璃球式喷头，喷头布置在顶棚下边，与支管相连。

在正常情况下，玻璃球式喷头处于封闭状态。发生火灾时，开启喷水是由感温部件（充液玻璃球）控制的。当装有热敏液体的玻璃球温度达到动作温度时，球内液体膨胀，使球内压力增大，玻璃球炸裂，密封垫脱开，喷出压力水。喷水后，由于压力降低，压力开关动作，水压信号经压力开关变为电信号向喷淋泵控制装置发出启动喷淋泵命令，保证喷头有水喷出。同时，流动的消防水使主管道分支处的水流指示器动作，接通延时电路（延时 15 ~ 30 s），通过继电器触点发出声光信号给消防控制室，以识别火灾区域。综上所述，喷头具有探测火情、启动水流指示器、扑灭初期火灾的作用，其特点是结构新颖、耐腐蚀性强、动作灵敏、性能稳定。

3. 压力开关

当湿式报警阀阀瓣开启后，压力开关触点动作，发出电信号至消防报警控制箱，从而启动消防泵。若报警管路上装有延迟器，则压力开关应装在延迟器之后。压力开关都有一对常闭触点，用于自动报警控制。

4. 末端试水装置

喷水管网的末端应设置末端试水装置。末端试水装置的作用是对系统进行定期检查，包括压力开关、湿式报警阀、管网等，以确认系统是否正常。末端试水装置由试水阀、压力表及试水接头组成。试水接头出水口流量系数与同楼层或防火分区内喷头的最小流量系数相同。末端试水装置的出水应采取孔口出流的方式排入排水管道。

5. 湿式报警阀

湿式报警阀在湿式自动喷水灭火系统中是非常关键的，其安装在供水干管上，连接供水设备和配水管网。湿式报警阀必须非常灵敏，即使管网中只有一只喷头喷水，破坏了阀门上下的静止平衡压力，也必须立即开启，任何延迟都会耽误报警。平时，湿式报警阀的阀芯上下水压相等，水通过导向杆中的水压平衡小孔保持阀瓣上下水压平衡，由于阀芯的自重，阀芯处于关闭状态（向下面的力大于向上的力）。发生火灾时，闭式喷头喷水，由于水压平衡小孔来不及补水，湿式报警阀上面的水压下降，此时阀下水压大于阀上水压，于是阀瓣开启，向洒水管网及洒水喷头供水，同时水沿着湿式报警阀的环形槽进入延迟器、压力开关、水力警铃等，发出火警信号并启动消防泵等。

6. 水力警铃

水力警铃安装在湿式报警阀附近，连接管道应采用镀锌钢管。管道长度不超过 6 m 时，管径为 15 mm；管道长度超过 6 m 时，管径为 20 mm。连接水力警铃管道的总长度不应大于 20 m，工作压力不应小于 0.05 MPa。水力警铃与湿式报警阀之间的高度差不得大于 5 m。当闭式喷头启动喷水后，湿式报警阀打开，水流入水力警铃，推动水力警铃发出响亮而持续的报警声。

7. 延迟器

延迟器是一个罐式容器，安装在湿式报警阀与水力警铃（或压力开关）之间，对由于水压突然发生变化引起湿式报警阀短暂开启或湿式报警阀局部渗漏而进入水力警铃管道的水流起暂时容纳作用，从而避免虚假报警。在火灾真正发生时，喷头和湿式报警阀相继打开，水流经延迟器延时 30 s 后冲击水力警铃产生报警。

8. 管网

自动喷水灭火系统的配水管网由直接安装喷头的配水支管、向配水支管供水的配水管、向配水管供水的配水干管及总控制阀向上（或向下）的垂直立管组成。

室内配水管道应布置成环状，进水管不宜少于两根，当其中一根进水管发生故障时，其余进水管应仍能保证全部用水量和水压。自动喷水灭火系统一般设计成独立系统，在自动喷水灭火系统湿式报警阀后的管网与室内消火栓管网分开设置。在该系统中，湿式报警阀后的管网不许设置其他用水设备，稳压供水管也必须在湿式报警阀前与系统相连。

配水干管应设分隔阀门，分隔阀门设在便于维修的地方，并经常处于开启状态。湿式报警阀后的管网可分为枝状管网、环状管网和格栅状管网。采用环状管网的目的是减少系统管道水头损失并使系统布水更均匀，一般在中危险级场所或要降低吊顶空间高度的民用建筑中采用。自动喷水灭火系统一般采用枝状管网，管网应尽量对称、合理，以减小管径、节约投资和方便计算，通常根据建筑平面的具体情况布置成侧边式和中央式。

为控制配水支管的长度，避免水头损失过大，一般情况下，在轻危险级、中危险级场所，配水管两侧每根配水支管控制的标准喷头数不应超过8只，同时在吊顶上、下布置喷头的配水支管，其上、下侧喷头数均不应超过8只；在严重危险级、仓库危险级场所，每根配水支管控制的标准喷头数不应超过6只。

8.2.3 自动喷水灭火系统的工作原理

1. 喷淋泵控制电路原理

喷淋泵控制电路原理如图8–3所示。平时，开关QS1、QS2、QS3合上，转换开关SA在左位（1自、2备）。当发生火灾而喷头喷水时，由于喷水后压力降低，压力开关B*n*动作（同时管道里有消防水流动时，水流指示器触头闭合），因而中间继电器KA（*n*+1）通电，时间继电器KT2通电，经延时，其触头闭合，中间继电器KA通电，使接触器KM1闭合，1号泵电动机启动运转（同时警铃响，信号灯亮），向管网补充压力水。

若1号泵故障，2号泵自动投入。当出现火情时，若KM1机械卡住，其触头不动作，则由于KT1通电，经延时后，备用中间继电器KA1线圈通电动作，使接触器KM2线圈通电，2号泵电动机启动运转，向管网补充压力水。如将转换开关SA拨向手动位置，可按下SB2或SB4，使KM1或KM2通电，1号泵或2号泵电动机启动运转。

2. 湿式自动喷水灭火系统与消防报警主机的联动关系

自动喷水灭火系统应有系统控制、状态显示功能。自动喷水灭火系统与消防报警系统一般通过智能型控制模块和反馈模块连接，同时也可与输入 / 输出模块连接。依据消防规范，湿式自动喷水灭火系统与消防报警主机的联动关系如下：

（1）控制系统的启停应在消防报警主机上显示；

（2）消防报警主机应显示喷淋泵的工作、故障状态；

（3）消防报警主机应显示水流指示器、压力开关的工作状态；

（4）压力开关动作信号应反馈到车站控制室，在消防报警主机或联动控制器上显示。

3. 喷淋泵启动和复位

（1）喷淋泵启动

1）在消防报警主机面板上有喷淋泵开泵按钮，按下开泵按钮，发出喷淋泵启动命令，喷淋泵启动后，相应监视黄色指示灯亮，主机显示窗显示相应内容。

2）在消防报警主机操作键盘上输入喷淋泵启泵代码，输入开命令，使喷淋泵启动。

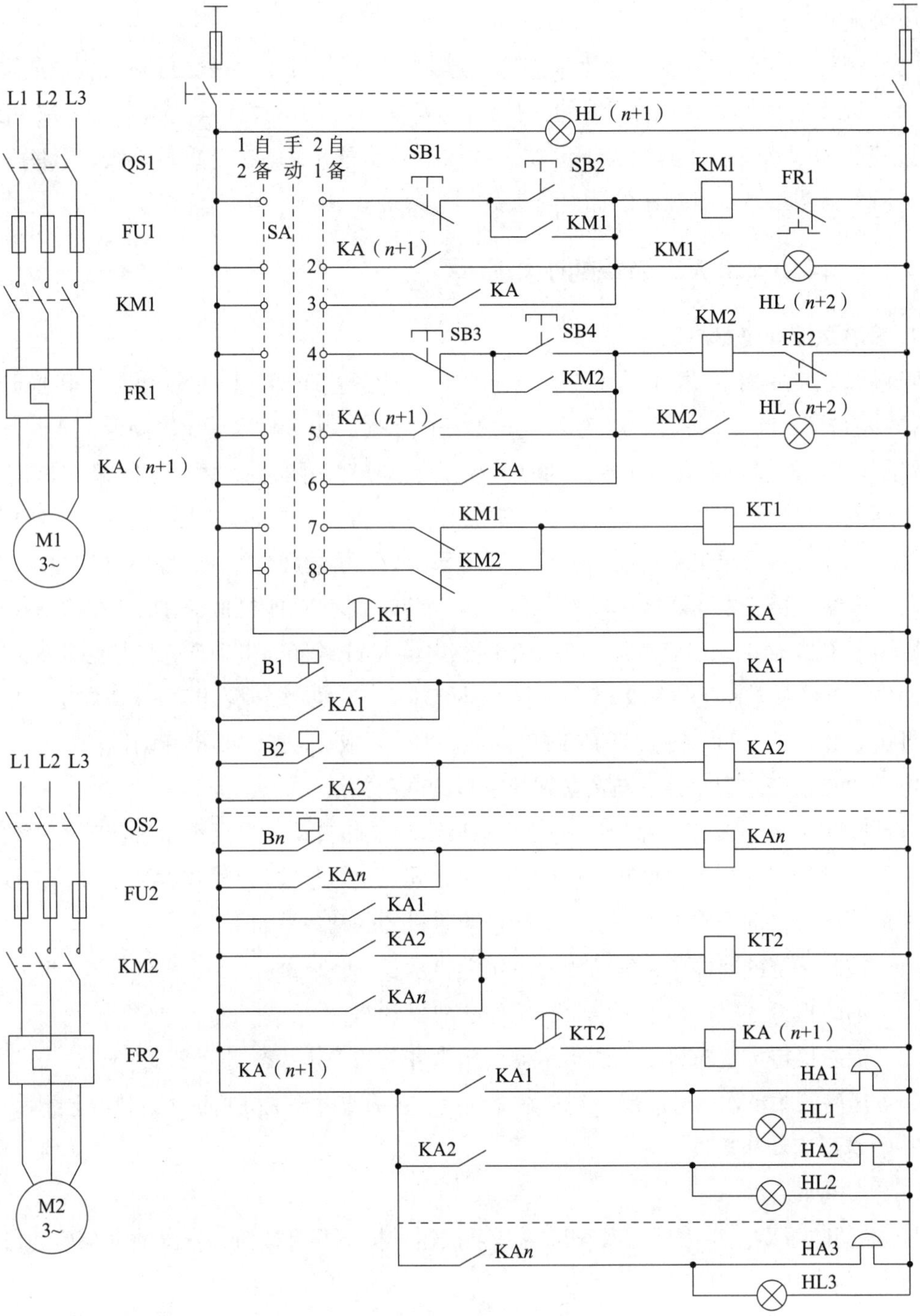

图 8-3 喷淋泵控制电路原理

3）在喷淋泵房的双电源控制箱上就地开启喷淋泵，将联动开关置于手动挡，按下“开启”按钮，喷淋泵启动。消防报警主机面板接收反馈信号，显示窗显示相应内容，监视黄色指示灯亮。

4）在车站控制室的消防控制箱上进行操作，按下喷淋泵启动按钮，喷淋泵启动，信号反馈至消防报警主机。

5）消防报警主机自动打开系统管网的末端放水龙头，使水流指示器动作，湿式报警阀打开，压力开关动作，从而引起喷淋泵动作。

6）玻璃球式喷头爆裂，密封垫脱开，喷出压力水。

（2）喷淋泵复位

1）若是通过喷淋泵开泵按钮开启喷淋泵，则应先按下车控室消防控制箱紧急停泵按钮停泵，再输入消防报警主机上的撤销命令，最后将车控室消防控制箱紧急停泵按钮复位。

2）若是通过在消防报警主机操作键盘上输入喷淋泵启泵代码开启喷淋泵，则应先按下车控室消防控制箱紧急停泵按钮停泵，再输入喷淋泵代码，撤销命令，最后将车控室消防控制箱紧急停泵按钮复位。

3）若是通过喷淋泵房的双电源控制箱就地开启喷淋泵，则应将手动/自动转换开关转至手动位置，按停止按钮，停泵后，再将开关转至自动位置。

4）若是通过在车站控制室的消防控制箱上进行操作开启喷淋泵，则按下停泵按钮即可。

5）若是通过末端放水龙头开启喷淋泵，则应关闭末端放水龙头，再将喷淋泵房双电源控制箱上的手动/自动转换开关转至手动位置，按停止按钮，停泵后，再将开关转至自动位置。

6）若是通过玻璃球式喷头爆裂开启喷淋泵，则应先将双电源控制箱上的手动/自动转换开关转至手动位置，按停止按钮，再更换喷头，将开关转至自动位置。

8.2.4 自动喷水灭火系统运行管理

1. 运行方式

城市轨道交通自动喷水灭火系统设备均应保持良好的状态，以备随时投入使用。平时，车站工作人员应定期巡视检查设备，发现故障应及时准确汇报。任何人不得随意改变消火栓管网的状态，自动喷水灭火系统管网的全部阀门均应开启至最大开启位置。操作人员应熟悉自动喷水灭火系统配水管道的阀门位置、走向及设备现状，定期进行自动喷水灭火系统设备的联动检查，做好设备检查记录。设备检查均应在保证城市轨道交通自动喷水灭火系统正常运营的前提下进行。

（1）正常运行方式。自动喷水灭火系统的常用、备用增压泵和稳压泵均应能随时启动，保持良好的工作状态。消防泵房自动喷水灭火系统就地控制箱应处于自动运行状态。水消防系统的阀门、管网等均应完好，消防供水阀门应常开，湿式报警阀压力应在正常状态（供水压力一般为0.15～0.5 MPa），配有稳压泵的系统压力应大于0.25 MPa。

（2）非正常运行方式

1）自动喷水灭火系统的增压泵和稳压泵处于自控或遥控操作失灵状态。此时，应采用手控操作。

2）自动喷水灭火系统的增压泵处于失电状态。此时，应采用相邻车站消防泵增压供水。

3）自动喷水灭火系统配水管道发生严重漏水。此时，应立即关闭漏水管道两端阀门，必要时关闭总阀门。当消防泵误启动时，应立即停泵，并对系统管网进行卸压操作。

4）水消防试验时，按水消防试验操作规程执行。

5）消防检查时，若确需进行消防泵试验，则必须先打开消防泵房内消防旁路放水阀门后执行。

2. 操作规程

（1）日常巡视。正常情况下，自动喷水灭火系统24 h都处于自动状态，系统供水阀门常开。

自动喷水灭火系统日常巡视、抄表每日不少于两次。每次巡视需检查喷头外观是否完好，湿式报警阀压力是否处于正常状态，喷淋泵的进水压力是否正常，泵体是否漏水，各阀门开关是否准确，延迟器、水力警铃、压力开关外观是否完好，末端放水压力是否和系统压力相符，管网是否漏水等。配有稳压泵的系统压力应大于0.25 MPa。

巡视过程中若发现异常情况应及时处理并汇报调度员，并将异常情况及处理经过记录在运行日志上。

（2）火灾时的操作。在火灾发生时，自动喷水灭火系统喷头的玻璃球因温度上升而自动破裂，引起喷水灭火，水流指示器动作，水力警铃报警声响，压力开关动作，喷淋泵启动。但在以下情况下，需操作人员进行相关操作：

1）当自动启泵失灵时，应立即在车控室手操箱或消防泵房就地控制箱上手动启泵；

2）当系统供水中断时，应立即汇报调度员，并协助地面消防车供水工作；

3）确认火已被扑灭后，手动停泵，关闭自动喷水灭火系统供水阀门；检查设备是否有缺损，喷头必须调换，待恢复正常后，将自动喷水灭火系统置于自动状态，并将异常情况及处理经过记录在运行日志上。

3. 试验步骤

（1）试验前做好检查工作，确认消防报警主机和喷淋泵控制箱处于自动位置，湿式报警阀的供水压力为0.15～0.5 MPa，当供水压力小于0.14 MPa时（未配有稳压泵的系统，其湿式报警阀会不能动作），应待水压高于0.14 MPa时再做试验，并做好供水压力过低记录。

（2）打开末端试水阀放水，确认水流指示器动作，湿式报警阀自动打开，水力警铃报警声响，压力开关动作，喷淋泵自动启动。

（3）喷淋泵自动运行后，即可手动停泵，关闭末端试水阀。

（4）检查设备是否有缺损，检查湿式报警阀自动复位是否正常，使系统处于自动状态。

系统联动试验每月一次，信号蝶阀每三个月开关一次，湿式报警阀旁的末端试水阀每三个月放水试验一次。

4. 应急处理

（1）发生误喷时

1）应立刻关闭湿式报警阀前的蝶阀。若喷淋泵启动，则应立即关闭喷淋泵，再进行系统复位。

2）将误喷情况汇报调度员。

3）自动喷水灭火系统修复后，将系统恢复成自动状态。

（2）水压波动及超压时。在正常情况下，自动喷水灭火系统的供水压力为0.15～0.5 MPa。当水压波动或水压大于0.6 MPa时，应进行如下操作：

1）喷淋泵因水压波动产生误动作时，应立即停泵，并对系统进行放水卸压，待系统压力正常后，将系统恢复成自动状态；

2）当水压大于0.6 MPa且自动喷水灭火系统并未产生误动作时，应对系统进行放水卸压，待系统压力正常后，将系统恢复成自动状态。

8.3 高压细水雾灭火系统

高压细水雾灭火系统是利用纯水作为灭火介质，采用特殊的喷头在特定的压力（通常为 10 MPa）下将水流直接（或通过氮气等雾化介质）分解成细水雾（或细小水滴）进行灭火或防护冷却的一种固定灭火系统。

8.3.1 细水雾灭火系统基础知识

1. 灭火原理

（1）冷却。细水雾的雾滴直径很小，比表面积大，受热后易于汽化，在液—气相态变化过程中从燃烧物质表面吸收大量的热量，使火场温度骤降，达到灭火的目的。

（2）窒息。细水雾喷入火场后，雾滴受热汽化形成体积为原体积 1 700 倍的水蒸气，迅速地排斥火场空气，在燃烧物质周围形成一道屏障，阻隔新鲜空气进入。当火场氧气浓度降低到不能燃烧的程度时，火焰被窒息熄灭，从而达到灭火的目的。

（3）阻隔辐射热。细水雾喷入火场后，细水雾及其形成的水蒸气迅速将燃烧物、火焰和烟羽笼罩，有效地阻隔火焰的辐射热，抑制辐射热引燃周围其他物品，达到防止火焰蔓延的目的。

除以上三种作用外，细水雾还具有浸湿、乳化等作用。在灭火过程中，几种作用往往会同时发生，从而有效灭火。

2. 特性

（1）绿色环保，灭火高效。细水雾对人体无害，对环境无影响，不会在高温下产生有害的分解物质。由于它具有高效的冷却作用和明显的吸收烟尘作用，因此更加有利于火灾现场的逃生与扑救。同时，细水雾能够承受保护区内一定限度的通风，不受障碍物遮挡，被遮挡时仍然可以发挥灭火效能。

（2）广泛适用性。

（3）良好的电绝缘性。由于细水雾的雾滴直径小，喷雾时不连续，因此电绝缘性好。

（4）去除烟气作用。细水雾蒸发后，体积膨胀而充满整个火场空间，水蒸气极易与燃烧形成的游离碳颗粒结合，从而对火场环境起到很强的洗涤、降尘、净化作用，有效消除烟雾中的腐蚀性物质及有毒物质，利于人员疏散和灭火救援工作。

3. 适用范围

（1）可燃固体火灾。细水雾灭火系统可以有效扑灭一般的可燃固体火灾，包括纸张、木材和纺织品的深位火灾，塑料泡沫、橡胶等危险固体火灾等。

（2）可燃液体火灾。细水雾灭火系统可以有效扑灭可燃液体火灾。

（3）电气火灾。细水雾灭火系统可以有效扑灭电气火灾，包括电缆火灾、控制柜火灾、变压器火灾等。

（4）厨房火灾。细水雾灭火系统可以有效扑灭厨房火灾。厨房内的烹饪油料火灾难以扑救，是因为其燃烧温度高且易于复燃。这种火灾不能用泡沫、干粉或二氧化碳有效扑灭。

细水雾灭火系统不能直接用于遇水发生剧烈反应或产生大量危险物的物体火灾扑救，不能直接用于液化气体火灾。

4. 分类

（1）按工作压力分类

1）低压细水雾灭火系统。管网工作压力小于等于 1.21 MPa 的细水雾灭火系统称为低压细水雾灭火系统。

2）中压细水雾灭火系统。管网工作压力大于 1.21 MPa 且小于等于 3.45 MPa 的细水雾灭火系统称为中压细水雾灭火系统。

3）高压细水雾灭火系统。管网工作压力大于 3.45 MPa 的细水雾灭火系统称为高压细水雾灭火系统。

（2）按应用方式分类

1）全淹没式细水雾灭火系统。向整个封闭空间内喷射细水雾并持续一定时间，以实现对所有保护对象进行保护的细水雾灭火系统称为全淹没式细水雾灭火系统。

2）分区保护式细水雾灭火系统。对封闭空间内预先划定区域中的所有保护对象进行保护的细水雾灭火系统称为分区保护式细水雾灭火系统。

3）局部应用式细水雾灭火系统。向封闭、敞开或半敞开空间的某一个保护对象或危险点直接喷射细水雾并持续一定时间的细水雾灭火系统称为局部应用式细水雾灭火系统。

（3）按动作方式分类

1）开式细水雾灭火系统。由火灾报警系统或传动管控制，在自动开启雨淋报警阀和水泵后，向开式喷头供水是细水雾灭火系统应用较多的方式。

2）闭式细水雾灭火系统。闭式细水雾灭火系统采用闭式喷头，又可分为湿式、干式和预作用三种。

8.3.2 高压细水雾灭火系统的组成和工作原理

高压细水雾灭火系统一般由高压细水雾泵组、补水增压装置、高压细水雾喷头、火灾报警联动系统等组成。高压细水雾泵组包括高压主泵、高压备泵、稳压泵、电磁阀、过滤器、泵组控制柜、调节水箱等，补水增压装置包括增压泵、供水管网、区域控制阀组等。

1. 开式高压细水雾灭火系统

（1）开式高压细水雾灭火系统的组成。开式高压细水雾灭火系统的部件包括开式喷头、感温探测器、感烟探测器、火灾报警控制器、区域控制阀（常闭）、压力开关、泵组控制柜、主阀（常开）、压力变送器、压力表、止回阀、高压泵、稳压泵、测试阀（常闭）、调节水箱、液位开关、排水阀（常闭）、电磁阀、过滤器、安全泄压阀、调试阀、高压软管等。

（2）开式高压细水雾灭火系统的工作原理。正常情况下，开式高压细水雾灭火系统准工作状态时，由消防水箱或稳压泵、气压给水设备等稳压设施维持管道内的充水压力；系统启动后，所有通过已开启区域控制阀供水的开式喷头同时喷细水雾。系统的喷水范围由高压泵控制，能在系统启动后立即实现大面积喷细水雾。

2. 闭式高压细水雾预作用灭火系统

闭式高压细水雾预作用灭火系统是在扑灭火灾后自动关阀、复燃时再次开阀喷细水雾的系统，主要用于灭火后需要避免进一步增加水渍损失的场所，如计算机房、信号机房等。

闭式高压细水雾预作用灭火系统的部件包括闭式喷头、感温探测器、感烟探测器、压力开关、区域控制阀（常闭）、调试阀、末端试水装置、火灾报警控制器、泵组控制柜、主阀（常开）、压力变送器、压力表、止回阀、高压泵、稳压泵、测试阀（常闭）、调节水箱、液位开关、排水阀（常闭）、电磁阀、过滤器、安全泄压阀、排气阀、高压软管等。

3. 高压细水雾灭火系统的启动方式

高压细水雾灭火系统具有自动启动、手动电动启动（远程或就地）、机械应急操作三种启动方式。下面简单介绍前两种启动方式。

（1）自动启动

1）开式系统。当保护区内发生火灾时，火灾探测器发出信号至火灾报警控制器，火灾报警控制器确认发生火灾的区域，然后发出联动启动灭火系统的控制信号，打开相应的区域阀组。区域阀组打开后，管网压力下降，稳压泵自动启动运行超过 10 s 后，若管网压力仍达不到 1.21 MPa，则高压主泵自动依次启动，高压细水雾经喷头喷出，扑灭火灾。

2）闭式湿式系统。当保护区内发生火灾时，喷头的玻璃球破裂，管网液体流动，流量开关动作，反馈信号至火灾报警控制器，火灾报警控制器确认灭火区域，管网压力下降，稳压泵自动启动运行超过 10 s 后，若管网压力仍达不到 1.21 MPa，则高压主泵自动依次启动，高压细水雾经喷头喷出，扑灭火灾。

3）闭式预作用系统。在保护区内，喷头至区域控制阀之间的管道平时为空管，当发生火灾时，火灾探测器发出信号至火灾报警控制器，火灾报警控制器确认发生火灾的区域，然后发出联动启动灭火系统的控制信号，相应区域阀组启动，压力下降，稳压泵自动启动运行超过 10 s 后，若管网压力仍达不到 1.21 MPa，则高压主泵自动依次启动，高压细水雾经破碎的闭式喷头喷出，扑灭火灾。

（2）手动电动启动。当火灾发生时，在火灾探测器尚未动作的情况下，可以通过远程消防控制中心启动相应区域的区域阀组或就地打开区域阀组，管网压力下降，稳压泵自动启动运行超过 10 s 后，若管网压力仍达不到 1.21 MPa，则高压主泵自动启动，供水灭火。

8.4 气体灭火系统

气体灭火系统安装在车站的重要设备用房，如通信机械室、信号机械室、民用通信机房、地下主变电站、降压站、牵引变电站、电气设备室等。

8.4.1 气体灭火系统的分类

1. 组合分配灭火系统

为节省投资，对于几个不会同时着火的相邻防护区或保护对象，可采用一套气体灭火系统进行保护。这种用一套灭火剂储存装置通过管网的选择分配保护两个或两个以上防护区的气体灭火系统称为组合分配灭火系统。组合分配灭火系统是通过控制旋转阀实现将灭火剂释放到着火区域的。组合分配灭火系统的灭火剂设计用量是按最大的防护区或保护对象来确定的。对于较小的防护区或保护对象，若不需要释放全部的灭火剂量，可根据需要，利用启动气瓶来控制打开储存容器的数量，以释放部分灭火剂。值得注意的是，组合分配灭火系统可以同时保护但不能同时灭火，且一个组合分配灭火系统所保护的防护区数量不宜过多，防护区超过一定数量时，应配置备用灭火剂。

2. 单元独立灭火系统

若几个防护区都非常重要或有同时着火的可能性，为确保安全，则应在每个防护区各自设置气体灭火系统。这种用一套灭火剂储存装置保护一个防护区的系统称为单元独立灭火系统。单元独立灭火系统管路布置简单，维护管理方便。单元独立灭火系统可提高安全性，但投资较大。

8.4.2 气体灭火系统的组成

气体灭火系统一般由储存装置、启动分配装置等组成。

1. 储存装置

气体灭火系统的储存装置包括灭火剂储存容器、容器阀、集流管、单向阀、连接软管、支架等，通常是将其组合在一起，放置在靠近防护区的专用储瓶间内。储存装置既要储存足够量的灭火剂，又要保证在着火时能及时开启，释放出灭火剂。

（1）灭火剂储存容器。灭火剂储存容器长期处于充压工作状态，是气体灭火系统的主要组件之一，对系统能否正常工作影响很大。

（2）集流管。集流管在系统中担负的任务是将若干储存容器同时开启释放出的灭火剂汇集起来，再通过分配管道输送至保护空间。

（3）单向阀。单向阀是用来控制介质流向的。当气体灭火系统较大、灭火剂储存容器较多时，需成组布置。这种情况下，每个储存容器都应设有单向阀，防止灭火剂回流到容器中或从卸下的容器接口处泄漏。

（4）连接软管。连接软管的作用是便于安装与维护储存容器，减缓释放灭火剂时对管网的冲击力。一般在单向阀与容器阀或单向阀与集流管之间采用连接软管连接。

应用专用的储瓶间放置气体灭火系统设备，以便于系统维护管理。储瓶间应靠近防护区，房间耐火等级不应低于二级，房间出口应直接通向室外或疏散通道。

2. 启动分配装置

气体灭火系统的启动分配装置包括启动气瓶、选择阀、启动气体管路等。

（1）启动气瓶。启动气瓶充有高压氮气，用以打开灭火剂储存容器上的容器阀及相应的选择阀。组合分配灭火系统和灭火剂储存容器较多的单元独立灭火系统一般设置启动气瓶。

（2）选择阀。组合分配灭火系统中应设置与每个防护区相对应的选择阀，以便在系统启动时能够将灭火剂输送到需要灭火的防护区。选择阀相当于一个常闭的二位二通阀，平时处于关闭状态，系统启动时，与需要释放灭火剂的防护区相对应的选择阀将被打开。

选择阀应靠近灭火剂储存容器且便于手动操作，选择阀的公称直径应与所对应的防护区主管道的公称直径相同。选择阀上应设有标明其所属防护区的金属铭牌。

8.4.3 气体灭火系统的工作原理

当气体灭火系统防护区发生火灾时，火灾探测器将燃烧产生的烟、温、光等转化成电信号输送给火灾报警控制器，经火灾报警控制器鉴定确认后，启动火灾报警装置，发出火灾声光报警信号。

当系统处于自动状态时，接到火灾信号后，控制盘启动开口关闭装置、通风机等联动设备，并经延时（30 s 内可调）后再启动阀驱动装置，同时打开灭火剂储存装置及选择阀，将灭火剂释放到防护区进行灭火。灭火剂释放时，压力信号器给出反馈信号，通过控制盘再发出释放灭火剂的声光报警信号。

当系统处于手动状态时，接到火灾报警后，工作人员应先确认火灾情况，确实需要使用气体灭火系统时，可以启动手动操作按钮，通过控制盘发出灭火指令，释放灭火剂，或直接按下防护区外的紧急启动 / 停止按钮，启动系统实施灭火。在这两种启动方式无效的情况下，可采用机械应急操作直接打开设备启动阀，启动系统实施灭火。

8.4.4 气体灭火系统运行管理

1. 气体灭火系统的启动方式

气体灭火系统的启动方式有自动控制、手动控制和机械应急三种。

（1）自动控制启动方式。自动控制启动就是利用火灾报警系统自动探测火灾，并由消防控制中心自动启动气体灭火系统的启动方式，其间不需要人员介入操作与控制。当采用火灾探测器启动系统报警时，应在收到两个独立的火灾信号后延时启动。迅速、准确地探测火灾对保证系统可靠有效地工作至关重要，而任何性能良好的火灾探测器由于本身质量或环境条件的影响在长期运行中不可避免地会产生误报，一旦误报甚至驱动系统释放灭火剂，不仅会损失灭火剂，而且会影响正常工作，使人们对系统失去信心，因此要求收到两个独立的火灾信号后再延时启动。

自动控制启动应根据人员疏散要求设置延时，但延时启动的时间不应超过 30 s。在经常有人的场所还可以设置紧急切断装置，关闭系统的自动控制启动功能，这样可保证在误报或火势很小、用灭火器即可扑灭的情况下不启动气体灭火系统。

（2）手动控制启动方式。手动控制启动是一种远程启动方式，可以采用气动或电动方式。手动控制启动装置应设在防护区外便于操作的地方，且应易于识别，并应能使人在一处完成系统启动的全部操作。

手动控制启动应不受自动控制启动的制约，在自动控制启动失灵或遭到破坏时，也能进行释放灭火剂操作。气体灭火系统的手动控制启动流程如图 8-4 所示。

（3）机械应急启动方式。机械应急启动方式是一种应急手段，要求灭火剂储存容器的容器阀有手动机械启动装置，在电动或气动启动装置发生故障时能够保证系统启动。机械应急启动方式要求直接启动灭火剂储存容器，尽量减少中间环节。气体灭火系统的机械应急启动流程如图 8-5 所示。

不论采用何种启动方式，应保证每组系统所有的灭火剂储存容器全部一次开启。

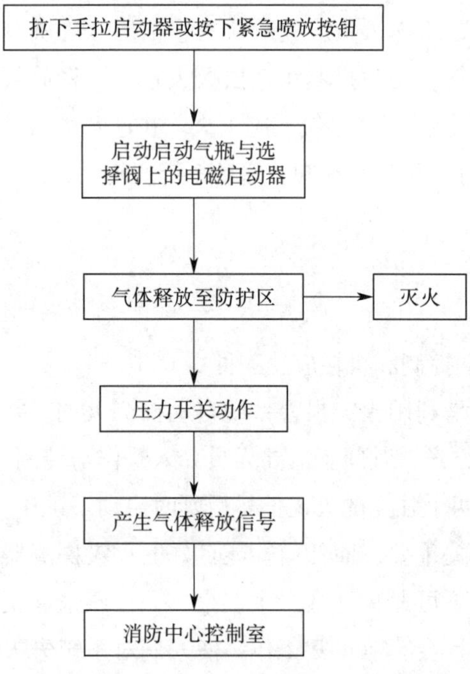

图 8-4　气体灭火系统的手动控制启动流程

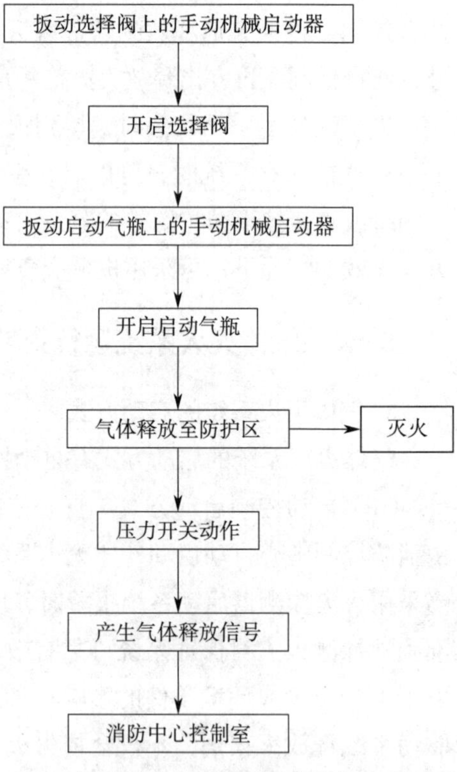

图 8-5　气体灭火系统的机械应急启动流程

2. 气体灭火系统的运行管理要求

（1）气体灭火系统的安全要求。由于气体灭火系统目前使用的几种灭火剂具有窒息性或低毒性，一旦灭火系统启动，为确保人身安全和顺利实施灭火，系统必须符合下列安全要求。

1）防护区应有保证人员在 30 s 内疏散完毕的通道出口。

2）防护区内的疏散通道及出口应设应急照明与疏散指示标志。防护区内应设火灾声报警器，必要时可增设闪光报警器。防护区的入口应设火灾声光报警器和灭火剂喷放指示灯，以及防护区采用的相应气体灭火系统的永久性标志牌。灭火剂喷放指示信号应保持到防护区通风换气后再以手动方式解除。

3）防护区的门应向疏散方向开启，并能自行关闭；用于疏散的门必须能从防护区内打开。

4）防护区应通风换气，地下防护区和无窗或设固定窗扇的地上防护区应设置机械排风装置，排风口宜设置在防护区的下部并应直通室外。

5）储瓶间内应设应急照明，应有良好的通风条件。地下储瓶间应设机械排风装置，排风口应设在下部，气体可通过排风管排出室外。

6）爆炸危险场所和变电、配电场所的管网及金属箱体等应设置防静电接地。

7）防护区的设计灭火浓度或实际使用浓度不应大于有毒性反应浓度，应符合国家标准《气体灭火系统设计规范》（GB 50370—2005）的规定。

8）防护区内设置的预制灭火系统的充压压力不应大于 2.5 MPa。

9）气体灭火系统的手动控制与机械应急操作应有防止误操作的警示显示与措施。

10）气体灭火系统装置的喷口前 0.1 m 内，以及装置的背面、侧面、顶部 0.2 m 内，不应设置或存放设备、器具等。

11）设有气体灭火系统的场所宜配置空气呼吸器。

（2）气体灭火系统投入使用要求

1）气体灭火系统应由经过专门培训并考试合格的专人负责定期检查和维护。

2）气体灭火系统投入使用时，应具备系统主要组件使用维护说明书、系统工程流程图和操作规程、系统维护检查记录表、值班守则和运行日志等文件资料。

3）气体灭火系统操作人员应清楚系统组件工作原理、防护区位置、管道走向、喷头布置、启动装置启动方式和启动喷放区域。

（3）气体灭火系统日常巡查要求。气体灭火系统日常巡查内容包括控制器工作状态，储瓶间环境，气瓶组或储罐外观，选择阀、驱动装置等组件外观，紧急启停按钮外观，灭火剂喷放指示灯及报警器外观，喷头外观，防护区状况等。

8.4.5 烟烙尽气体灭火系统

烟烙尽气体灭火系统是由世界著名的灭火系统设备专业生产商美国 ANSUL（安素）公司开发的全新气体灭火系统，被美国 NFPA 2001 标准（即洁净气体灭火系统标准）所认可。

“烟烙尽”的英文 INERGEN 是由 Inert Gas（惰性气体）和 Nitrogen（氮气）两个单词缩写而成。作为灭火剂的烟烙尽气体是由 52% 的氮气、40% 的氩气和 8% 的二氧化碳气体组成的。当烟烙尽气体依规定的设计灭火浓度释放于防护区中时，可以在 1 min 内将防护区的氧气浓度迅速降至 12.5% 以下，从而使燃烧无法继续进行。同时，在这样低的氧气浓度下，防护区的二氧化碳浓度从 1% 以下提高到 4% 以上，促使人的呼吸速率加快，在单位时间内吸入更多的氧气以维持正常的生命所需。

烟烙尽气体是由自然存在于大气中的三种气体组成的，在灭火后，它们可自然地回归于大气中，不对臭氧层产生破坏，基本实现了零污染。在规定的设计灭火浓度（37.5% ~ 43%）下，烟烙尽气体对人体完全无害，不产生任何化学分解物，对设备无腐蚀、损害。目前，城市轨道交通气体灭火系统主要采用该产品。

烟烙尽气体灭火系统由各种辅助设备、电源、管网、控制主机等组成。

（1）蜂鸣器及闪灯。防护区每个出入口的外侧都有蜂鸣器及闪灯，这是一种具有声光报警功能的装置，用于防护区中双回路触发报警时发布火灾信息。由于它同时具有声光报警功能，很容易区分火警信息，并提示防护区内、外的人员烟烙尽气体灭火系统即将启动，应尽快撤离或严禁再次进入防护区。

（2）警铃。防护区每个出入口的内侧有警铃，警铃是一种声报警装置，用于防护区中单回路触发报警时发布火灾信息。系统报警时，首先动作的是警铃。

（3）止喷开关。防护区主要出入口的外侧设有一个紧急停止按钮，又称止喷开关，在两防护区同时报警且在 30 s 倒计时内按下此按钮可暂时止喷。

操作止喷开关时，必须用手按住不放，否则将无效。止喷开关操作到位时，蜂鸣器响，响声短促时说明 30 s 倒计时暂停。用钥匙将系统置于“手动”挡（LOCK OUT 系统锁定）时，手才可以离开止喷开关。

若值班员确认火灾发生，情况紧急，则可用钥匙将系统置于“自动”挡，恢复倒计时，或者直接拉下电气式烟烙尽气体手动释放启动器，释放灭火剂进行灭火。若值班员确认系统误动作或无须释放灭火剂，则应按下控制盘上的系统复位开关，使系统恢复正常。

（4）手拉启动器。防护区主要出入口的外侧设有一个电气式烟烙尽气体手动释放启动器，又称手拉启动器。直接拉下手拉启动器可使启动气瓶释放灭火剂。拉下手拉启动器，警铃、蜂鸣器及闪灯都将动作。

（5）手动/自动转换开关。手动/自动转换开关是一种锁开关，可通过钥匙将系统置于手动或自动状态。一般正常状态为自动状态。在检修时，系统应处于手动状态，同时系统锁定。

8.4.6 FM-200气体灭火系统

1. FM-200气体灭火剂

FM-200气体灭火剂的分子式为CF_3CHFCF_3，化学名称为七氟丙烷，其在一定的压力下呈液态储存。七氟丙烷的特点是无色、无味、不导电、无二次污染，臭氧消耗潜能值（ODP）为零，符合环保要求，毒性比卤代烷灭火剂更小，且灭火效能高，电绝缘性好，灭火后不留任何残渣，不会对电气设备、磁带、资料等造成损坏。它通过70%的物理吸热（汽化及共价键断裂）降温作用和30%的化学作用（阻断燃烧链式反应）达到灭火的目的。

2. FM-200气体灭火系统的优点

（1）灭火速度快，同探测报警系统共同使用能迅速启动，发挥最大功效。

（2）FM-200气体灭火剂对人体无害，安全性高。

（3）灭火剂释放量小，可使防护区的耐压要求降到最低。

（4）储瓶间面积相对于二氧化碳气体灭火系统和惰性气体灭火系统的小，存储压力小，更加安全可靠。

（5）ODP为0，大气存留期短，热效应值小，对环境友好。

（6）系统管路承压要求较二氧化碳气体灭火系统和惰性气体灭火系统的低，易于施工；喷射时振动较小，较安全。

（7）与现有的其他气体灭火系统相比，一次性投资较少。

3. 适用火灾与不适用火灾

（1）适用火灾。FM-200气体灭火系统适用于扑救电气火灾、液体火灾、可熔化固体火灾、固体表面火灾及灭火前能切断气源的气体火灾。

（2）不适用火灾。FM-200气体灭火系统不适用于扑救下列物品火灾：

1）含氧化剂的化学制品，如硝化纤维、硝酸钠等；

2）活泼金属，如钾、镁、钠等；

3）金属氰化物，如氰化钾、氰化钠等；

4）能自行分解的化学物质，如过氧化氢、肼等。

4. FM-200 气体灭火系统的组成

FM-200 气体灭火系统由储气钢瓶、瓶头阀、喷头、管路等组成。

（1）储气钢瓶。储气钢瓶由高强度合金钢制成。钢瓶表面涂红色油漆。瓶颈上设有铜制固定铭牌，铭牌上标明储瓶编号、规格、灭火剂充装日期、充装量、储存压力等。储瓶上设有 FM-200 的标记。

（2）瓶头阀。瓶头阀的启动方式为活塞式，可通过电磁阀直接启动，并可多次重复使用，比使用电爆管启动的瓶头阀更加安全可靠。储瓶瓶头阀上设有安全阀，瓶内超压时可自动泄压。瓶头阀上有压力表。

（3）喷头。喷头为热压铜制喷头，每个喷头的喷口面积均由专用流量计算软件进行计算，并标注于喷头上。

5. FM-200 气体灭火系统的工作原理

FM-200 气体灭火系统的控制盘设有手动 / 自动转换装置，可远程控制气体灭火设备启停。控制盘还设有备用电源，备用电源使用时间为 24 h。气体喷放的延迟时间为 0 ~ 30 s 可调。表示系统状态的所有信号都可以传输到控制盘或控制室。主钢瓶的瓶头阀及方向阀均采用电磁阀控制，由控制盘控制。在断电或紧急情况下，可通过手动启动进行就地紧急启动。手动及电动启动方式作用在主钢瓶的瓶头阀及方向阀上，而从属钢瓶则由主钢瓶的压力通过压力启动头控制启动。系统喷放气体后，连接在管路上的压力开关会传输放气反馈信号到控制室。

FM-200 气体灭火系统的防护区环境温度应为 0 ~ 54 ℃。防护区的机械通风设备在灭火系统启动前应能自动关闭或停止。防护区应密封良好。防护区的隔墙和门的耐火极限均应大于 0.5 h，吊顶的耐火极限应大于 0.25 h。防护区的门应向外开启并能自行关闭，疏散出口的门必须能从防护区内打开。防护区围护构件的允许压强均不宜低于 1.2 kPa（防护区内、外气压差）。防护区围护构件若使用玻璃，则应采用防火玻璃。防护区应设有疏散通道与出口，能使人员在 30 s 内撤离。储气钢瓶应布置在不易受机械、化学损伤的场所内，其环境温度宜为 0 ~ 54 ℃。储瓶间的耐火等级不应低于二级，并应有直接通向室外或疏散通道的出口。

第9章

给排水系统

学习目标

- 了解水泵的基本结构和性能特点
- 了解给排水系统安装
- 了解给排水系统运行管理
- 了解给排水系统维护

知识要求

9.1 给排水基础知识

9.1.1 泵基础知识

1. 泵的定义

泵是把原动机的机械能转换成液体能量的机器。泵用来增加液体的位能、压能、动能。原动机通过泵轴带动叶轮旋转，对液体做功，使其能量增加，从而使液体从吸水处经泵的过流部件输送到高处或有压力要求的地方。

2. 泵的分类

泵的种类很多，按其作用原理可以分为以下三大类。

（1）叶片式泵。叶片式泵也称动力泵，这种泵连续地给液体施加能量，如离心泵、混流泵、轴流泵等。

（2）容积式泵。容积式泵通过封闭而充满液体的工作室的容积周期性变化不连续地给液体施加能量，如齿轮泵、螺杆泵等。

（3）其他类型的泵。其他类型的泵的作用原理各异，如射流泵、水锤泵、电磁泵等。

3. 叶片式泵的主要过流部件

叶片式泵的主要过流部件有吸水室、压水室和叶轮。

吸水室位于叶轮前面，其作用是把液体引向叶轮，有直锥形、弯管形和螺旋形三种形式。

压水室位于叶轮外围，其作用是收集从叶轮流出的液体，送入排出管。压水室主要有螺旋形压水室、导叶和空间导叶三种形式。

叶轮是泵最重要的工作元件，是过流部件的心脏。叶轮由盖板和中间的叶片组成。根据液体从叶轮流出的方向，叶轮分为离心式（径流式）、混流式（斜流式）和轴流式三种形式。离心式（径流式）叶轮指液体流出叶轮的方向垂直于轴线，即沿半径方向流出。

4. 泵的联合运行

实际工作中，有时需要将泵并联或串联在系统中联合运行，目的在于增加系统中的流量或提高压头。

（1）相同特性泵的串联运转。相同特性泵的串联运转合成的特性曲线是在相同流量下两泵相应扬程相加得到的。两泵串联使扬程和流量都增加，其增加程度与装置特性曲线有关，但都小于单独运转时的两倍。

（2）相同特性泵的并联运转。相同特性泵的并联运转合成的特性曲线是在相同扬程下两泵流量相加得到的。由于存在管路阻力，两泵并联运转总的合成流量小于单独运转流量的两倍。并联运转的流量随着装置特性曲线变陡而减小。

（3）串联、并联运转的选择。采用并联还是串联要根据装置特性曲线决定。当管路阻力曲线很陡时，串联的流量比并联的流量大。

5. 泵的调节

改变泵运转工况点称为泵的调节。泵运转工况点是泵特性曲线和装置特性曲线（管路阻力曲线）的交点。改变工况有三种途径：改变泵特性曲线；改变装置特性曲线；同时改变泵特性曲线和装置特性曲线。

（1）改变泵特性曲线的方法

1）调节转速。

2）切割叶轮外径。

3）改变叶片角度。

4）改变叶片前缘间隙。

（2）改变装置特性曲线的方法

1）调节闸阀。

2）调节液位。

3）调节旁路分流。

6. 泵的选择原则

由于泵装置的用途和使用条件千变万化，而泵的种类也繁多，因此正确选择泵的类型和大小来满足各种不同的工程实践需求是非常必要的。

泵的选择包括选择泵的种类或形式及大小。选择的程序和方法如下。

（1）充分了解整个装置的用途、管路布置、地形条件、被输送流体状况、水位、运输条件等。

（2）根据工程要求，合理确定最大流量与最高扬程，再分别增加 10%～20% 作为安全量，最终作为泵的选择依据。

（3）根据已知条件选择适当的泵类型。

（4）泵类型确定以后，要根据已知的流量、扬程或压头选定其大小，使工作点处在高效率区，还要注意泵的工作稳定性。

（5）确定泵型号时，同时要确定其转速、原动机型号、传动方式。还应查明允许吸上真空高度或允许气蚀余量，并核算其几何安装高度。

9.1.2 设备基础知识

1. 阀门

城市轨道交通车站内阀门种类繁多，根据不同的用途可分为清水阀、废水阀、污水阀等，根据不同的位置可分为消防用阀门、循环水用阀门、生活用水阀门、废水排放阀门、污水排放阀门等。下面列举一些城市轨道交通内主要使用的阀门种类。

（1）闸阀。闸阀也称闸板阀，是一种广泛使用的阀门。闸板密封面与阀座密封面高度光洁，平整一致，相互贴合，可阻止介质流过，并依靠顶模、弹簧或闸板来增强密封效果。闸阀在管路中主要起切断作用。它的优点是：流体阻力小，启闭省力，可以在介质双向流动的情况下使用，没有方向性，全开时密封面不易冲蚀，结构长度短，不仅适合做小阀门，而且适合做大阀门。

闸阀按阀杆螺纹分为明杆式闸阀、暗杆式闸阀，按闸板构造分为平行式闸阀、楔式闸阀。

（2）截止阀。截止阀也称截门，是一种广泛使用的阀门。截止阀开闭过程中，密封面之间的摩擦力小，比较耐用，开启高度不大。截止阀制造容易，维修方便，不仅适用于中低压环境，而且适用于高压环境。截止阀依靠阀杆压力，使阀瓣密封面与阀座密封面紧密贴合，阻止介质流通。截止阀只许介质单向流动，安装时有方向性。它的结构长度大于闸阀，同时流体阻力大，长期运行时密封可靠性不强。截止阀分为直通式截止阀、直角式截止阀及直流式截止阀三类。

（3）蝶阀。蝶阀也称蝴蝶阀，其关键性部件似蝴蝶迎风，自由回旋。蝶阀的阀瓣是圆盘，围绕阀座内的一个轴旋转，旋转角的大小便是阀门的开闭度。蝶阀具有轻巧的特点，比其他阀门节省材料，结构简单，开闭迅速，流体阻力小，操作省力，可用于切断和节流。蝶阀可以做成很大口径的。能够使用蝶阀的地方最好不要使用闸阀，因为蝶阀比闸阀经济，而且调节性更好。目前，蝶阀在热水管路中得到广泛使用。

（4）球阀。球阀靠旋转阀杆来使阀门畅通或闭塞。球阀轻便，体积小，可以做成很大口径的，密封可靠，结构简单，维修方便，密封面与球面常在闭合状态，不易被介质冲蚀，在各行业得到广泛使用。球阀分浮动球式球阀、固定球式球阀两类。

（5）旋塞阀。旋塞阀也称旋塞、考克、转心门。旋塞阀依靠旋塞体绕阀体中心线旋转以达到开启与关闭的目的。它的作用是切断、分配和改变介质流向。旋塞阀结构简单，外形尺寸小，操作时只需旋转 90°，流体阻力也不大。旋塞阀的缺点是开关费力，密封面容易磨损，高温时容易卡住，不适宜调节流量。旋塞阀的种类很多，有直通式旋塞阀、三通式旋塞阀、四通式旋塞阀等。

（6）止回阀。止回阀又称逆止阀、单向阀、单流门等。止回阀是依靠流体本身的力量自动启闭的阀门，它的作用是阻止介质倒流。

（7）减压阀。减压阀是将介质压力降低到一定数值的自动阀门，一般阀后压力要小于阀前压力的 50%。减压阀种类很多，主要有活塞式减压阀和弹簧薄膜式减压阀两类。活塞式减压阀是通过活塞的作用进行减压的阀门。弹簧薄膜式减压阀是依靠弹簧和薄膜来进行压力平衡的阀门。

2. 水泵

水泵的工作目的是把液体从一个地方输送到另一个地方，或者是增加压力把原动机的机械能转换成液体能量。水泵打开后，叶轮在泵体内做高速旋转运动（打开水泵前要使泵体内充满液体），泵体内的液体随着叶轮一起转动，在离心力的作用下，液体在出口处被叶轮甩出，甩出的液体在泵体扩散室内速度逐渐变慢。液体被甩出后，叶轮中心形成真空低压区，液池中的液体在外界大气压的作用下经吸入管流入水泵内。泵体扩散室的容积是一定的，随着被甩出液体的增加，压力也逐渐增加，最后液体从水泵出口被排出。液体就这样连续不断地从液池中被吸上来，然后又连续不断地从水泵出口被排出去。

城市轨道交通车站内的水泵根据位置及用途的不同可分为喷淋泵、高压细水雾泵、排污泵、废水泵、区间排水泵、出入口风井及电缆井排水泵等。城市轨道交通内的所有水泵均为叶片式泵，并且绝大多数为离心泵。

（1）车站污水泵（排污泵）。车站内生活污水（主要是厕所污水）由排水管道汇集至污水池，污水池设在污水泵站下部。每个车站一般设一个污水泵站。每个污水泵站设两台 AS 型潜水泵，平时一用一备（互为备用）。车站污水泵配有自动耦合机构，污水泵与出水管道无须用螺栓连接，便于安装、维修。污水池的有效容积不大于 6 h 污水泵排水量。污水泵采用水位就地控制、自动排水运行方式，并不设第二水位浮球。车站控制室内可显示污水泵运行情况。污水经污水泵抽取后一般排入设在地面的化粪池。

（2）车站废水泵。车站废水主要包括结构渗漏水、冲洗废水、消防废水、敞开部位的雨水等。车站站厅层和站台层的冲洗废水、消防废水等由地漏引入车行道两侧的线路明沟和站台板下的排水线内，线路明沟以 3% 的坡度将废水汇集至车站废水泵房的集水池。站台板下的排水线两边设小明沟，并依靠底板 2% 的坡度将废水汇集到集水池。一般车站内设 1 ~ 2 个废水泵站，均设在车站的端头，集水池设在废水泵层下部。每个废水泵站内一般设两台 LP 型立式排水泵或潜水泵。平时两台废水泵互为备用，消防时两台废水泵并联使用，排出消防废水（消防废水由消火栓系统和自动喷水灭火系统产生）。集水池容积按大于 5 min 废水泵出水量计。废水由废水泵抽取后排入市政下水管道。废水泵站排水管道一般从车站风进处穿出车站后与市政下水管道连通。排水管道口径一般为 150 ~ 200 mm。集水池下设有反冲洗管，用于冲搅集水池底部，减少池内杂物沉淀。在排水管道的止回阀两端设有一根连通管道，用于反冲洗水泵的叶轮及吸水口，防止排水泵吸水口叶轮堵塞。

（3）区间废水泵。城市轨道交通的区间隧道内废水主要有结构渗漏水、消防废水、冲洗废水等。城市轨道交通采用“高站位”线路结构，一般在两个车站之间中部的低洼处设置排水泵站，大部分排水泵站设置在上、下行线两路之间的联络通道中。废水由线路两侧明沟汇集到集水池。集水池容积按 4 h 隧道渗水量计。泵站一般设两台潜水泵，平时一用一备，消防时两台并联使用。该潜水泵配有自动耦合机构和自动反冲洗阀，泵体与出水管道无须用螺栓连接，这样方便了安装维修工作。一部分区间废水经区间废水泵抽取后先排入车站废水泵站的集水池，再由车站排水泵将废水排出车站；另一部分区间废水由区间废水泵抽取后直接排出车站。区间废水泵站运行控制方式同车站废水泵站运行控制方式。

（4）车站敞开式出入口和自动扶梯下的排水泵。在车站敞开式出入口和自动扶梯下设有两台排水泵，其集水池主要汇集敞开式出入口的雨水和车站的结构渗漏水。每个排水泵站设两台潜水泵，平时一用一备（互为备用）。排水管道从出入口穿出车站与市政排水管道连通。排水泵采用水位就地控制、自动排水运行方式，不配自动耦合机构。

（5）车站风井等处的排水泵。在地下车站风井、车站易产生结构渗漏水部位等处设有排水泵站和集水池，主要汇集风井口雨水和车站结构渗漏水。一般每个排水泵站设两台潜水泵，平时一用一备（互为备用）。排水泵采用水位就地控制、自动排水运行方式，不配自动耦合机构。排水方式包括排水泵抽取后直接排水出车站和先经排水泵抽取后排入车站废水泵站再排出车站两种。

（6）车站变电站电缆层排水泵。车站变电站的电缆层设有排水泵，用于排出电缆层积水。一般每个排水泵站设两台潜水泵，平时一用一备（互为备用）。排水泵采用水位就地控制、自动排水运行方式，不配自动耦合机构。排水方式分为排水泵抽取后直接排水出车站和先经排水泵抽取后排入车站废水泵站再排出车站两种。

（7）消防泵。城市轨道交通常用消防泵为清水离心泵（立式或卧式）。清水离心泵是利用叶轮旋转而使水产生离心力来工作的。在启动消防泵前，必须使泵壳和吸水管都充满水，然后驱动电动机，使泵轴带动叶轮和水做高速旋转运动，水在离心力作用下甩向叶轮外缘，并汇集到泵壳体内，经蜗形泵壳的流道流入消防泵的压水管路。此时，消防泵叶轮中心处由于水被甩出而形成真空，吸水池中的水便在大气压力作用下通过吸水管进入叶轮。叶轮不停地旋转，水不断地被甩出又不断地被补充，形成了连续输水。

（8）冷冻水、冷却水循环水泵。循环水泵一般用于冷冻水、冷却水循环，其采用与消防泵类似或相同的清水离心泵。

3. 管道

管道是用管子、管子连接件、阀门等连接成的，用于输送气体、液体或带固体颗粒的流体的装置。通常，流体经鼓风机、压缩机、泵、锅炉等增压后从管道的高压处流向低压处，也可利用流体自身的压力或重力输送。管道的用途很广泛，主要用在给水、排水、供热、供煤气、长距离输送石油和天然气、农业灌溉、水利工程和各种工业装置中。管道分为干管和支管两类。

（1）干管。干管是指引入管进入室内的水平主管。干管一般布置在底层地面下或管沟内，称为下行上给式干管。若干管布置在天棚顶内，则称为上行下给式干管。

（2）支管。支管由立管分出，供楼层各卫生用具及配水龙头用水。

9.2 给排水系统安装

9.2.1 给排水系统设计基础知识

1. 管道轴测图

管道施工图常采用两种图样：一种是根据正投影原理绘制的平面图、立面图、剖面图等；另一种是根据轴测投影原理绘制的管线立体图，又称轴测图（俗称透视图）。

采用正等测和斜等测画法的轴测图仅限于正方位（即左、右、前、后，或正东、正西、正南、正北方位）走向的管线使用。有些管线不是正方位（称为偏置管），如管子转弯角度不是90°，三通是斜三通等，碰到这种情况，画轴测图时不能用正等测和斜等测画法。对于偏置管来说，不论是垂直方向的、水平方向的还是非45°角的，都要标出两个偏移尺寸，角度一般可以省略不标。对于45°的偏置管，只要标出角度和一个偏移尺寸即可。

2. 管道施工图

（1）按专业分类的管道施工图。管道施工图按专业可分为动力管道施工图、化工工艺管道施工图、给排水管道施工图、采暖通风管道施工图、自动控制仪表管道施工图等。每类专业管道施工图又可分为许多具体的工程施工图或专业施工图，如采暖通风管道施工图可分为采暖管道施工图、通风管道施工图、空调管道施工图、制冷管道施工图，给排水管道施工图可分为给水管道施工图、排水管道施工图、卫生设置工程施工图，动力管道施工图可分为热力管道施工图、空压管道施工图、氧气管道施工图、煤气管道施工图等。

（2）按图形和作用分类的管道施工图。管道施工图按图形和作用可分为基本图和详图两大类。基本图包括施工图说明、图样目录、设备材料表、平面图、流程图、轴测图和立（剖）面图，详图包括节点图、大样图和标准图。

9.2.2 给排水系统设备安装

1. 管道

城市轨道交通给排水管道的布置需要考虑用水要求、建筑结构、配水点和室外给排水管道的位置，以及通风、空调、供电等其他建筑设备工程管线布置等因素的影响。

（1）给排水管道敷设。室内给排水管道敷设要符合建筑在卫生、美观方面的要求，一般分为明装和暗装两类。

（2）管道防护。城市轨道交通给排水系统要保证在较长年限内能正常工作，除应加强维护管理外，还需要在施工过程中采取一系列防护措施。

2. 水泵

（1）水泵安装方式

1）固定湿式安装。固定湿式安装是指采用自动耦合系统，水泵沿导杆下滑到达底座，与出水口自动耦合并可靠密封的方式。这种方式对安装与维修较方便。

2）固定干式安装。固定干式安装是指在泵房基础上固定支撑底座，装上水泵，连接进水管与出水管即可运行的方式。这种方式对有单独泵房的建筑结构来说尤其节约空间。

3）移动干式安装。移动干式安装是指以支架支撑，支架不固定在基础上，接上出水软管即可运行的方式。这种方式主要应用于维修、施工时的临时排水（限 4 kW 以下水泵）。

（2）水泵安装要点

1）水泵安装的位置要尽可能靠近水源，以减少吸入扬程，缩短吸水管的长度。

2）泵房要设置在明亮、干燥、清洁的地方，以利于保养检查，另外还必须预留拆卸检查所需要的空间。特别是配置多台水泵时，要充分研究相互之间的间隔、布置等。

3）出于防洪目的，应使安装基础顶面高过洪水位，或选用池内型立轴泵，或仅将原动机、电气设备布置于安全的位置。

4）测量仪表等应布置在进行启动操作时容易看到的地方。

5）对于深井潜水泵，吸水口应安装在井内滤网位置的上部，以免吸进泥沙。

6）作业面潜水泵有限制电动机部分露出水面运行的，也有给定启动最低水位、运行水位界限的，决定安装高度时要注意这些方面。另外，应在水泵的上部设置安装起吊所需的吊物孔。

3. 阀门

（1）主阀的最佳安装方式是水平卧式安装，其他安装方式也可实现操作功能。安装前，要彻底清除管道内的杂物。安装时，要注意遵循阀体外的水流标示箭头方向安装。安装后，应确保没有管路应力作用在阀体及阀内部件上。

（2）导阀已于出厂前装配和调整完毕，若导阀出厂设定的压力值不符合现场要求，可通过拧紧或放松导阀上端螺钉来调节（顺时针拧动为增压，逆时针拧动为减压），调节完后拧紧锁紧螺母。

4. 管件

（1）管件分类。管件指管道连接部分的成形零件，常用管件一般分为钢管件、铸铁管件、非金属管件。

1）钢管件。钢管件有两种，一种是用碳素钢经特制模具压制成形，另一种是用可锻铸铁或软钢（也称熟铁）铸造成形。常用钢管件有压制弯头、压制异径管等。由可锻铸铁制成的管件较多，有管接头、异径管接头、弯头、异径弯头、45°弯头、三通、异径三通、四通、异径四通、内外螺母、内六角接头、外方堵头、锁紧螺母、管帽等。

2）铸铁管件。铸铁管件按材质分为普通铸铁管件和高硅铸铁管件。相较于给水铸铁管件，排水铸铁管件壁薄，承插口浅。

常用给水铸铁管件有弯管、丁字管、十字管、异径管、套管、短管及各种形式的异形管件等。其连接方式有承插式、法兰式。

常用排水铸铁管件有丁字管、十字管、弯管、弯曲形污水管、异径管、地漏存水弯等。其连接方式均为承插式。

3）非金属管件。常用非金属管件有陶土管件和塑料管件两大类。非金属管件在给排水室外管道中被大量使用。

（2）管道快速堵漏装置。管道快速堵漏装置用于给排水管道爆裂抢修堵漏。其特点是安装简便，安全可靠，明装管道抢修时不必锯管，挖土抢修施工时挖土量小。管道快速堵漏装置在城市轨道交通给排水管道爆裂抢修中使用效果良好，保证了城市轨道交通运营的正常用水。管道快速堵漏装置如图9–1所示。

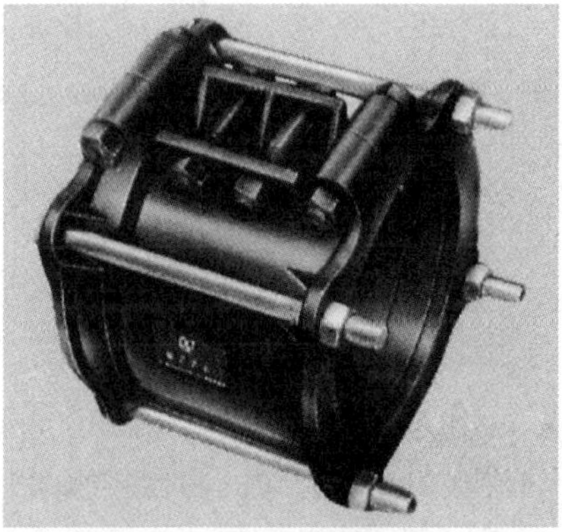

图9–1 管道快速堵漏装置

5. 水表

水表是计量管道流过水量的仪表，可分为流速式水表及容积式水表两种。容积式水表测量的是流过水的容积，仪表精密度高，但构造复杂，要求通过的水质好，我国现不采用。目前，我国常用的是流速式水表，这种水表是根据流速与流量成正比的原理而制作的。水流冲击带动旋翼轴旋转，带动齿轮盘动作，流速式水表记录流过水量。小流量采用旋翼式水表，大流量采用螺翼式水表。

9.3 给排水系统运行管理

9.3.1 给水系统运行管理

车站给水系统从市政给水管网（不同管网）上接入两根直径为150 mm的引入管，接点的水压均设计为0.16 MPa，两根引入管互为备用。生产、生活给水系统引入管分别经过水表井（内设水表、闸阀、止回阀）后从车站两端的新风井进入车站。生产、生活给水系统与消防给水系统在水表井内分开布置。其中，生产、生活给水系统从引入管上接出直径为80 mm的给水管，在车站内呈枝状布置。车站消火栓系统由市政上水管道两路供水，管道从地面进入消防泵房，经增压泵增压，出消防泵房后在车站内形成环网布置，并与相邻上、下行线区间隧道内的消火栓管道相连通。当本站消防泵不能工作或两路消防供水断水时，可由相邻两个车站的消防泵增压供水。在地面，消火栓系统设有两个双头消防水泵接合器，当本站消防泵不能工作或两路消防供水断水时，也可由消防车将增压水通过双头消防水泵接合器向车站消火栓管网供水。

9.3.2 排水系统运行管理

城市轨道交通排水系统除采用重力排水方式外，还有机械排水方式。车站控制室通过EMCS对设备运行进行监视。

（1）车站废水排水。废水泵站设有就地控制箱和液体浮球，可根据集水池情况自动排水。高水位时，两台排水泵均自动排水。一般集水池内设有停泵浮球、第一开泵水位浮球、第二开泵水位（高水位）浮球、低水位浮球、高水位报警浮球。车控室计算机显示开泵、停泵、运行时间、低水位报警、高水位报警等信息。

（2）区间隧道排水。区间隧道排水用水泵有自动反冲洗阀。水泵启动后，反冲洗阀会自动打开，利用水泵抽出的水压对集水池底部进行冲搅约30 s，之后阀门自行关闭，水泵出水。

（3）车站污水排水。每个车站一般设一个污水泵站，每个污水泵站设两台AS型潜水泵，平时一用一备（互为备用）。所用水泵采用水位就地控制、自动排水运行方式，不设第二开泵水位浮球。车站控制室内可显示水泵运行情况。

9.3.3 消防水系统运行管理

城市轨道交通消防水系统设备均应保持良好的工作状态，以备随时投入使用。平时，车站工作人员应定期巡视检查设备，发现故障应及时准确汇报。任何人不得随意改变消防供水管网的状态，消防供水管网的阀门应全部处于开启状态，并开启至最大位置。操作人员应熟悉消防供水管网的阀门位置、管道走向、设备现状，定期进行联动检查，做好设备检查记录。设备检查均应在保证城市轨道交通正常运营的前提下进行。

1. 正常运行方式

消防水系统涉及的常用、备用消火栓及自动喷水灭火系统的水泵均应能随时启动，消防泵房就地控制箱应处于自动运行状态。消防水系统的阀门、管网等均应完好，消防供水阀门应常开。消防供水压力不应低于 0.08 MPa，配有稳压泵的系统的稳定水压应大于 0.25 MPa。

2. 非正常运行方式

（1）消防系统的水泵处于自控或遥控操作失灵状态时，应采用手控操作。

（2）消防系统的水泵处于失电状态时，应采用相邻车站消防泵增压供水。

（3）供水管道发生严重漏水时，应立即关闭漏水管道两端阀门，必要时关闭总阀门。当消防泵误启动时，应立即停泵，并对系统管网进行卸压操作。

（4）水消防试验时，按水消防试验操作规程执行。

（5）消防检查时，若确需进行水泵试验，则必须先打开消防泵房内消防旁路放水阀门后执行。若消防泵房内无消防旁路放水阀门，则必须待列车停运后进行水泵试验，并先接好水带再打开消火栓阀门。

9.3.4 其他设备运行管理

1. 区间废水泵巡检

（1）分别手控操作两台废水泵进行排水试验，水位达到停泵水位时，手控停泵，恢复自控状态并检查下列项目（低水位时，进行泵点动试验）:

1）检查管道、阀门、管接头等是否漏水，排水是否正常；

2）检查水泵是否有异常振动或噪声，电流是否在额定范围内；

3）检查遥信显示水位是否与实际水位相同。

（2）清理集水池两边道床进水口处的垃圾。

（3）保持区间废水泵房及设备整洁。

2. 车站排水系统设备巡检

车站排水系统设备包括废水泵、污水泵、集水泵及管道、阀门等。车站排水系统采用就地水位自动控制运行方式。车站废水泵在集水池高水位时可双泵并联启动排水（个别车站可三泵并联启动排水）。车站污水泵、废水泵配备反冲管道，必须每周打开反冲管道的阀门冲洗一次，冲洗时间为 1 min。冲洗结束后，关闭反冲洗阀，并立即进行手控启泵排水，水位达到停泵水位时，手控停泵，并恢复自控状态。操作人员应注意观察水泵的遥信显示情况，发现异常应立即到现场进行检查，查明原因后立即向调度员汇报。当自控排水失灵时，应先进行手动排水，直至水位达到停泵水位，再立即向调度员汇报。

9.3.5 安全规范要求

1. 一般要求

（1）系统调试应在系统施工完成后进行。

（2）系统调试应具备下列条件：

1）消防水池、消防水箱已储备设计要求的水量；

2）系统供电正常；

3）消防气压给水设备的水位、气压符合设计要求；

4）湿式自动喷水灭火系统管网内已充满水，干式、预作用自动喷水灭火系统管网内的气压符合设计要求，阀门均无泄漏；

5）与系统配套的火灾报警系统处于工作状态。

2. 水源测试要求

（1）按设计要求核实消防水箱的容积、设置高度及消防储水不作他用的技术措施。

（2）按设计要求核实消防水泵接合器的数量和供水能力，并通过移动式消防水泵做供水试验，进行验证。

9.4 设备维护

9.4.1 阀门维护

1. 维护周期

通用阀门的维护周期根据生产装置特点、介质性质、腐蚀速度和运行周期的实际情况确定。

2. 维护项目

（1）清洗、检查阀体和全部阀件。

（2）更换或修复损坏阀件。

（3）研磨密封面。

（4）修复中法兰、端法兰密封面。

（5）更换或添加填料，更换垫片。

（6）加注密封润滑脂。

（7）确认阀门开关位置。

（8）修理阀门。每修理一次阀门，应在阀体上做出明显标记。

3. 检修

（1）检修前的准备工作

1）根据检修方案，备齐有关技术文件资料、工具、夹具、机具、量具和材料。

2）检查运行工艺流程，将阀门与相关联的工艺流程断开，开具管线与设备打开作业许可证，排放内部介质，进行必要的更换，并应符合安全规程。

（2）检修内容

1）阀门应挂牌，标明检修编号、工作压力、工作温度及介质。

2）对于有方向和位置要求的拆卸阀件，应核对或做标记。

3）吹扫阀门外表面。

4）将阀门全部拆卸。

5）对全部阀件进行清洗和除垢。

6）检查零件的缺陷，包括：以水压试验检查阀体强度；检查阀座与阀体及关闭件与密封圈的配合情况，并进行严密性试验；检查阀杆及阀杆衬套的螺纹磨损情况；检验关闭件及阀体的密封圈；检查阀盖表面，消除毛刺；检验法兰接合面。

7）修理阀体，包括：焊补缺陷，更换密封圈或堆焊密封面；对阀体和新换的密封圈，以及堆焊金属与阀体的连接处进行严密性试验；修整法兰接合面；研磨密封面；更换密封面损坏的非金属材料。阀体以焊接方式组装的阀门一般不修理。

8）修理填料室，包括：检查并修整填料室，修整压盖和填料室底部锥面。

9）修理关闭件，包括：焊补缺陷，堆焊密封面，车光或研磨密封面。

10）检查螺栓是否安装整齐。拧紧中法兰螺栓时，闸阀、截止阀应处于开启状态。

11）重新组装阀门，组装时不可擦伤密封面和阀杆表面。拧紧螺栓时，应注意对称均匀。在垫片和螺栓上涂机油调和的石墨粉，以便日后易于拆卸。在组装过程中，应注意将阀瓣、闸板等关闭件先提起来，以免装配阀盖时损坏关闭件。

12）组装完毕后，应先将阀门内腔擦拭干净，并使阀门外观清洁，再进行阀门整体液压试验，如泄漏性试验，考核检修质量。

13）试验完毕，擦干阀门内腔，并用空气或氮气吹干内腔，重新按规定涂漆，并按原记录做标记。

9.4.2 水泵维护

水泵故障及其处理措施见表 9–1。

表 9–1　水泵故障及其处理措施

故障	原因	处理措施
不满水	从填料处吸入空气	更换密封件，增加密封的水量
	从排出阀处吸入空气	提高排出阀的密封性
	从管连接处吸入空气	找出泄漏部位并紧固
	底阀不合适	检查、修理底阀
	真空泵不符合要求	检查、修理真空泵
	吸气用电磁阀不符合要求	检查、修理吸气用电磁阀
不能启动	不具备启动条件	检查是否具备启动条件
	保护回路工作	检查保护装置
	原动机发生故障	检查、修理原动机
不出水	水泵、吸入管未灌满水	再次灌水，检查有无空气进入
	吸入阀、排出阀关死	打开吸入阀、排出阀
	过滤器、吸入管堵塞	拆卸并清除异物
	叶轮内有异物	拆卸并清除异物
	旋转方向反了	正确连接电动机配线
达不到设计流量	有空气吸入	检查吸入管连接部位和填料处是否有空气吸入
	由于水位降低，淹没深度不够	延长吸水时间，加大淹没深度
	叶轮内有异物	拆卸并清除异物
	转子部分磨损严重	交制造厂进行修理

续表

故障	原因	处理措施
一开始有排水，但又立刻停止	水泵、吸入管灌水不足	再次灌水
	有空气吸入	检查吸入管的密封性，检查填料处的密封水
	吸入管中有空气积存	重新设置管路
超负荷	旋转速度过快	调整原动机，使其转数符合规定
	在非设计流量、扬程状态下运转	调整排出阀
	回转体与壳体接触	交制造厂进行修理
	混入泥或其他异物	清洗吸入水槽，并采取防止异物流入的措施
	填料密封件压得过紧	适当减小压紧量
异常振动	叶轮局部堵塞	拆卸并清除异物
	叶轮破损	拆卸并更换叶轮
	流量过小	在设计流量点附近运转
	水泵与原动机轴不同心	定点找正
	轴承破损	维修或更换轴承
	混入空气，发生气蚀	改变吸入水位，改善吸水管，在设计流量点附近运转

9.4.3 管道维护

管理维护主要是对密封件进行维护。

1. 机械密封件的拆卸注意事项

（1）机械密封件的拆卸顺序与安装顺序相反。

（2）在拆卸机械密封件的过程中应仔细，不可动用手锤、扁錾，以免破坏密封件。因有污垢拆不下来时，不能强行拆卸，应清洗干净再进行拆卸。

（3）双支承泵两端面都有机械密封件时，在拆卸、安装过程中必须互相“照顾”。

2. 机械密封件的安装注意事项

机械密封件的安装精度要求很严格，安装不当会影响机械密封件的性能，严重的会导致机械密封件失效，因此必须对机械密封件进行正确安装。

（1）注意避免产生安装偏差。

（2）上紧压盖应在联轴器找正后进行，压紧螺钉应均匀上紧，防止法兰面偏斜；

用塞尺检查，各点误差不应大于 0.05 mm。

（3）检查压盖与轴（或轴套）外径配合间隙（即同心度），四面要均匀；用塞尺检查，各点误差不应大于 0.1 mm。

（4）弹簧压缩量一定要按规定设置，不允许有过大或过小现象，误差控制在 2 mm 以内。压缩量过大，增加端面比压，加速端面磨损；压缩量过小，端面比压不足，不能密封。

（5）动环安装后，必须保证能在轴上灵活移动（把动环压向弹簧能自由弹回来）。

9.5 新线给排水系统验收

9.5.1 验收基本要求

新线系统机电设备应已全部安装到位，具备设备联动条件。

新线给排水系统竣工后，安装、质量、调试、试验、检测、功能、性能、建设和监理验收资料和报告已符合有关法律、规定、规范、设计的要求。

9.5.2 验收内容

对于新线给排水系统，管道验收内容见表 9–2，阀门验收内容见表 9–3，立式、卧式清水泵验收内容见表 9–4，固定灭火系统验收内容见表 9–5，排水系统水泵验收内容见表 9–6。

表 9–2　　　　管道验收内容

验收项目	验收要求
PVC（聚氯乙烯）管道	PVC 管道不应用作给水管道、循环水管道，不应用于压力超过 0.2 MPa 的系统
	隐蔽或埋地的排水管道在隐蔽前必须做灌水试验，其灌水高度应不低于底层卫生器具的上边缘或底层地面高度
	管道连接处不得有明显夹角，或夹角应小于 5°
	管道支架应符合要求
铸铁管道	管线铺设位置清理干净，管道穿墙处已留管洞或安装套管，其洞口尺寸和套管规格符合要求，坐标、标高正确

续表

验收项目	验收要求
铸铁管道	给水引入管与排水排出管的水平净距离不得小于 1 m。室内给水管道与排水管道平行敷设时，两管间的最小水平净距离不得小于 0.5 m；交叉敷设时，垂直净距离不得小于 0.15 m。给水管应铺在排水管上面，若给水管必须铺在排水管的下面，则给水管应加套管，其长度不得小于排水管管径的 3 倍
钢管道	管道及管件焊接的焊缝外形尺寸应符合图样和工艺文件规定，焊缝高度不得低于母材表面，焊缝与母材应圆滑过渡
	焊缝及热影响区表面应无裂纹、夹渣、弧坑、气孔，或未熔合、未焊透等缺陷
	室内直埋给水管道应做防腐处理，防腐层材质和结构应符合设计要求
	金属排水管道上的吊钩或卡箍应固定在承重结构上。对于固定件间距，横管不大于 2 m，立管不大于 3 m。楼层高度小于等于 4 m 时，立管可安装 1 个固定件。立管底部的弯管处应设支墩或采取固定措施
	通向室外的排水管穿过墙壁或基础必须下返时，应采用 45° 三通和 45° 弯头连接，并应在垂直管段顶部设置清扫口
	管道支架应符合要求
PP-R 管道	给水水平管道应有 0.2% ~ 0.5% 的坡度坡向泄水装置
	给水管道必须采用与管材相适应的管件。生活给水系统所涉及的材料必须达到饮用水卫生标准
	室内给水管道的水压试验必须符合设计要求。当设计未注明时，各种材质的给水管道系统试验压力均为工作压力的 1.5 倍，且不得小于 0.6 MPa
	管道支架应符合要求
PE 管道	给水水平管道应有 0.2% ~ 0.5% 的坡度坡向泄水装置
	给水管道必须采用与管材相适应的管件。生活给水系统所涉及的材料必须达到饮用水卫生标准
管道外观	PE、PP-R、PVC 管道外观颜色均匀，整体管道安装后不得有色差
	镀锌钢管道、钢管道、铸铁管道、铜管道等金属管道表面材质应均匀，无裂痕、锈斑，无打磨痕迹
	管道连接处，焊接点应均匀，无漏焊、假焊；法兰应与管道轴线垂直，法兰螺孔偏差不应大于 1 mm，法兰与管道材质应一致
室内给水管道	管网必须进行水压试验，试验压力为工作压力的 1.5 倍，且不得小于 0.6 MPa
	在给水管道竣工后，必须对管道进行冲洗，饮用水管道还要在冲洗后进行消毒，满足饮用水卫生要求
	管道和金属支架的涂漆应附着良好，无脱皮、起泡、流淌、漏涂等缺陷

续表

验收项目	验收要求
室内给水管道	给水管道与污水管道在不同标高平行敷设，其垂直间距在 500 mm 以内时，给水管道管径小于等于 200 mm 的，管壁水平间距不得小于 1.5 m；给水管道管径大于 200 mm 的，管壁水平间距不得小于 3 m
室内排水管道	室内排水的水平管道与水平管道、水平管道与立管的连接应采用 45° 三通（或 45° 四通）和 90° 斜三通（或 90° 斜四通）。立管与排出管端部的连接应采用两个 45° 弯头或曲率半径不小于 4 倍管径的 90° 弯头
	区间泵房的设置应符合设计要求，区间排水管道应独立排水，不得采用接力式排放方式，且水池进水口应足够大，保证不小于 60 L/s 的流量
	管道和金属支架的涂漆应附着良好，无脱皮、起泡、流淌、漏涂等缺陷
室外给水管道	给水管道在埋地敷设时，应在当地的冰冻线以下，若必须在冰冻线以上敷设，则应做可靠的保温防潮措施。在无冰冻地区埋地敷设时，管顶的覆土厚度不得小于 500 mm，穿越道路部位的埋深不得小于 700 mm
	管道接口法兰、卡扣、卡箍等应安装在检查井或地沟内，不应埋在土壤中
	在各种井室内进行给水管道安装时，若设计无要求，井壁距法兰或承口的距离应满足：管径小于等于 450 mm 时，不得小于 250 mm；管径大于 450 mm 时，不得小于 350 mm
	捻口用油麻填料必须清洁，填塞后应捻实，其深度应占整个环形间隙深度的 1/3
	捻口用水泥强度应不低于 32.5 MPa，接口水泥应密实饱满，接口水泥面凹入承口边缘的深度不得大于 2 mm
	采用橡胶圈接口的埋地给水管道，在土壤或地下水对橡胶圈形成腐蚀的地段，在回填土前应用沥青胶泥、沥青麻丝、沥青锯末等材料封闭橡胶圈接口
室外排水管道	对于由室内通向室外排水检查井的排水管，井内引入管应高于排出管或两管顶相平，并有不小于 90° 的水流转角，若跌落差大于 300 mm，可不受角度限制
	排水管道的坡度必须符合设计要求，严禁无坡或倒坡
	管道埋设前必须做灌水试验和通水试验，排水应畅通，无堵塞，管接口无渗漏
	排水铸铁管道采用水泥捻口时，油麻填料应填塞密实，接口水泥应密实饱满，接口水泥面凹入承口边缘的深度不得大于 2 mm
	在安装前，应对排水铸铁管道外壁进行除锈，涂两遍石油沥青漆
	安装采用承插接口的排水管道时，管道和管件的承口应与水流方向相反
	混凝土管道或钢筋混凝土管道采用抹带接口时，抹带前应将管口的外壁凿毛、扫净。当管径小于等于 500 mm 时，抹带可一次完成；当管径大于 500 mm 时，抹带应分两次完成。抹带不得有裂纹

续表

验收项目	验收要求
室外排水管道	混凝土管道或钢筋混凝土管道采用抹带接口时，钢丝网应在管道就位前放入下方，抹压砂浆时应将钢丝网抹压牢固，钢丝网不得外露
	混凝土管道或钢筋混凝土管道采用抹带接口时，抹带厚度不得小于管壁厚度，宽度宜为 80～200 mm
消防管道	管道应用红色标示，并用白字标示水流方向

表 9-3　　阀门验收内容

验收项目	验收要求
阀门外观及安装	阀门应具有清晰的标志，并符合国家标准《工业阀门　标志》（GB/T 12220—2015）的规定。阀门上应标有公称直径（DN）、公称压力（PN）、受压部件材料代号、制造厂名或商标等。公称直径大于等于 50 mm 的阀门的标志应标记在阀体上。公称直径小于 50 mm 的阀门的标志应标记在阀体或铭牌上。铭牌应牢固地固定在阀门的明显部位，其内容必须齐全、正确并符合规定，其材料应为不锈钢、铜合金或铝合金。阀门不得有损坏、缺件、腐蚀、铭牌脱落等现象，且阀体内不得有脏污
蝶阀	手柄或手轮操作应灵活轻便，不得有卡涩现象
	蝶阀应开关自如，以大多数人能随意扳动为宜；蝶阀应有明显开、关位指示，指示标志随阀门转动应指向正确
	蝶阀安装位置应适应拆修等维护工作，阀盘必须朝向侧面，低于 0.5 m 安装的蝶阀可以阀盘朝上
闸阀	手柄或手轮操作应灵活轻便，不得有卡涩现象
	阀体为铸件时，其表面应平整光滑，无裂纹、缩孔、砂眼、气孔、毛刺等缺陷；阀体为锻件时，其表面应无裂纹、夹层、重皮、斑疤等缺陷
	阀门法兰密封面应符合要求，且不得有径向划痕
	闸阀应开关自如，以大多数人能随意扳动为宜，明杆闸阀阀杆伸缩应自如，无卡涩现象
	闸阀安装位置应适应拆修等维护工作，阀盘应面向操作人员，低于 0.5 m 安装的闸阀可以阀盘朝上
截止阀	手柄或手轮操作应灵活轻便，不得有卡涩现象
	阀体为铸件时，其表面应平整光滑，无裂纹、缩孔、砂眼、气孔、毛刺等缺陷；阀体为锻件时，其表面应无裂纹、夹层、重皮、斑疤等缺陷
	阀门法兰密封面应符合要求，且不得有径向划痕

续表

验收项目	验收要求
截止阀	截止阀应开关自如，关闭后不得有明显水流声音
	截止阀可用于口径小于等于 50 mm 的各类金属管道中，除消火栓外，截止阀不应用于口径大于 50 mm 的任何管道上
	截止阀应严格按照阀门标示方向安装
球阀及旋塞阀	阀体应平整、光滑，无裂纹、缩孔、砂眼、气孔、毛刺等缺陷，阀体为 PVC 或 PP-R 材质时，颜色应均匀
	阀柄不得有裂纹等现象
	阀门固定件应牢固，无脱落现象
	球阀及旋塞阀应开关自如，以大多数人能随意扳动为宜，不应用于口径大于 63 mm 的任何管道上
	任何球阀及旋塞阀应具有足够的操作及维修空间
	球阀及旋塞阀只限安装于用水为自来水的管道中
止回阀	止回阀的阀瓣或阀芯动作灵活准确，无偏心、移位或歪斜现象
	阀门法兰密封面应符合要求，且不得有径向划痕
	静音止回阀只限安装于雨水泵房管道
	止回阀应开关自如，关闭后不得有明显漏水声
	止回阀附近应设闸阀或蝶阀，便于止回阀维修
	止回阀安装时，离障碍物的距离不得小于 10 cm，止回阀的检查仓板应朝向便于检修的一侧
其他	对于操作人员无法直接够到的阀门，应设阀门辅助装置，阀门辅助装置可以是楼梯平台、电动装置等

表 9-4　立式、卧式清水泵验收内容

验收项目	验收要求
水泵外观	检查水泵安装基础的尺寸、位置和标高，确认是否符合工程设计要求
	管道内部和管端应清洗干净，清除杂物；密封面和螺纹不应损伤
	吸入管道和输出管道应有各自的支架，水泵不得直接承受管道重量
	相互连接的法兰端面应平行；螺纹管接头轴线应对中，不应借法兰螺栓或管接头强行连接
	管道与水泵连接后，不应在其上进行焊接和气割。当需焊接和气割时，应拆下管道或采取必要的措施，并防止焊渣进入水泵内

续表

验收项目	验收要求
水泵运行	驱动机的转向应与水泵的转向相符
	各固定连接部位应无松动
	各指示仪表、安全保护装置及电控装置均应灵敏、准确、可靠
	盘车应灵活，无异常现象
	各运动部件运转应正常，不得有异常声响和摩擦现象
	滑动轴承的温度不应大于 70 ℃，滚动轴承的温度不应大于 80 ℃，特殊轴承的温度应符合设备技术文件的规定
其他	附属系统的运转应正常，管道连接应牢固、无渗漏
	弹簧式安全阀应具有铅封，杠杆式安全阀应有重锤定位装置

表 9–5　　固定灭火系统验收内容

验收项目	验收要求
消防用水	车站消防泵房内，应设置室外水管管网总进水阀，消防用水应设置两路进水，且应来自不同自来水总管的管道
消火栓系统	室内消火栓系统安装完成后，应取屋顶层（或水箱间内）试验消火栓和首层两处消火栓做试射，达到设计要求为合格
	安装消火栓水带，水带与水枪和快速接头绑扎好后，应根据箱内构造将水带挂放在箱内的挂钉、托盘或支架上
	箱式消火栓的栓口应朝外，且不应安装在门轴侧
	箱式消火栓的栓口中心距地面为 1.1 m，允许偏差为 20 mm
消火栓系统	箱式消火栓的阀门中心距箱侧面 140 mm，距箱后内表面 100 mm，允许偏差为 5 mm
	区间消防联络管道应在工作人员日间可以操作的部位加装断离阀，且管道应安装闸阀或电动阀，便于工作人员操作
	消火栓箱体安装的垂直度允许偏差为 3 mm
自动喷水灭火系统	自动喷水灭火系统应具备完整喷淋功能。模拟试验时，末端放水的放水阀门口径应当大于喷头支管管径
	放水试验时，应按照水流指示器报警、稳压泵启动（如有）、喷淋泵启动、FAS 反馈顺序启动，并且从放水阀门打开至喷淋泵启动的时间不得大于 5 min
	放水阀门是系统试验的关键部分，应设置于废水泵房、污水泵房附近，并且有排水设施
	任何时候，系统管网中任何一点的压力都不应小于喷头工作压力参数

续表

验收项目	验收要求
高压细水雾灭火系统	高压细水雾灭火系统应根据设计要求，在各房间设置相应喷头
	各房间单独设置区域控制组合箱，箱内包括放水试验管阀、管网压力表、电磁阀、进出水阀等必要附件
	系统管网应安装平直、牢靠，敲打时不得有抖动现象
	放水试验时，水压应符合设计值
	泵组工作时，应无异响，无抖动
	泵组过滤器、水箱等应清洁，无异物沉淀或堵塞现象
	管网保压时间不得小于 168 h（1 kg）
	各类启动按钮、停机按钮、紧急按钮应可以正常使用

表 9-6　排水系统水泵验收内容

验收项目	验收要求
车站废水泵	水泵工作时，水位应明显下降，电流应在额定值的 90% ~ 110% 范围内
	水泵自动反冲洗时间不应大于 30 s
	不得有回水现象
	管道不得明显抖动，停泵后，止回阀不应有巨大响声
车站污水泵	带自动或手动反冲洗功能的水泵应可以在反冲洗后排除水泵标称颗粒直径（一般为直径 20 cm）以下所有的垃圾
车站污水泵	水泵工作时，水位应明显下降，电流应在额定值的 90% ~ 110% 范围内
	不得有回水现象
区间排水泵	水泵工作时，水位应明显下降，电流应在额定值的 90% ~ 110% 范围内
	水泵自动反冲洗时间不应大于 30 s
	不得有回水现象
	管道不得明显抖动，停泵后，止回阀不应有巨大响声

技能要求

消防水管更换施工

操作步骤

步骤1 施工方案编制

（1）明确消防水管的安装位置、线路走向，以及拆除消防水管是否涉及原吊顶拆除、是否需要墙体拆除、是否需要搭建脚手架（较高位置）等，并对施工过程中的风险进行初步评估。

（2）对消防水管更换过程中的停水区域进行排摸（尽量把停水区域缩到最小范围内），通过现场踏勘对停水时间进行估算。

（3）通过现场踏勘，了解车站在该项施工中的相关配合工作。

步骤2 施工前的准备工作

（1）编制施工方案、施工进度表，明确施工保驾措施，明确若在没有消防水的情况下发生火灾，施工负责人应如何保障车站安全。

（2）方案编制完成后，联系相关部门对施工方案进行施工交底。

（3）联系车站值班员，事先安排好在施工过程中所涉及的设备用房、管理用房的配合开门工作。

（4）施工过程中涉及临时用电，需事先办理临时用电审批表。

（5）施工过程中需要动火，必须事先办理动火证。

（6）联系调度中心办理停用消防水的相关手续。

（7）要求车站安排现场联系人，以便于在施工过程中相互协调。

（8）施工负责人在施工前需联系公司安全部门，组织学习城市轨道交通车站相关安全规范、注意事项。

（9）到相关部门办理施工手续。

步骤3 施工过程中的相关事项

（1）施工前，现场负责人需对施工人员进行安全交底，陈述施工内容、施工任务、施工难度、安全注意事项。

（2）施工前，先到车控室进行施工登记，向车站值班员陈述施工内容、施工任务、施工中所要涉及的相关设备。

（3）车站值班员必须交代安全注意事项。

（4）施工停水前，车站值班员需联系总调度所设备调度员，得到同意后才能停水。

（5）施工过程中若有动火施工，现场负责人需事先出示公司安全部门出具的动火审批表。动火审批表、动火人操作证、动火人身份证、施工监护人员监护证明四证齐全后才能动火施工。

（6）施工现场需做好安全保障措施，施工现场应无可燃物、易燃物、助燃物，现场应配备灭火器、防爆毯等安全设备，施工现场应安排专职人员进行监护。

（7）施工临时用电需符合临时用电申报单中的相关内容，使用带漏电保护的设备，临时用电的设备功率、数量不得超出审批单规定的范围。

（8）施工结束需按时恢复供水，若当天不能完全结束，则需做好临时安全措施，按施工前确定的方案执行。

步骤 4 施工结束工作

（1）施工结束，需对施工现场组织清扫，要求场清、料清，施工垃圾不遗留。

（2）施工结束，施工负责人要对动用过的相关设备进行复位，对设备进行操作演示，向车站值班员证明设备完好，方能结束施工，进行注销登记。

第10章

电梯与自动扶梯系统

学习目标

- ✔ 了解电梯系统的原理与构造
- ✔ 了解电梯使用管理与维修保养
- ✔ 了解自动扶梯安全保护

知识要求

10.1 电梯系统的原理与构造

电梯是用电力拖动的升降机械，是现代建筑中应用广泛的垂直交通运输工具。

10.1.1 机房部分

机房是电梯传动设备的所在地。机房内装有电梯的曳引机及曳引钢丝绳、导向轮、控制柜与信号屏、选层器等，低速电梯还有极限开关等配套的机电控制设备。

1. 曳引机及曳引钢丝绳

（1）曳引机的分类

1）有齿轮曳引机。有齿轮曳引机是由交流电动机、制动联轴器、制动器、减速器、曳引轮、底座等组成的电梯传动机构，适用于低速或快速交流电梯。

2）无齿轮曳引机。无齿轮曳引机由电动机、制动器、曳引轮等组成。一般的结构是把制动轮和曳引轮装在电动机转子轴上，制动器固定在机座上与制动轮抱合或松闸。这种结构简单而紧凑，传动效率高，噪声小，传动平稳。无齿轮曳引机一般用在速度为 2 m/s 以上的高速电梯上。

（2）曳引机的组成

1）电动机。曳引机的电动机一般采用直流电动机或鼠笼式异步电动机。电梯所用鼠笼式异步电动机需要采用高转差率（0.1 ~ 0.2）和较高的转子电阻，机械硬度和工作效率方面较普通电动机有所下降，但这提高了启动力矩，降低了启动电流，使每小时允许启动的次数增加，电动机温升相应下降。为了控制电动机发热，一般在鼠笼式转子设计上采用电阻系数低的导体和电阻系数高的短路环，使转子中的热量直接散发掉，而且为了降低噪声，电动机常采用带油环和油池的滑动轴承。

2）制动器。电梯一般采用常闭式双瓦块型直流电磁制动器，其性能稳定，噪声较小，工作可靠。即使是交流电梯，也采用直流电磁制动器，其直流电源由专门的整流装置供给。对于有齿轮曳引机，制动器装在电动机与减速器输入轴处的带制动轮的联轴器上；对于无齿轮曳引机，制动器常与曳引轮制成一体，直接装在电动机轴上。当对电动机和制动器线圈通电时，制动器松闸；当切断制动器线圈电源时，制动器立即合闸，使曳引机停转并制停轿厢与对重。合闸时，制动闸瓦应紧密贴合在制动轮的工作面上，其贴合面积应大于制动闸瓦面积的 80%。松闸时，两侧制动闸瓦应同时离开制动轮，松闸间隙应不大于 0.7 mm，且四周间隙应均匀。使用中，制动器线圈的温升应小于 60 ℃，且最高工作温度应小于 85 ℃。

每个制动器应配备固定或不固定的松闸扳手，以备需用人力曳引手轮盘车时松闸使用。

3）减速器。有齿轮电梯必须在曳引机组上设减速器。有齿轮电梯配备的电动机大多是 6 极电动机，属于高速小扭矩电动机，必须配用减速器实现减速、增矩。通常，速度为 1 m/s 的电梯的曳引轮每秒只要转 0.5 ~ 0.6 转，即 30 ~ 36 r/min。若用无齿轮传动，要达到 30 ~ 36 r/min 的转速，电梯所需感应电动机（除永磁感应电动机外）需要 200 极（即 100 对极），这是不可能被制造和供应的，因此，低速、快速电梯还是必须使用有减速器配套的曳引机。

4）底盘。曳引机各部件均装配在一铸铁或型钢与钢板焊接的底盘上，以便整体运输、安装和调整。

（3）曳引钢丝绳。曳引钢丝绳必须符合国家标准《电梯用钢丝绳》（GB 8903—2018）。以公称直径为 13 mm、单丝强度为 1 500 N/mm^2 的双强度（外层强度为 1 370 N/mm^2，内层强度为 1 770 N/mm^2）钢丝绳为例，其代号为 8 × 19S+NF-13-1500（双）右交，意思是：8 股，每股 19 根单丝，西鲁型（外层为粗钢丝，粗细相间，线接触方式），有一个有机纤维芯（我国为剑麻芯），公称直径为 13 mm，单丝强度为 1 500 N/mm^2 的双强度钢丝按股内单丝左捻、股与股右捻捻制。曳引钢丝绳绳头强度应大于曳引钢丝绳强度的 80%。

2. 导向轮

导向轮用于半绕式时称为过桥轮，用于全绕式时称为抗绳轮或复绕轮。导向轮可调整曳引钢丝绳在曳引轮上的包角和轿厢与对重的相对位置，其材料应为 QT450–10 球墨铸铁或 HT200 灰铸铁，硬度都应达到 170 ~ 220 HB。

导向轮上的绳槽为半圆槽，槽深应大于曳引钢丝绳直径的 1/3，槽的圆弧半径应比曳引钢丝绳半径大 1/20。导向轮节圆直径应为曳引钢丝绳直径的 40 倍以上。

导向轮的构造特点为其轮轴的心轴固定不转，两端可用 U 形螺栓或双头螺栓、螺母固定。轮壳中可装滚动轴承，也可装滑动轴承铜套。前者用两个可通盖封住轴承，一般可半年或一年补充一次润滑脂；后者必须在铜套上做出加油槽、油孔并设置加油嘴，必须经常检查和补充润滑脂。现代电梯大多采用前者。

3. 控制柜与信号屏

电梯控制柜装在曳引机近处，电梯的电气装置、信号系统，如接触器、继电器、电容器、电阻器、整流器、变压器、变频器、微处理机等，大多集中装在控制柜中。控制柜的电源由机房的总电源开关引入，控制线路用电线管或线槽引出，进入井道再与电缆连接，并引入到轿厢操纵盘上，分别与各种操作按钮连接。由控制柜接触器引出的电力线用电线管送到曳引机的电动机上，其他的控制线、信号线等分别接到选层器、井道各层接线盒中，构成电梯运行线路。当电梯层站较多时，可增设信号屏，屏内装有楼层指示继电器、召唤继电器、选层继电器等。当按任一层站的层门召唤按钮时，其相应的继电器就吸合自保，使召唤灯亮起，当继电器复位时，召唤灯熄灭。当楼层较多时，如超过 16 层时，信号屏又可分为楼层指示屏、召唤屏和选层屏。当楼层较少时，信号屏就不单独设立，而是包括在控制柜内。

4. 选层器

选层器的功能是按所记忆的内选、外呼信号与轿厢位置关系，确定运行方向，发出减速指令，确定是否停层和预告停车，指示轿厢位置，消除应答完毕的呼梯信号，控制开 / 关门和发车等。

选层器有与轿厢同步运行的部分，它以缩小的比例反映轿厢运行位置，以电气触点的电信号实现多种控制功能。

10.1.2 井道部分

1. 导轨

导轨是电梯轿厢与对重升降运动的导向构件。当轿厢超速下滑，安全钳动作，卡住导轨、制停轿厢时，导轨又是防止轿厢下坠的支撑构件。

2. 缓冲器

缓冲器是保证电梯安全的最后一项措施。当限位装置、制动器、端站减速装置、极限开关、限速器、安全钳都失控或未及时动作，轿厢或对重已坠落到井道底坑时，只能由缓冲器吸收、消耗其能量，使轿厢、对重安全减速制停。缓冲器安装在底坑内，轿厢配置两个缓冲器，对重配置一个缓冲器。

10.1.3 轿厢部分

轿厢是电梯装载乘客或货物的金属结构件，它借由装在轿厢架上下的四组导靴沿着导轨做垂直升降运动，完成装载任务。一般电梯轿厢内部净高应大于 2 m，杂物电梯每格高度应小于 1.2 m。

1. 轿厢架

轿厢架由上梁、下梁、立柱、拉杆等组成，梁、柱都采用型钢或专门折边而成的型材，通过搭接板用螺栓、螺母和垫圈接合，可以拆装，以便进入井道组装。轿厢架整体和构件都有较高的强度和刚度要求，能经受轿厢撞底或安全钳卡住导轨时所受的骤加冲击载荷而不发生破坏或变形。

2. 滚动导靴

滚动导靴由与导轨顶面和两个侧面相接触的三个滚轮组成，轮壳内有滚动轴承，另有可调节压力的弹簧装置，其组合装在一个台座上，使导靴能从三方面浮动地与导轨接触，实现其导行功能。滚轮轮缘材料应采用橡胶或尼龙，并与导轨以滚动摩擦接触，以适当减小振动和噪声。

10.1.4 层站部分

1. 层门

层门是电梯在各楼层停靠，通向井道入口处设置的供乘客或货物出入轿厢的井道门，也称厅门。一般层门都是封闭门。层门由门框、门扇、吊门滚轮、地坎等组成。门框又由门楣（门导轨或门上坎）、左 / 右门立柱组成。

2. 层门门锁

层门门锁是电梯中为避免乘客误入未关闭的层门而轿厢又不在这一层门井道内这类踏空坠落伤害事故发生而设置的一种极重要的机械电气联锁安全装置。层门门锁还可杜绝电梯开门走车的危险故障。

3. 层门楼层显示器

在层门门框上面或侧面装有楼层显示器，可向层站上的乘客指示电梯行驶方向和轿厢位置。

一些较高级的电梯还设有到站钟或到站灯。当轿厢到达某一层停靠时，此层的到站灯亮起或到站钟鸣响，向等候在层站上的乘客显示轿厢已到达本层。

4. 层门召唤按钮

电梯的上、下端站的层站上各装有一个单向按钮。上端站装向下召唤按钮，下端站装向上召唤按钮。其余层站均装有向上召唤按钮和向下召唤按钮各一个。层门召唤按钮供电梯乘客发送召唤指令用。

10.1.5　安全装置部分

1. 机械安全装置

（1）制动器。制动器安装在机房内的曳引机上。当运行中的电梯断电时，制动器能立即合闸，使电梯停车制动，并使停止运动的轿厢在制动位置定位。制动器电磁线圈吸引时，电磁拉力要能快速松闸，且松闸间隙不大于 0.7 mm。制动压力应适当，使轿厢落位精准，不滑移。

（2）限速器与安全钳。限速器装在机房内，安全钳装在轿厢下梁下面，限速器张紧装置装在井道底坑内。当轿厢下行速度达到或超过 1.15 倍轿厢额定速度时，限速器动作，轧住限速器钢丝绳，使安全钳开关动作，切断电路，使曳引机失电制动停车。若在曳引钢丝绳断裂、打滑或曳引轮停转后，轿厢仍继续飞快下滑，安全钳楔块就被向上提起，卡住导轨使轿厢不致坠落。限速器动作速度应校正到规定值，安全钳开关动作应可靠，限速器钢丝绳拉力不应小于安全钳起作用时所需力的两倍，或不小于 300 N（取其较大者）。

（3）缓冲器。缓冲器安装在井道底坑内，相关内容见“井道部分”。

（4）门锁。每个层站的层门门框和门扇上装有门锁。门锁的锁壳和电气联锁触头装在门框上，锁钩装在门扇上。只有在所有层门和轿门都按要求关好，锁钩钩住锁壳内相应构件，并使电气联锁触头接通（包括轿门电气触点也接通）后，电梯才能通电运行。门锁位置与轿门上的开门刀位置应按要求对准，门锁啮合元件的啮合长度应大于 7 mm，门锁电气联锁触头接触应迅速可靠。同时，只有轿厢进入开锁区位置（位于平层位置上下 0.35 m），开门刀插入（或包容）门锁滚轮，才能开锁和打开层门。当层门锁闭后，应不能在层站上用手扒开层门。有资质人员用专门的三角钥匙可以打开层门，但这种钥匙一起作用，电梯应立即断电、停车、制动。

2. 电气安全装置

（1）相序与断相保护装置。相序与断相保护装置装在控制柜内，当电源相序有错相或断相时，这个保护装置（通常为相序继电器）动作，切断控制电路，防止故障扩大。相序继电器常用机电式或半导体式。

（2）过载及短路保护装置。过载及短路保护装置装在控制柜内。对于交流电梯的曳引电动机，用热继电器进行过载保护，用熔断器进行短路保护。对于直流电梯的曳引电动机，用瞬时动作过流继电器进行短路保护。

（3）直流电动机弱磁保护装置。直流电动机弱磁保护装置装在控制柜内，一般用弱磁继电器对直流电梯的直流电动机进行动作保护。

（4）门锁电气联锁保护装置。门锁电气联锁保护装置装在轿门和各层层门上，用机械与电气联锁保护，轿门或任何一层层门未关好，电梯将不能通电运行。

（5）端站强迫减速保护装置。井道上、下端站电梯换速区装有端站强迫减速开关，轿厢进入井道上端站或下端站区域时，轿厢上的碰铁（又称撞弓）碰触端站强迫减速开关，轿厢进入低速运转。端站强迫减速开关位置应正确，动作应灵敏。

（6）端站限位保护装置。超越上、下端站平层位置的井道上部和底坑处装有端站限位开关。当轿厢运行到这些位置时，其碰铁碰触端站限位开关，电梯失电停车。端站限位开关位置应适当，动作应灵敏可靠。

（7）极限（越程）保护装置。井道内电梯行程极限位置装有机械式极限开关打脱板（低速电梯用），其对应的极限开关装在机房内（由打脱板上钢丝绳牵动断开）；也可在井道内上、下端站极限位置装设行程开关（快速或高速电梯用）作为极限开关。当轿厢超越上、下端站平层位置 50 ~ 200 mm 时，由于减速开关和限位开关均失灵，轿厢碰铁就碰触极限开关打脱板或行程开关，使极限开关或行程开关断开，于是电梯失电、停车、制动。极限开关应在轿厢或对重未碰撞缓冲器前动作。缓冲器被压缩期间，极限开关应保持其动作状态，要求动作可靠。机械式极限开关动作后需手动复位，此项复位工作需由有资质人员检查排除极限开关动作原因和有关故障后进行。

（8）超速及断绳保护装置。超速及断绳保护装置由限速器、安全钳、限速器张紧装置等组成，其分别装在机房、轿厢、井道底坑内。限速器在电梯超速时动作，使安全钳开关动作，电梯停车。在电梯失控或曳引钢丝绳断裂时，安全钳楔块卡住导轨，使轿厢不致坠落。限速器钢丝绳断裂时，限速器张紧装置开关动作，切断电梯电路，使电梯停车。限速器动作应迅速准确，安全钳开关、限速器张紧装置开关动作应灵敏可靠。

（9）补偿张紧装置保护装置或选层器断带保护装置。补偿张紧装置松掉时，使其联锁开关动作，切断电梯电路。选层器钢带断裂时，使其断带开关动作，切断电梯电路。这两种开关位置应正确，动作应可靠。

（10）急停保护装置。滑轮间、轿顶、底坑应装有非自动复位的红色停止保护开关。在紧急情况下，按下此开关按钮，可使电梯紧急停车。按钮标记应明显，动作应可靠。

（11）超载保护装置。超载保护装置是在轿底或轿顶设置的称载装置，在轿厢超载（110% 额定载荷）时动作，通过电气控制装置使电梯不能启动运行。超载保护装置动作应灵敏可靠。

（12）检修运行装置。轿顶应装一个检修运行装置。检修运行开关应是双稳态的，并设有无意操作防护，且上、下行只能点动，轿厢的检修运行速度不得超过 0.63 m/s。检修运行只能在轿厢正常运行范围内进行，同时安全装置应起作用。检修运行开关上应标出"正常"及"检修"字样，并标明运行方向。若机房或轿厢内也设有检修运行装置，应确保轿顶检修控制优先。

（13）事故逆转保护装置。机房控制柜内装有检测给定信号与速度信号差值的比较装置，故障时，继电器动作，切断控制电源。

（14）轿门防夹保护装置。轿门侧端面用安全触板带动联锁开关，或用光电式传感器带动开门机，采用电子感应式近门检测器，防止轿门夹人或夹物。

（15）轿顶安全窗。轿顶安全窗打开时，联锁电气触点断开，切断控制电路，使电梯断电，停车制动。

10.2　电梯使用管理与维修保养

10.2.1　电梯使用管理

电梯从安装验收完成后投入运行开始，就要夜以继日地运行。在运行中，每小时启动、制动次数将达到 100～300 次，同时负载变化也很大。因此，为给乘客提供优质安全的服务，对电梯的各电气机械构件和元器件都要给予经常性检查、清洁、润滑、调整和维修。做好这些运行过程中的使用管理和检查维修工作，与做好电梯的制造质量管理、安装质量管理是同样重要的，是确保电梯安全运行并提供优良服务的重要条件。

为做好电梯使用管理工作，各使用单位必须设置电梯管理部门，制定电梯管理制度，同时组建电梯检查维修的技术力量，培训技术工人来承担检查维修工作。这样才能达到既确保电梯安全运行并提供优质服务，又延长电梯使用寿命、节约运行费用的目的。

1. 建立电梯档案

（1）整理技术文件和图纸。所有技术文件和图纸都要编号归档保管，且要易于查阅。这些资料大致包括以下八种。

1）装箱单。

2）产品出厂合格证。

3）电梯机房、井道图。

4）电梯安装、调试说明书。

5）电梯电气布置图。

6）电梯部件安装图。

7）电梯安装部门提供的电梯安装验收证书。

8）电梯使用、维护说明书。

（2）建立档案。每部电梯应有一张档案卡片和专门的档案袋，若能用计算机建立电梯档案则更好。档案上应记载以下内容。

1）电梯型号。

2）用途。

3）操纵方法。

4）额定载荷。

5）额定速度。

6）层站数。

7）电梯总行程高度。

8）电梯机房、井道平面图。

9）曳引机型号。

10）电动机型号及额定功率、转速、额定电压、额定电流。

11）控制柜型号。

12）轿厢指示灯形式及电压。

13）层门指示灯形式及电压。

14）操纵箱、面板、控制元件的组成与位置。

15）召唤信号方式。

16）轿厢的尺寸及内部装饰的颜色与材质。

17）轿门形式及规格。

18）层门形式及规格。

19）门锁形式。

20）层门门套情况。

21）限速形式及其动作速度。

22）选层方式。

23）缓冲器形式。

24）底坑深度。

25）顶层高度。

26）供电方式。

27）制造厂的名称、地址、电话及联系人姓名。

28）出厂日期。

29）安装单位的名称、地址、电话及联系人姓名。

30）安装验收通过日期。

31）电梯投入使用日期。

32）负责管理部门与管理员姓名。

33）若为有司机电梯，则应有司机姓名。

34）若为自营修理，则应有修理技工姓名；若为外包修理，则应有外包单位的名称、地址、电话及联系人姓名。

35）其他应当记载的内容。

2. 建立与执行管理制度

（1）有司机电梯

1）电梯司机需经专门培训，考核合格并取得上岗操作证后才能上岗。

2）制定电梯司机安全操作规程及守则。

3）建立电梯司机值班及交接班记录，详细记录电梯运行情况、故障及处理情况。

（2）无司机电梯

1）电梯值班人员至少要具有电梯司机上岗操作证才能上岗。

2）建立电梯管理值班记录制度，要求同有司机电梯。

（3）电梯维修工

1）电梯维修工需经专门培训，考核合格并取得上岗操作证后才能上岗。

2）制定电梯维修工安全操作规程及守则。

3）建立电梯故障申请维修报告制度。

4）建立电梯定期检查保养制度。

5）建立机房、井道管理制度。

6）建立电梯定期维修制度。

7）做好电梯定期检查、保养、维修记录，并对运行故障和事故进行记录。

10.2.2　电梯检查维修

1. 电梯全面安全管理

（1）电梯全面安全管理的目的

1）对电梯进行正常的安全检查和维修管理，保证电梯安全运转，降低故障发生率，发挥电梯功能，提高服务质量。

2）通过设置专门的电梯管理部门和人员，对电梯实施全面安全管理，监督和保证电梯的正常检查和维修。

（2）电梯全面安全管理的内容

1）人员管理。电梯司机、管理员、维修人员、安装人员都应持证上岗，应针对这些人员制订培训计划，逐步提高其技能等级和技术水平。

2）设备管理。对电梯进行定期安全检查，接受相关主管部门检查，领取电梯准用证书，制订和实施电梯定期检查和维修计划。

3）每日检查。每日电梯使用高峰前，应由司机或管理员负责将电梯上、下全程试运行 2 ~ 3 次。如运行情况正常，电梯即可投入使用；如有故障，应停机，由维修人员修复后才能投入运行。

4）日常维修。由专人负责保持轿厢和层门地坎及入口处清洁，一有异物，即行清除。

应委托具有资格的单位承包维修任务，签订相关合同。有条件自行维修的单位也应由有关部门进行资格审核，合格取得许可证后才能进行维修作业。

（3）安全检查。电梯日常安全检查应由使用单位的电梯管理部门组织力量进行。电梯定期安全检查则应在使用单位自检的基础上由地方负责电梯注册登记的部门派具有资格的人员按国家标准《电梯制造与安装安全规范》(GB 7588—2003)、《电梯安装验收规范》(GB/T 10060—2011)、《电梯试验方法》(GB/T 10059—2009)等规定的项目进行。

2. 电梯定期检修

为保证电梯正常运行，降低故障率，应坚持实行电梯定期检修，及早发现事故隐患，将其消灭在萌芽状态。定期检修应突出重点，曳引机、控制柜、层门锁闭装置、轿门、开/关门机构等重点装置的检修周期越短，发生故障的概率就越小。有条件的单位最好有自己的专业检修人员或机构，坚持贯彻定期检修制度；没有条件的单位应委托有资格的单位，与其签订合同，由其承担定期检修工作。

10.2.3 电梯修理

只有做好定期检修，并根据已积累的资料编制和实施修理计划，才能减少电梯停机时间和节约电梯修理费用。

1. 电梯修理的分类

电梯修理的目的是恢复其工作性能和各项技术指标。所谓修理就是修复电梯整机和各部分工作能力所采取的整套措施。修理时会进行个别零部件的修复，或用已经修复好的或新的零部件来更换，并予以安装和校正。电梯修理分为小修、中修、大修和急修。使用单位应对电梯执行科学的定期修理制度，做到定期检查、按需修理，这样既能节约修理费用，又能提高电梯完好运行水平。

(1)小修。小修是最基本的修理，其目的在于消除电梯使用过程中因零件磨损或操作保养不当所造成的局部损坏，维持电梯正常运行。一般电梯实际运行 800 ~ 1 000 h 后应安排一次小修。

(2)中修。中修一般是在两次电梯大修之间有计划组织的一次平衡性修理，主要解决整部电梯各部件间磨损或损坏不平衡的矛盾，以保证两次大修间隔期内电梯的工作性能。中修工作量比小修工作量大得多，一般电梯实际运行 2 400 h 左右后应安排一次中修。

(3)大修。大修的目的在于消除隐患，更换已磨损或将达到疲劳极限的零部件，恢复电梯的机电控制性能，彻底恢复整机原有的工作能力，延长使用寿命。大修时，一般应将电梯完全拆卸解体，按照技术要求逐项检查鉴定，更换或修复各零部件。其中，关键部件如限速器、安全钳、缓冲器等的性能必须经专门测试单位检验合格后才能装到整机上去。大修后的电梯应经整机试运转与试验，达到电梯安装施工验收标准和技术要求后才能交付使用。

（4）急修。急修是在电梯临时发生故障而无法继续运行时所采取的应急性检修措施。急修应本着“坏什么修什么”的原则，清除存在的故障，使电梯继续维持运行，直到进行下次小修、中修或大修。急修的情况应尽量减少，问题应尽量在日常维修和大修、中修、小修中加以解决。

2. 电梯修理作业计划

应根据日、周、季、年检修累积的资料，通过现场勘查，按电梯实际状况制订与实施电梯大修、中修、小修作业计划。

（1）确定计划修理项目，确定修理内容和细目要求。

（2）根据修理内容和细目要求，准备需要更换的零部件，各种主、辅材料，以及所需专门设备和仪器、工具。

（3）根据修理内容，确定电梯修理技工和辅助工种人员的数量，制订进度计划，确定开工日期和竣工日期。

（4）计划批准后，进行各项准备工作，按期开工，按计划完成任务。

10.3 电梯故障排除

10.3.1 故障停驶

1. 故障原因

（1）电源开关未接通。

（2）供电电压过低，使控制柜上各继电器无法动作。

（3）电源缺相或错相。

（4）轿门和各层层门中有一层层门未关好。

（5）门联锁开关故障，触点不能通电。

（6）活板门或安全门未关上，或虽关上但其安全开关失灵，使电梯主回路断开。

（7）运行继电器回路有断点或出现故障。

（8）安全钳开关、限速器开关断开后未复位，或这些开关失灵。

（9）急停按钮动作后未复位或失效损坏。

（10）电气系统故障。

2. 故障排除方法

（1）接通电源开关，供应三相交流电。

（2）提高供电电压，保证供电质量。

（3）接通断相电源，检查调整电源相序。

（4）关好所有层门及轿门。

（5）检修、更换开关或触头。

（6）关上活板门或安全门，检查或更换其安全开关。

（7）用万用表检查确定有无断点，并排除故障，或修复、更换继电器。

（8）使误动作开关复位，或检修、更换已失效的开关。

（9）使急停按钮复位，或检修、更换此按钮。

（10）检修电气系统。

10.3.2 电梯振动与噪声

1. 机房内机电设备的振动与噪声

（1）曳引机机座与搁机梁固定连接的螺栓松动，会导致运行时产生上下振动。曳引机机座下设置的独立、成系统的隔振装置失效损坏也会引起振动。应通过设置或更换有效的减振橡胶垫、拧紧已松动的固定连接螺栓来消除振动。

（2）有齿轮曳引机减速器的蜗杆传动中，蜗杆与蜗轮轮齿啮合间隙不符合规定会引起振动与噪声。应调整啮合间隙，必要时更换新的蜗杆、蜗轮，使啮合间隙符合规定，消除振动与噪声。

（3）有齿轮曳引机中的电动机与减速器的联轴器安装同轴度不符合规定会引起振动与噪声。应重新校正同轴度。

（4）曳引机减速器径向轴承磨损超限，轴向轴承窜动量超限而产生振动。应更换径向轴承，调整轴向轴承窜动量，使之符合规定要求，消除振动。

（5）曳引机中的制动器存在缺陷引起振动，故障原因如下：

1）制动闸瓦与制动轮同心度不好；

2）制动闸瓦松闸时，两侧松闸间隙不均匀而产生摩擦；

3）制动器松闸间隙超过 0.7 mm，或制动闸瓦瓦衬磨损超限（磨去原来厚度的 1/4 以上），或装配制动闸瓦瓦衬时未做出沉孔，致使铆钉头与制动轮接触而产生振动。

应通过调整制动闸瓦与制动轮的同心度、调整松闸间隙、更换制动闸瓦瓦衬、将铆钉头埋入瓦衬沉孔内等来消除振动。

2. 井道内的振动与噪声

（1）轿底随行电缆安装质量不好，存在扭曲或打结状况，从而引起振动。应重新放直随行电缆，消除扭曲应力，梳理打结部位，重新安装，消除振动。

（2）补偿链未用消声链或未用旗绳包扎消声，或井道墙上有残留物（如钢筋头），其与补偿链互相碰撞摩擦产生振动与噪声。应使用消声链或用旗绳包扎链条以消声，井道墙上残留物应去除干净。

（3）高层建筑的风振会使建筑与补偿绳共振而产生强烈振动。应用根数尽可能少的、重量较大的大直径软钢丝绳作补偿绳，其张紧装置重量应适当，使建筑振动时的频率与补偿绳固有频率不相同，避免发生共振现象，由此可以减少补偿绳的振动。

3. 轿厢、对重的振动与噪声

（1）轿壁与轿底、轿顶之间的紧固螺栓松动或漏装会导致轿厢运行时产生振动与噪声。应采取拧紧或补齐各处紧固螺栓的方法来消除振动与噪声。

（2）轿厢底框与轿厢架结合处漏装减振橡胶垫，引起振动。应按要求装减振橡胶垫。

（3）轿底水平度偏差大于3/1 000，当有载荷时，由于受力不均，运行时产生强烈振动与噪声。应校正轿底水平度（用轿厢架拉条螺栓进行）。

（4）在轿厢正常运行时，安全钳楔块与导轨相互摩擦而振动。应调整安全钳提拉系统，使其动作灵活，提拉力应符合规定，并使楔块与导轨之间的间隙均匀，即能消除摩擦振动。

（5）轿门上的开门刀与层门地坎间隙过小而产生摩擦振动，或开门刀与层门门锁滚轮碰擦而产生振动。应调整开门刀与各层层门地坎和各层层门门锁滚轮的相互位置和间隙，消除振动。

（6）轿厢与对重顶部有反绳轮时，若其支承轴承磨损，产生一顿一顿的振动，反绳轮两侧与上梁间隙不均，会有较轻微的摩擦和跳动现象。应更换支承轴承，消除振动，调整反绳轮两侧与上梁的间隙，消除摩擦和跳动。

（7）对重块最上部未装压紧定位装置或此装置失效，或对重运行时与井道墙上的残留物相碰引起振动。应检查压紧定位装置，使其有效卡紧对重块；去除井道墙上会与对重相碰的一切残留物。

（8）轿厢或对重导靴靴衬磨损超限，调整不当而引起振动。应更换靴衬，调整导靴与导轨结合情况，使之符合要求。

（9）轿底称重装置不能连续测量轿内负载，会引起振动从而影响启动、平层的舒适感。应改用传感器式称重装置，或改用悬挂在轿厢顶部的差动式称重装置。

4. 电气原因产生的振动与噪声

（1）AC–2（交流双速）电梯

1）主拖动回路中阻抗未调试好，慢车运行时产生异常振动。应重新测试调整阻抗，使快、慢车和正常运行都达到要求。

2）制动器线圈回路中所串上、下行接触器不良，或接线松动，使制动器无法完全张开，造成振动与噪声。应修复或更换接触器，拧紧接线螺栓。

3）测速发电机、旋转编码器或光电码盘存在故障，反馈不稳定，造成振动与噪声。应修复这些测速反馈装置，使之符合要求。

（2）ACVV（交流变压调速）电梯

1）主拖动装置的控制印制电路板不正常，造成振动与噪声。应检查印制电路板调配输出的触发脉冲的大小、波形（周期、初始角）是否正常，是否符合及满足晶闸管触发导通的条件和要求。应借助仪表检查，识别不正常或不符合要求的印制电路板，进行修理或更换，直到恢复正常为止。

2）晶闸管与印制电路板及装置的接线不正确，接触不良，造成振动与噪声。应用万用表测量晶闸管的控制极及阴极间的电阻值，并根据所测结果判别电阻值大小是否正常和相互匹配，更换不匹配和不符合要求的晶闸管，并检查其接线是否正确和接触良好。

3）交流调速系统调节放大倍数过大，引起电梯系统振动。应按调试要求重新调试。

（3）VVVF（变压变频调速）电梯

1）交流电动机由半导体逆变器所产生的变压变频电源供电时，电磁场在 PWM（脉冲宽度调制）载波频率的谐振下，与动力分量结合会产生电动机噪声。应使载波频率大于声频，可采用 IGBT（绝缘栅双极晶体管）构成的高频低噪声 PWM 逆变器，其开关速度比双极晶体管快好几倍，允许使用超过 20 kHz 的载波频率。电动机噪声随载波频率减小而减小。例如，若载波频率为 10 kHz，其噪声几乎与工频电源供电时相同而趋于饱和，因此 10 kHz 载波频率能使声频信号大大地减小。另外，也可用 IPM（智能功率模块）代替 IGBT 模块。

2）当电动机转矩波动的频率等于机械系统的固定频率时，电梯轿厢产生垂直方向的振动，会影响电梯乘坐的舒适感。应用减小电动机转矩波动的方法来减小振动。

10.3.3 开 / 关门机构故障

1. 开 / 关门机构传动带打滑

开 / 关门机构的传动带使用久后会发生打滑现象，开 / 关门速度会明显降低，或门体会跳动。故障排除方法如下。

（1）调整开 / 关门机构带轮的偏心轴，或松开电动机机座的定位螺栓，错开两带轮的中心距，将传动带按要求张紧后，再将机座定位螺栓紧固，使带传动正常，达到开 / 关门所需的正常速度。

（2）若传动带使用过久而失效，虽经调整偏心轴或带轮中心距，但仍不能达到开 / 关门所需的正常工作速度，则应更换传动带（可从旧带上查取所需长度）。

相关链接

有时开 / 关门速度降低，是由于开 / 关门电动机励磁线圈所串联的电阻丝折断或电阻值过小而引起的，与带传动无关。这时应予以正确鉴别，采用适当增大电阻值或更换电阻丝并调试电阻值的方法加以解决。

在用钢丝绳联动的开 / 关门机构中，还会因钢丝绳与门滑轮打滑而影响门的运动速度，这时应在正确鉴别后，采用清除滑轮上过多的润滑油和设法增加钢丝绳在滑轮上的绕绳包角的方法来解决问题。

2. 开 / 关门中撞击声太大

（1）故障原因

1）吊门滚轮损坏。

2）吊门导轨偏斜（不平）或与门地坎相互不平行。

3）吊门滚轮下的偏心轴挡轮间隙过大。

4）门地坎滑道积尘过多或卡有异物，门滑块磨损严重。

（2）故障排除方法

1）更换吊门滚轮。

2）找正吊门导轨，调整其与门地坎的平行度。

3）按要求调整吊门滚轮下的偏心轴挡轮间隙。

4）清除门地坎滑道内的积尘和异物，更换已严重磨损的门滑块。

10.3.4 限速器、安全钳误动作

1. 轿厢未超速下行时，限速器误动作或有响声

（1）限速器弹簧或压紧螺栓松动。应检修和校验限速器，排除故障，使之在规定速度时动作。

（2）限速器转动轴油路不通、缺油堵转或磨损锈蚀。应通过检修换去失效机件，并使油路通畅，按规定加油，使其转动灵活。

2. 在额定速度以下时，安全钳动作

（1）限速器所标定的动作速度过低。应重新检验标定限速器的动作速度。

（2）安全钳复位弹簧刚度过小。应换用符合规定要求的复位弹簧。

（3）导轨发生位移，使安全钳与导轨间距变小。应检查校准导轨，消除导轨接头间台阶，使之符合检验规范要求，保证安全钳楔块与导轨的正常间隙。

3. 电梯超速下行时，安全钳不动作

（1）限速器失灵，未能使安全钳动作。应检修或更换限速器。

（2）限速器钢丝绳断裂，未能使安全钳动作。应更换限速器钢丝绳。

（3）安全钳拉杆的杠杆系统（包括左右联动机构）锈蚀，无法在限速器动作后拉动安全钳。应检查清洗杠杆系统，使其铰轴、轴套间能灵活转动，合理润滑，以保证安全钳能正确灵活地动作。

10.3.5 平层爬行与平层不准

1. 平层爬行

（1）对于双速变极调速电梯，轿厢平层时一次不能到位，要两次以上返平层才能到位，其原因有：制动力矩过小，上、下平层感应器与平层板距离过小，主接触器与平层中间继电器动作迟缓。相应地，应调整制动力矩；应加大平层感应器与平层板之间的距离，调整平层板安装位置；应断电清洗有关接触器、继电器铁芯吸合面上的油污，或更换已损坏的元件。

（2）对于交流调速电梯，发生平层爬行的原因是速度反馈装置故障。应检修速度反馈装置如测速发电机、旋转编码器或光电码盘是否有故障，排除故障，使轿厢能正常平层。

2. 平层不准

（1）交流双速电梯

1）上行平层过高或下行平层过低是由于制动力矩不够、制动闸瓦与制动轮间隙过

大或四周间隙不均匀而引起的。应加大制动力矩，并将制动器松闸间隙调整到 0.7 mm 以下，且使四周间隙均匀。

2）上行平层过低或下行平层过高是由于制动力矩过大、制动闸瓦与制动轮间隙过小或四周间隙不均匀引起的。应减小制动力矩，并增大制动器松闸间隙（控制在 0.7 mm 以下），且使四周间隙均匀。

3）上行、下行平层都过高是由于对重过重而引起的，上行、下行平层都过低是由于对重过轻而引起的。这两种情况应通过调整对重重量，使对重平衡系数达到规定要求（0.4 ~ 0.5）来解决。

（2）交流调速电梯。不论是 ACVV 电梯还是 VVVF 电梯，都要求实现减速停车时的闭环控制，即电梯轿厢对建筑物楼层的“直接停靠”和“零速制动”。通常用电子编码器（也有用测速发电机或光电码盘）获得精确的位置反馈，使电梯实现“零速制动”，将轿厢准确地停靠在楼层平面处。若发生停靠不准的情况，应检查闭环控制系统的反馈装置各元件或接线方面的故障，重新调试后使用。若全部楼层都发生平层不准的情况，则可调整轿顶平层感应装置的几何位置。若个别楼层发生平层不准的情况，则只需调整个别的井道平层感应装置的几何位置。

10.3.6　轿内外指令信号故障

1. 轿内外指令信号失灵

（1）选层指令继电器或呼梯继电器失效，造成轿内选层指令按钮或层门呼梯按钮（即层门召唤按钮）失灵。应更换相关失效继电器。

（2）轿内选层指令按钮或层门呼梯按钮与其边框有卡阻。应通过清除按钮孔内毛刺和调整安装位置来排除故障。

（3）轿内选层指令按钮或层门呼梯按钮连接线有断开点或接触不良而引起故障。应通过检查线路、紧固接点来排除故障。

2. 轿内外指令信号无法正确选层停站

（1）预选层站而不停车。预选层站而不停车是由于内选层继电器失灵，或选层器上滑块碰坏或接触不良所造成的。应检修或更换内选层继电器，更换碰坏的滑块或调整接触。

（2）未选层站而停车。未选层站而停车是由于电梯快速保持回路接触不良，或有的层站换速碰块连接线与换速电源相碰，选层器上的层间信号隔离二极管击穿短路所造成的。应检查调整快速保持回路中的继电器触点，使之动作灵活、接触良好，调整层站换速碰块连接线或更换层间信号隔离二极管。

（3）个别信号灯不亮

1）灯丝烧断，使信号灯不亮。应核对电压，更换信号灯泡。

2）线路接点断开或接触不良，使信号灯不亮。应检查线路，紧固接点。

10.4 电梯紧急故障处置

10.4.1 突发性火灾事故

1. 对于无消防功能的电梯

在发生火灾时，无消防功能的电梯不能用作楼房内人员的避难场所。轿厢内如有乘客，要尽快让乘客离开火灾楼层，到避难层去避难，或将电梯驶向基站，让乘客迅速撤离，然后停用电梯。在火灾解除后，在再次开启电梯运行前，应进行检查和试运行。当乘客被关在轿厢内时，应立即通过轿厢内紧急报警装置进行呼救，由消防人员或专业技术人员进行救援。

2. 对于有消防功能的电梯

在发生火灾时，对于有消防功能的电梯，应立即打开消防开关。这时电梯不论在何种状态下运行都会迅速自动返回基站，并自动打开轿门，让乘客撤离火灾现场。同时，电梯上的各种自动功能（上下召唤、自动开/关门等）都被切除，电梯只能供消防人员使用。

10.4.2 突然停电

突然停电会使电梯突然停车并熄灭全部照明和信号指示，但应急照明灯会自动亮起。

对于有应急停靠装置的电梯，充电式电池会自动给电梯供电，使电梯自动驶往最近层站停靠并自动开门，让乘客离开电梯。对于无应急停靠装置的电梯，电梯司机或乘客可通过轿厢内紧急报警装置或对讲系统向管理部门报警，由专业人员用手动方法将电梯移动到最近层站，再用三角钥匙将层门和轿门打开，放出所有乘客，最后将门关上。电梯等电源恢复后再投入使用。

10.4.3 失控冲顶、撞底

1. 轿厢失控冲顶

（1）故障原因。由于轿厢自重过小，对重平衡系数过大，电梯在运行过程虽已断开主电动机动力电源，但由于上行、下行、快车、慢车接触器与制动器连接的线路或继电器失效，致使主电动机断电停转后，制动器线圈未能断电而不能使制动器制动。这时，对重侧重量大于轿厢侧重量，于是钢丝绳在曳引轮上打滑，对重侧将轿厢拉动上行冲顶。这在补偿装置不符合要求的电梯上更容易发生，其关键原因还是制动器失效，未能按要求制动。此外，快速运行继电器触头粘住使电梯保持快速运行，或选层器失灵，或井道上换速开关、极限开关等失灵也会导致发生轿厢失控冲顶事故。

（2）故障处置方法

1）轿厢应有一定的自重。

2）对重平衡系数应为 0.4 ~ 0.5。

3）补偿装置应符合要求。

4）应经常检查制动器线路及有关元器件，绝不允许发生主电动机断电后制动器不能同时制动的情况。

5）查明快速运行继电器、选层器、井道换速开关、井道极限开关等的故障原因后，进行相关元件更换或修复。

2. 轿厢失控撞底

（1）故障原因

1）对重太轻，对重平衡系数小于 0.4。

2）轿厢内载重超过规定，称载装置又失效。

3）曳引轮绳槽槽形与曳引钢丝绳不匹配，或槽严重磨损。

4）电梯不具备完好的补偿装置。

5）制动器失效，在主电动机断电后，制动器未能立即合闸，或制动器本身制动力矩太小。

6）曳引钢丝绳与绳槽间润滑过度，引起打滑。

7）导向轮安装位置不符合规范，致使曳引钢丝绳在曳引轮上的包角达不到 150°而引起打滑。

8）限速器、安全钳失效，当轿厢下行速度已大于 1.15 倍额定速度时，限速器、安全钳未能动作。

9）快速运行继电器、选层器、井道换速开关、井道极限开关发生故障。

（2）故障处置方法

1）校正对重平衡系数。

2）不准超载，修复称载装置。

3）使曳引钢丝绳与绳槽匹配，合理润滑；调整导向轮安装位置，使曳引钢丝绳包角符合规定。

4）安装好符合要求的补偿装置。

5）修复制动器，保证其能按要求合闸和松闸。

6）修复由限速器、安全钳组成的超速保护装置，使其能按要求起保护作用，卡住轿厢。

7）查明快速运行继电器、选层器、井道换速开关、井道极限开关等的故障原因后，进行相关元件更换或修复。

10.4.4 电梯轿厢坠落与空中停车

1. 电梯轿厢坠落

（1）在运行中的电梯轿厢突然坠落是由于曳引钢丝绳断裂或曳引钢丝绳绳头突然失效造成的。平时应对曳引钢丝绳的断丝磨损情况进行有效监控，经常检查曳引钢丝绳绳头的完好情况，及时予以维护检修。

（2）在检修中的电梯轿厢突然坠落往往发生在摘去曳引钢丝绳、用手拉葫芦吊起轿厢，用导木架起对重，进行曳引钢丝绳绳头检修，更换曳引钢丝绳，或轿厢整体更换时。故障原因如下：

1）吊起轿厢时，只用手拉葫芦，未用保险绳，一旦手拉葫芦有故障，就会导致轿厢坠落；

2）手拉葫芦或保险绳生根处未按安全要求（如填以木板、麻布，防止锐角割断吊索）做好，以致手拉葫芦或保险绳脱开生根位置，使轿厢坠落；

3）吊起轿厢时，未卸去补偿绳或补偿链，补偿绳或补偿链对轿厢进行倒拉，使手拉葫芦或吊索断裂，轿厢坠落。

只要切实执行起重作业安全操作规程，以上问题就都是可以避免的。

2. 空中停车

（1）故障原因

1）外电源突然断电，造成电梯在行驶中突然停车；电源缺相，相序继电器动作，使电梯空中停车。

2）电流过大使总开关熔丝熔断，或自动空气开关跳闸，造成电梯空中停车。

3）由于开门刀碰撞门锁滚轮，使锁臂脱开，门锁开关断开而使电梯空中停车。

4）限速器、安全钳误动作，致使电梯突然断电停车。

（2）故障处置方法

1）查明外电源断电原因，并设法迅速恢复正常供电（若外电源断电时间较长，应通知维修人员放出关在轿厢内的乘客）；立即纠正缺相或相序错误，消除错相情况，恢复电梯运行。

2）找出和消除电流过大的原因，更换熔丝，或重新合上自动空气开关，恢复电梯运行。

3）调整门锁滚轮与开门刀的位置，消除碰撞情况，使电梯正常运行。

4）检查限速器、安全钳误动作的原因，排除故障，恢复电梯运行。

10.5 自动扶梯

10.5.1 自动扶梯结构

自动扶梯由踏板、梳齿板、裙板、裙板照明、扶手带、梯级、玻璃护栏（金属护栏）、控制面板、控制柜、扶手带回转装置、钥匙开关、急停开关、速度监控装置、主机、扶手驱动装置、梯级链、支撑结构、扶手照明、导轨、梯级下陷监控装置、扶手带入口、张紧站、端子箱梯级照明、油水分离器等构成。

10.5.2 自动扶梯运行模式

1. 继电器控制运行模式 /PLC（主板）控制运行模式

（1）检修操作时，为保证安全，自动扶梯运行速度为 0.1 m/s，并可以点动运行。

（2）对自动扶梯运行控制系统中的接触器、安全开关、反馈信号进行必要的检测，发生故障时，应立即停止运行，并对故障点进行记录，方便检修人员维修。

（3）根据实际情况，可现场修改相关参数，如正向运行时间、爬行时间、自动加油间隔时间、工作时间等。

（4）自动扶梯配有自动加油装置，可进行自动和手动加油。

（5）能手动控制自动扶梯出入口安全指示照明和扶手栏杆照明开启与关闭。

（6）自动扶梯运行过程中可能会出现如卡住乘客手脚、梯级链及驱动链断裂等突发事件，自动扶梯应设有安全保护系统，以确保在有突发事件时马上停止运行。

2. 变频器控制运行模式

（1）电动机在启动、软制动、低速运转时采用变频器输出控制方式。

（2）系统采用 PLC 与变频器的控制组合，具有功能强、安全性高等优点。

（3）无人乘梯时，保证自动扶梯自动平稳过渡到节能运行状态，以 1/5 额定速度运行。有人乘梯时，保证自动扶梯自动从节能速度平稳过渡到额定速度运行。自动扶梯空载时，以节能速度模式运行，电流仅为额定速度运行电流的 1/3。检修运行时，自动扶梯以 1/2 额定速度运行，便于检修和观察相关机构的运动情况。

（4）由于无人乘梯时自动扶梯运行速度很慢，机械部分的磨损大大降低，相对延长了自动扶梯使用寿命。

（5）变频技术的采用大大降低了自动扶梯启动时对电网的冲击，采用变频器可有效改善电网的功率因数，降低无功损耗。

（6）改造时，充分考虑了变频系统与原系统的并存，便于系统故障时相互切换，不影响用户使用。

（7）对原自动扶梯进行改造容易实现，改造的设备费用与改造后节省的费用相比投入不大，短期内即可收回投资。采用 PLC–变频器控制自动扶梯能节省电能近 60%。

10.5.3 安全回路与安全保护

1. 扶手带入口

自动扶梯运行时，上下端两侧的任意一个扶手带入口如果有异物进入，扶手带入口安全装置的内层挡板将张开并触动安全开关，自动扶梯自动停止，外层挡板张开防止挤压异物，避免造成乘客伤亡或设备损坏。

2. 断链开关

断链开关是针对驱动链断链或松弛所设的安全开关。如果驱动链接近开关检测不到链条，那么自动扶梯将自动停止，避免造成乘客伤亡。

3. 急停开关

急停开关是为停止自动扶梯所设的开关。自动扶梯运行时，如果发生紧急情况需要停梯，按上端或下端任意一个急停开关，自动扶梯即停止，避免造成乘客伤亡或设备损坏。

4. 附加制动器

主制动器出现故障，导致在紧急情况下自动扶梯无法正常制动时，附加制动器起二次制动作用，可避免造成自动扶梯溜车或反转，从而避免造成乘客伤亡。附加制动器结构如图 10–1 所示。

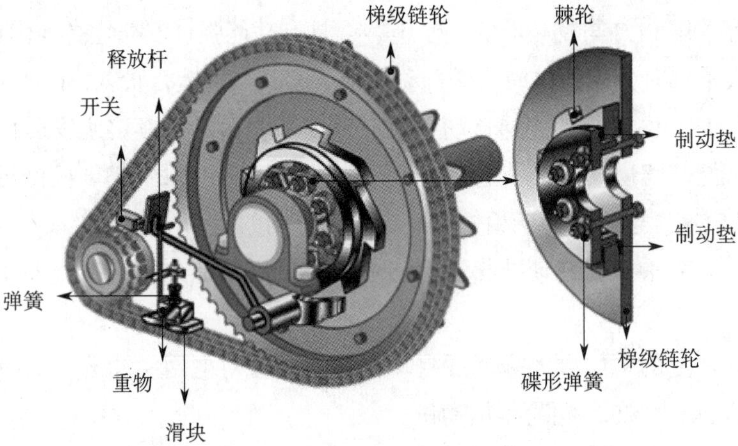

图 10–1　附加制动器结构

5. 梳齿板

自动扶梯运行时，若有异物卡在梳齿板或梯级偏离梳齿板，则触动梳齿板安全开关，自动扶梯停止，避免造成乘客伤亡或设备损坏。

6. 前沿板

前沿板未盖好，将触动安全开关，自动扶梯停止，避免造成乘客伤亡或设备损坏。

7. 安全开关

安全开关包括扶手带入口安全开关、梳齿板安全开关、裙板安全开关等。

10.5.4　自动扶梯安全乘坐须知

自动扶梯是载客的运输设备，不能用作载物，乘客携带重大行李物品时应乘升降电梯。禁止婴儿手推车上自动扶梯，7 岁以下儿童及 70 岁以上老人需有人搀扶乘自动扶梯。乘自动扶梯时，必须有一只手握住扶手带，且不可走动。

各电梯制造单位会按特种设备国家标准要求设定一个停止距离，当自动扶梯出现故障失电时，能让梯级缓慢地停止（从梳齿板根部延伸 0.2 ~ 1 m），这样就保证乘客不会前倾及后仰。梯级黄色边框用于提醒乘客双脚不要超出安全范围。自动扶梯上下共

4张警示牌都是用于提醒乘客安全乘梯的。

若不遵守安全须知，易发生以下危险。

1. 摔倒危险

当乘客双脚站立在两梯级之间，且手没有握扶手带时，往往会摔倒，在不停梯的情况下很难自行爬起来。此事故在自动扶梯向上运行时发生较多。

老人行动缓慢，乘自动扶梯时基本上是先抓扶手带再跟进脚，在扶手带的带动下人会前倾，如果脚没踩上梯级就会面朝梯级摔倒，甚至在梯级上不停地翻滚。

2. 搬运货物危险

若在自动扶梯上搬运货物，则往往身体要支撑货物的重量，视线易被货物遮挡而无法判断前方的情况，手无法握住扶手带，如果前方受阻势必向后翻倒，殃及周围乘客。

10.5.5 自动扶梯再次开启

自动扶梯停止后，若无故障，则维修人员再次开启自动扶梯的步骤如下。

1. 用检修围栏把自动扶梯上下两个出入口封堵，谨防有人进入。
2. 查看故障显示屏所显示的数据。
3. 确认自动扶梯正常且无人后再启动。

10.5.6 自动扶梯大修实训

1. 实训目的

（1）使学员能够写出施工方案。

（2）使学员能够根据施工方案对自动扶梯进行正确停电，并做好安全防护。

（3）使学员能够更换自动扶梯故障配件。

（4）使学员能够恢复自动扶梯运行，并拆除安全防护装置。

2. 实训设备及工具

（1）车站自动扶梯系统。

（2）车站自动扶梯接线图。

3. 实训内容

（1）实训要求

1）编写自动扶梯施工方案。

2）正确更换自动扶梯故障配件。

（2）操作步骤

1）正确编写施工方案。

2）正确找到自动扶梯的配电箱并进行断电，做好安全防护。

3）正确拆开梳齿板。

4）正确拆开侧面挡板。

5）找到故障配件。

6）拆下故障配件。

7）安装配件。

第11章

站台门系统

学习目标

- 了解站台门系统的构成与要求
- 了解站台门系统接口
- 了解站台门系统安装与调试
- 了解站台门系统维护

知识要求

11.1 站台门系统的构成、要求与一般规定

11.1.1 系统构成

1. 门体

门体由滑动门、固定门、端头门、应急门、支撑结构等组成。全高站台门还应包括顶箱，顶箱盖板可兼作车站导向标识牌。站台门的门体外形和颜色应与车站的整体环境相协调。门框可见部分采用不锈钢或铝合金。相邻滑动门之间的固定门宜进行隔断。门体玻璃应为安全玻璃。

2. 门机设备

门机设备主要包括电动机、传动机构、门机控制系统、锁定装置等。

3. 电源设备

电源设备主要包括交流供电设备、直流供电设备。

4. 监控系统

监控系统主要由主控机（PSC）、站台端头控制盘（PSL）、远程监视盘（PSA）、紧急控制装置（PEC）、就地控制盒（LCB）、门机控制器（DCU）、声光报警装置、就地控制装置及与信号系统、ISCS/EMCS 的接口部件等构成。监控系统连接方式应有网络总线连接和硬线连接两种形式，监视系统应采用具有冗余功能的网络。

11.1.2 系统要求

1. 门体要求

（1）滑动门要求

1）全高站台门的滑动门净高不应低于列车车门的高度，且不小于 2 000 mm；半高站台门的滑动门高度不宜小于 1 500 mm。

2）滑动门的净开度应大于车门有效开度与停车误差的绝对值之和。

3）滑动门的设置数量和位置应与列车车门对应；滑动门开 / 关时间应与列车车门开 / 关时间相协调；滑动门开门应采用中分双开平滑方式；滑动门的开 / 关过程时间应与列车车门的开 / 关过程时间相匹配，且在一定范围内可调，重复精度不应大于 0.1 s。

4）关门过程中，每扇滑动门在最后 100 mm 的行程中的动能不应超过 1 J。每扇滑动门在行程中的最大动能不应超过 10 J。

5）滑动门应能在轨道侧手动开启，在站台侧用钥匙开启。

6）滑动门应设置障碍物探测装置，可探测障碍物（硬物）的最小厚度为 5 mm，最小宽度为 40 mm。

7）滑动门故障时，系统和现场应同时有声光报警提示。

（2）端头门要求

1）应在站台端部设置端头门，供驾驶员、工作人员进出，以及作为区间事故的疏散通道。

2）端头门宜向站台侧旋转 90° 平开，全开后宜定位保持，未在全开位置时宜自动复位至关闭。端头门净开度不宜小于 1 100 mm。

3）必须在端头门轨道侧设置手动开门开关，站台侧设置钥匙开关。

4）门锁应有防震功能，抗活塞风压应为 ±900 Pa（列车过站速度小于 60 km/h）。

5）端头门故障时，系统和现场应同时有声光报警提示。

（3）应急门要求

1）沿站台长度方向应设置应急门，每一侧的设置数量应不少于两套，数量宜为远期列车编组数。当列车在站台区域不能定点停车时，至少应有一扇应急门能与列车车门对应。

2）应急门的净开度不宜小于 1 100 mm，并应能向站台侧旋转平开，宜定位保持在 90°。

3）应在应急门轨道侧设置手动开门开关，站台侧设置钥匙开关，钥匙宜与端头门、滑动门钥匙通用。

4）应急门故障时，系统和现场应同时有声光报警提示。

2. 门机要求

（1）门机宜采用电动机驱动方式，驱动电动机宜选用直流永磁电动机，其功率应保证在最不利条件下滑动门也可正常开 / 关。

（2）全高站台门的滑动门宜采用一控制一驱动方式，半高站台门的滑动门宜采用一控制两驱动方式。

3. 电源系统要求

（1）站台门电源系统应为一级负荷，电源系统由双切电源、UPS 等设备构成，可含直流柜、馈线柜等。

（2）电源系统设备中，驱动电源和控制电源宜分开设置，且不与其他系统混用，控制电源模块宜采用“N+1”的冗余方式进行配置。

（3）驱动电源输出回路数的设置应保证当一个回路电源故障时，仅影响该节车辆对应的一组滑动门，其余滑动门仍能够正常工作。

（4）电源系统应配有备用电源，用于外电源停电时向系统供电。备用电源的容量应满足：外电源停电后，站台门控制系统能持续工作 1 h，并能在 30 min 内对每侧滑动门进行至少 3 次开 / 关操作。

（5）备用电源及 UPS 使用的蓄电池应采用磷酸铁锂蓄电池。

（6）全高站台门门体顶箱上方不宜设置照明灯带。若必须设置，则灯带电源应与系统电源分开配置。

（7）站台门系统设备用房内的设备应可靠接地，接地电阻不应大于 1 Ω。

（8）驱动电源、控制电源与外电源的隔离阻抗不应小于 5 MΩ。

4. 监控系统要求

（1）监控系统应能确保滑动门的开 / 关与列车车门的开 / 关动作协调一致。

（2）监控系统故障时，仅影响该节车辆对应的一组滑动门，其余滑动门仍能够正常工作。

（3）监控系统应以车站为单位独立设置，各车站之间的监控系统不联网。

（4）每个车站应至少设置一套 PSC，PSC 应设置在站台门系统设备用房内，并具备以下功能：

1）应能接收信号系统发来的开 / 关门命令，并发送给相应侧 DCU；

2）应能监视系统的开 / 关门故障状态，并能将站台门的打开、关闭、互锁解除信号输入信号系统，以及在需要的情况下，将站台门系统的重要状态和故障报警信息传输给 EMCS 进行显示和报警；

3）应有记录、打印、保存功能；

4）应提供本系统与其他相关系统的可靠接口；

5）负责控制本站所有站台的站台门系统。

（5）PSL 宜设置于站台端部对应列车发车端驾驶室且方便列车驾驶员操作的端头门外侧。

（6）PSA、PEC 宜设置在车站控制室，PEC 宜设置在 IBP 上。

（7）当采用全高站台门时，DCU 宜设置在滑动门上方的顶箱内；当采用半高站台门时，DCU 宜设置在滑动门两侧的固定侧盒内。

（8）每组滑动门应设置一套 LCB，位于 DCU 附近，具备自动、隔离和手动开 / 关门功能。

（9）控制系统应采用现场总线技术。

（10）控制系统应满足国内外相关电磁兼容性标准的要求。

5. 现场布置要求

（1）站台门应布置在列车正常停车范围内，相对于车站站台中心线向站台两端对称纵向布置，与站台同坡度并垂直于站台面平整安装。首末两节车辆的驾驶室门的长度不宜包括在站台门长度范围内。

（2）安装站台门的地面在站台全长上的平整度误差不宜大于 10 mm。

（3）在设置站台门的站台范围内应尽量不设置土建结构变形缝。若必须设置，则变形缝的位置宜配合站台门设置，同时在变形缝处应采取相应措施。

（4）安装站台门时，宜结合土建结构形式、车辆条件等设置预埋件。对于站台门机箱（距站台面 2 100 mm）至本侧线路中心线的水平距离，A 型车线路不小于 1 580 mm，小型车线路不小于 1 380 mm。

（5）系统设备用房宜设在站台层，靠近站台门端部，并与信号设备室和车站控制室位于同一端。

（6）系统设备用房应布置系统电源设备和控制设备。设备柜布置和线缆敷设应符合国家标准《低压配电设计规范》（GB 50054—2011）的要求。

（7）站台门与车站土建结构的连接部分宜具有三维可调节功能，强度、刚度应满足设计要求。

6. 软件要求

（1）软件设计应遵循可靠性、可维护性、安全性原则，并可方便扩展升级。

（2）软件应具有友好直观的人机界面和报表形式、简明的操作指导信息及故障统计分析。

（3）软件应具有自诊断功能。

（4）软件接口协议应采用开放式国际标准协议。

（5）数据响应时间不应超过 300 ms。

（6）系统应配置综合测试和诊断软件包，可诊断系统内各种设备故障。

（7）软件应可以在线诊断数据通信功能，应能够实时监视系统状态，收集存储系统的关键信息。

（8）软件应能够调整开 / 关门时间、电动机速度曲线参数、门体夹紧力阈值、重复关门延迟时间、重复关门次数等。

7. 主要技术要求

（1）站台门系统在下列工况载荷下应安全可靠运行：

1）人群挤压载荷为 1 500 N/m^2（距站台装饰面 1.1 m 高处）；

2）活塞风压为 ±900 Pa（列车过站速度小于 60 km/h）；

3）地震载荷为 0.1g；

4）冲击载荷为 2 800 N（1.2 m 高处，0.08 s 内）时，结构无永久变形。

（2）滑动门开 / 关速度应全程无级可调。

（3）滑动门、应急门、端头门的手动解锁力不应大于 67 N，且滑动门、应急门解锁后的人工开启力不应大于 150 N。

（4）滑动门关闭时对障碍物的作用力不应大于 150 N。

（5）站台门处于隔离位置时，应不影响列车正常运营。无人驾驶列车被隔离车门信息应发送给 ATC 系统，以实现对应站台门的同步隔离。

（6）站台门维修应在站台侧完成，保养可在站台侧或轨道侧完成。

（7）一侧站台所有滑动门的启闭时间差控制在 0.2 s 内。

（8）在正常使用和保养条件下，站台门系统 5 年内应无须更换重大零部件。

（9）收集存储站台门系统信息不少于 30 天。

（10）站台门噪声峰值不应超过 70 dB（A）。

（11）门体加速度应能达到 ±1 m/s^2。

11.1.3 一般规定

1. 站台门系统的工作环境应满足上海城市轨道交通车站站台及轨道区的温度、湿度及抗震要求。

2. 滑动门的开 / 关频率应满足列车最小行车间隔的要求，并应具有按照城市轨道交通运营时间要求常年连续运行的能力。

3. 站台门的总体布置应满足列车各种运营模式的要求，保证正常运营时乘客能方便地上下车，发生故障或灾害时乘客能安全地疏散。

4. 滑动门的开 / 关门时间应与列车车门的开 / 关门时间相适应。滑动门与列车车门之间的协调动作过程应保证乘客安全。

5. 站台门系统应至少具有系统级控制（通过信号系统对站台门进行开 / 关控制）、站台级控制（通过 PEC 和 PSL 对站台门进行开 / 关控制）和手动操作控制（通过 LCB 和 DCU 对站台门进行开 / 关控制）三级控制方式。手动操作控制的优先级最高，系统级控制的优先级最低。

6. 站台门系统必须具有正常、故障和紧急（含配合火灾的工作模式）三种运行模式。正常模式下，应接收信号系统的开 / 关门控制命令。列车无人驾驶时，应能接收 ATC 系统发出的无人驾驶列车被隔离车门信息，并实现对应站台门的同步隔离。

7. 站台门系统的重要状态和故障信息应能在车站控制室和线路控制中心进行显示和报警。

8. 站台门系统宜纳入城市轨道交通 ISCS 或 EMCS 监管，由 ISCS 或 EMCS 集中实现对站台门的重要状态显示、故障报警、报表统计等工作，并在车站控制室的应急控制盘上设置应急开关按钮。

9. 滑动门和门机驱动应设置安全装置和机械锁紧装置，并应具有障碍物探测功能，关闭时滑动门应有遇障碍物自动再打开的功能。

10. 滑动门与固定门之间的间隙宽度应以不夹伤乘客手指为宜。

11. 门体应具有足够的机械强度和刚度，能承受乘客对门体的挤压和冲击，以及地下车站列车活塞风和通风空调系统的共同作用或地上车站风载荷的作用。

12. 应对门体所采用的铯钾玻璃进行冲击力测试，具体测试要求和方法按照国家标准《定形隔热耐火制品分类》（GB/T 16763—2012）的有关规定执行。

13. 门体的刚度和安装尺寸应满足相关规范限界要求及集团最新限界规定和关于上海城市轨道交通站台及区间限界问题的补充规定，其最大挠度严禁侵入车辆限界。

14. 火灾时，站台门不作为防火分隔设施，但其材质应具有难燃性。无法使用难燃性材料时，应采用阻燃、低烟、无卤且不含有放射性成分的材料。

15. 站台门与回流走行钢轨不应有任何电气连接，站台门金属结构应与车站接地极相连接。站台门前顺线路方向 1 m 范围内地面宜敷设走行绝缘带。

16. 站台门系统的整体使用寿命应不低于 30 年，无故障使用次数不应少于 60 万次。

17. 站台门系统设计应具有可靠性、可维护性和可扩展性。

18. 站台门系统设计应遵循模块化和冗余设计的原则。

19. 站台门应有明显的安全标志和使用标志。应可在站台门系统设备用房进行参数修改、软件维护 / 升级和设备维护。

20. 站台门系统所有滑动门、端头门及应急门在轨道侧应有醒目的手动开门把手，在站台侧应只有专用开门钥匙才能打开。

21. 在满足限界条件下，应根据列车与站台门间的缝隙大小设置红外或激光探测装置。当站台呈直线时，宜每节车厢设置一组；当站台呈曲线时，宜根据站台曲线加宽情况设置。红外或激光探测装置应有切除装置。

22. 开门时，列车车门和站台门应在开门的瞬时同时动作，若难以实现，则应先开站台门再开列车车门，并应明确最大时间差；关门时，列车车门和站台门应在瞬时同时关闭到位，若难以实现，则应先关车门再关站台门，并应明确最大时间差。

23. 应结合土建基础条件进行站台门设计，对防踏空条和安装支架等进行一体化设计。

11.2 站台门系统接口

11.2.1 与土建专业的接口

1. 投标人应负责所有与车站土建相连接的各部件的设计、供货和安装。

2. 顶箱盖板兼作车站导向标识牌，顶箱外形、颜色应满足装修和导向标识专业的要求，投标人需配合导向标识专业完成导向标识粘贴工作。

3. 站台门门体（含端头门与设备用房外墙连接处）、门槛和装修的接口面都由投标人负责收口，端头门附近的设备用房外墙面的绝缘由装修完成。对于设有预埋件的车站站台，土建专业应按照设计图要求预留开槽并配合设备安装。

4. 每个车站的站台层向站台门系统提供一间站台门系统设备用房，站台门系统设备用房一般设于站台层并与车站控制室同侧，面积约为 20 m^2，室内采用架空防静电地板，地板高度约为 300 mm，设计负载为 800 kg/m^2。

5. 站台门站台侧边缘宽度不小于 2 m 的区域应做绝缘处理，以保证乘客正常候车或上下列车时的安全。

11.2.2 与动力照明专业的接口

1. 站台门系统采用一级负荷供电，由动力照明专业提供两路独立的 AC 380 V（偏差为 ±10%）电源（三相四线加地线），接口界面在车站站台门系统设备用房内双电源切换箱进线端，双电源切换箱由站台门专业提供。

2. 站台门门体应与车站供电专业的接地排相连，具体接地方式在设计联络阶段确定。

11.2.3 与通信专业的接口

1. 站台门系统设备用房需设置接地母排，从通信专业综合接地箱通过两根截面积为 50 mm^2 的地线电缆引入，接口界面在弱电综合机房综合接地箱的端子处，地线电缆由站台门专业敷设。

2. 通信专业必须在站台门系统设备用房及站台端头控制盘处各设置一部能与车站控制室直接通话的公务电话。

11.2.4 与信号专业的接口

站台门系统输出至信号系统的信息包括站台门关闭锁闭信息和站台门互锁解除信息。信号系统输出至站台门系统的信息包括关门命令、开门命令和站台轨道占用信息。

1. 信号系统与站台门系统的电气接口均为安全型接口，采用继电器干接点形式，继电器的技术要求应符合国家标准《铁路信号 AX 系列继电器》（GB/T 7417—2010），用两组干接点对接口电路进行双断控制。

2. 信号系统与站台门系统的接口电路应按照“谁使用谁供电”的原则进行系统电源设计。

3. 信号系统与站台门系统的接口界面位于站台门系统设备用房内的中央控制盘端子排。

4. 信号系统与站台门系统均应对双方接口信息进行事件记录。

5. 接口电路的连接线应采用铠装电缆，且接口电路应与所选用的继电器特性相匹配。

6. 详细要求应符合上海申通地铁集团有限公司文件《CBTC 系统与站台门系统接口技术条件》（STB–XH–010005–2016）（CBTC 系统指基于通信的列车自动控制系统）的规定。

11.2.5　与 ISCS/SIOS 的接口

1. 与 ISCS 或 SIOS 集成时，站台门系统不再单独设置远程监视盘，而由 ISCS 或 SIOS 实现其全部功能。

2. 站台门系统与 ISCS/SIOS 之间采用通信接口和硬线接口。

3. 通信接口的接口界面位于站台门系统设备用房的主控机接线端子排。接口为两个互为冗余的 RS–485 或以太网通信接口。若距离较远，由 ISCS/SIOS 提供光电转换器及附件，站台门专业负责在站台门机柜内预留光电转换器及附件的安装位置，并负责供电。

4. 硬线接口的接口界面位于车控室 IBP 出线端。电缆由站台门专业敷设。站台门设备至 IBP 按钮和指示灯回路的电源由站台门提供。

5. 站台门系统与 ISCS/SIOS 通过以太网传输的通信内容有时钟信息、站台门系统故障信息、站台门系统运行状态信息及各站台门（含应急门）开关状态信息等。ISCS/SIOS 为站台门系统提供时钟校准信息，并可查询站台门系统故障信息及其他状态信息。

11.2.6　与车辆的接口

站台门系统工程设计相关参数应与车辆相关技术参数保持一致。

11.3　站台门建设管理

站台门建设的内容包含设计联络、合同设备制造、工厂检验与出厂验收、试验、包装 / 发运 / 到货 / 入库、安装、调试、自检、验收、试运行、质保、培训等。

11.3.1　人员管理

1. 应设置项目组，负责项目执行全过程中的技术质量、进度等。负责站台门设计、现场服务的主要人员应参加项目组。

2. 项目组应配备下列人员（包括但不限于）：项目负责人、技术负责人、商务负责人、商务人员、技术人员、现场管理人员、计划管理人员、资料档案管理人员、安全管理人员、质量管理人员等。

3. 项目各阶段对人员的基本要求如下。

（1）技术人员在各阶段内应全职服务于本项目工程，离开所在地应经同意。

（2）在设计生产阶段，应配备不少于 2 名技术人员常驻工地开展工作，每月在工地的时间不少于 20 日。

（3）在施工阶段，安装及安装督导人员根据机电安装标段划分，每标段均配备 1 组人员，每组人员均能独立解决现场问题。

（4）在调试阶段，应配备 4 组人员，每组人员均能独立解决现场问题。

（5）在验收阶段，应配备 4 组人员，每组人员均能独立解决现场问题。

（6）在系统考核阶段，应配备 4 组人员，每组人员均能独立解决现场问题。

（7）交接阶段

1）在使用交接阶段，应配备 4 组人员，每组人员均能独立解决现场问题。

2）在资产交接阶段，应配备 1 组人员（其中必须包括资料档案管理人员），这组人员能独立解决相关问题。

（8）在质保阶段，应配备 2 组人员，每组人员均能独立解决现场问题。

（9）在关键时段，每站应配备 1 组人员，每组人员均能独立解决现场问题，并需满足最终用户的保障需求。

（10）分包商或从属方应保证在合同执行期间为本项目配备不少于 1 名技术人员常驻项目所在地开展工作，其每月在项目所在地的时间不少于 15 日。

以上仅为基本要求，在各阶段可根据需要增加相关人员。

4. 项目管理机制和项目人员职责划分应整合完善，以确保工程实施的各个阶段和各个环节能够及时、顺畅地进行。

11.3.2　安装管理

1. 自行采购、加工的施工材料及安装附件均必须满足相关规范和设计要求。必须从正规渠道采购，进行必要的检测、认证，并且保存相关资料备查。主要材料的相关资料应上报审查，在得到批准后方可进行采购。

2. 设备安装施工工艺必须满足相关规范和设计要求，施工现场应设置专职质量管理人员进行监督，并进行详细记录，相关各方人员均必须在记录上签认，随时接受检查。

3. 在施工过程中，应在满足国家相关标准的前提下严格按照设备安装的工序、工艺要求进行安装，若不满足设备安装要求，必须无条件重新安装，直至满足设备安装要求为止。

4. 在施工过程中发现设计图或设备存在问题应及时提出疑问和建议，由于未及时提出疑问而造成损失的，将承担相应责任。

5. 在投标文件中制订详细的施工计划。

11.3.3 施工现场管理

施工单位需负责本工程设备的所有安装施工工作，并使其符合全线进度计划要求，组织专业人员监督、指导现场设备安装施工。施工中，施工单位应符合以下要求。

1. 对施工场地的用水、用电、安全与卫生及场地内的施工协调负有全部的管理责任。派遣到施工现场的全部人员必须遵循施工现场管理办法。

2. 协调处理施工现场的各类问题，及时清楚地估计施工期间外界可能对工程施工产生的各种干扰，包括本工程其他项目施工产生的干扰，并主动协调，尽量避免和减少这些干扰对本工程施工造成影响。

3. 完成本工程监理工程师指定的前期工作。

4. 设置专门的测量岗位，完成所有工程的施工测量任务，所有测量工作按计划要求完成。

5. 施工期间，施工现场的全部人员要服从用水、用电、照明、施工场地的安排。

6. 对于大型设备进场，可以考虑采用轨道车运输进场方案，应服从轨道车的使用和调度规定。同时，还需考虑大型设备进场不能采用轨道车运输的情况，制订该情况下的运输及安装方案，并考虑现场最恶劣条件下进行运输及安装的情况。

7. 必须设置专职安全员保证施工安全，监理工程师发现严重安全问题时可要求立即停止施工并修正。必须遵守政府安全文明施工的有关规定，并保证相关环境卫生良好，垃圾、污水当日清理。

8. 工程必须按期完成，全部达到设计的功能要求和标准，并通过建立健全的工程质量保证体系和进度管理体系来予以保证。

11.3.4 调试、自检与预验收

1. 调试按照程序进行，用以验证设备运输、安装之后是否有损坏，运行是否正常。

调试应包含系统所有设备及招标要求的所有功能。

2. 施工单位负责现场调试，并应按照建设单位的总工期要求提出调试内容、调试计划和现场单体调试大纲。施工单位应按照建设单位批准的现场单体调试大纲进行单体调试工作。现场调试包括但不限于以下内容。

（1）通电试验。检验设备是否在工作状态。

（2）单体试验。针对单个门单元，检验其功能。

（3）系统调试。针对整个车站的站台门系统进行整体调试，调试范围至少应涵盖功能、操作、性能、信号接口等，以使系统满足要求。

（4）噪声测试。在站台侧距站台边缘 1 m、距地面 1.5 m 处测试噪声，站台门在运行中的噪声水平应满足技术规格书的要求。

（5）5 000 次现场运行试验。在试运行前，对站台门系统进行 5 000 次通电配重不间断运行试验，暂定每分钟 1 次。在运行过程中，施工单位应记录故障信息，并对故障信息统计归类，提交 5 000 次现场运行试验分析报告。

（6）系统联合调试。站台门系统作为城市轨道交通工程的一部分，将配合参与城市轨道交通整个系统的联合调试。

3. 由于施工单位测试系统的原因没有通过试验的设备将进行整改或更换，并重新进行试验，直到所有设备全部试验合格为止。

4. 调试结果报告由施工单位签章确认。

5. 在安装、调试、检验工作完成后，提交一式两份、签字确认的安装自检报告给设备监理工程师。

6. 在施工单位的自检合格报告经监理机构确认后，由监理机构组织预验收。

11.3.5 子单位工程验收

1. 在每个车站安装调试完成后，应进行子单位工程验收。

2. 在验收子单位工程时，应进行现场试验。在试验通过后，建设单位签署该车站的子单位工程验收报告。

3. 检查和验收的主要依据：

（1）设备基本技术条件；

（2）技术规格书中规定的技术要求和技术标准；

（3）设计联络中确定引用的技术标准；

（4）施工单位提供的合同设备及配套件安装手册和安装图；

（5）施工单位提交的技术文件，包括设计联络中双方确认的图纸、资料等；

（6）在执行合同过程中已经双方确认更改的部分；

（7）一些经双方签字确认的备忘录；

（8）施工单位提供的设备和主要部件（包括国外进口设备和部件）的产品合格证和出厂试验报告。

4. 施工单位应积极配合建设单位组织的工程验收，具体内容如下（包括但不限于）：

（1）按照相关规范及建设单位的要求进行验收前的资料准备及现场准备；

（2）接受建设单位的检查，并及时整改建设单位提出的问题；

（3）配合建设单位整理验收过程中的文件，并在竣工验收资料上签字确认；

（4）验收完成后，相关各方代表将在验收报告上签字确认。如在验收过程中发现任何一项不符合本工程的技术规格要求和性能要求，施工单位应在两周内免费更换合同设备相应不合格部分，以确保合同设备达到要求。

（5）验收资料应依据相关标准及建设单位、监理机构对资料的要求进行提交（验收时需提交的资料见合同的资料条款）。

11.3.6 系统验收

1. 全线站台门系统安装调试完成后（含联合调试），应按有关标准进行系统验收。

2. 系统验收完成后，经建设单位、管理机构、监理机构、施工单位四方签字，建设单位向施工单位发放系统验收证书。

3. 设备经过试运行后，经建设单位、管理机构、监理机构、施工单位四方签字，建设单位向施工单位发放试运行验收证书，设备正式移交。

4. 设备质保期后，经建设单位、管理机构、监理机构、施工单位四方签字，建设单位向施工单位发放最终验收证书。

11.3.7 试运行

试运行指城市轨道交通开通具备基本条件，冷、热滑试验成功后，对设备、设施进行安全测试和调试的不载客的列车运行活动。在试运行前，施工单位应使系统功能符合有关试运行条件。

1. 试运行期间工作

（1）施工单位在试运行期间派遣到施工现场的全部人员必须遵循建设单位或运营

单位制定的相关现场管理办法进行施工，由于违反现场管理办法造成的事故责任由施工单位自行承担。

（2）确保系统及其设备满足合同要求，其性能及各项参数达到设计标准。

（3）确保试运行时间符合合同要求。

（4）试运行期间需配合运营单位开展各项设备考核工作。

2. 试运行测试配合

（1）在6个月的试运行期间，施工单位应保证在行车期间为每站每班配备1人，负责本站站台门的故障处理、记录等事宜，并每日及时将故障记录及分析报告提交建设单位。

（2）施工单位应在试运行前提交详细的测试配合方案，包括组织机构、人员组成、作业计划表等内容。

3. 试运行期间的可靠性要求

站台门系统在试运行期间最后一个月内（信号系统调试正常后）的平均无故障次数达5万次。

4. 试运行期间的故障

（1）站台门系统故障

1）外部电源故障而站台门系统后备UPS无法投入使用，影响站台门系统正常使用。

2）控制设备（如门机控制器、中央控制盘、逻辑控制单元等）故障，使滑动门打不开。

3）滑动门传动装置故障，包括电动机故障、传动带故障、减速器故障等，且因故障而使滑动门无法正常工作。

4）滑动门、应急门门锁装置故障，如关门到位但无法形成安全回路。

（2）非站台门系统故障

1）外部输入条件故障，如信号系统无法输入开门、关门等命令而影响滑动门正常动作。

2）指示灯故障。

3）人为故障（如扒门等）。

4）障碍物影响滑动门开/关等。

5）门体玻璃爆裂。

6）站台门与列车间隙的障碍物探测报警系统故障。

7）终端错误显示。

8）端头门打开。

11.4　维护管理

11.4.1　维护人员

1. 维护人员必须经过安全和技术培训并取得相关资质证书后方可上岗。

2. 从事站台门系统电气设备维护的人员应持有关部门核发的电工特种作业操作证。

3. 检修负责人统一指挥检修工作，检修负责人应由有经验的、从事维修工作三年以上的人担任。

4. 维护人员应对工作认真负责并遵守规章制度，工作时应穿戴相应的劳动防护用品。

5. 维护人员应定期进行安全技术学习，增强安全生产意识，提高技术水平。

11.4.2　维护内容

机械结构维护内容见表11–1。

表11–1　机械结构维护内容

序号	维护对象	维护内容	专用工具	周期
1	底部结构	检查踏步板内是否有异物，清除可见异物 检查有无明显部件遗失或移动	—	每两周
		同双周维护内容 清除踏步板内的固体污垢 检查导靴支撑是否拧紧，确保导靴不紧靠踏步板内导槽	—	每年
2	门体结构	检测门体结构外观，确保无明显部件遗失或移动	—	每两周
3	顶部结构	检测顶部结构外观，确保无明显部件遗失或移动	—	每两周

续表

序号	维护对象	维护内容	专用工具	周期
4	滑动门	检测滑动门外观，确保门扇表面无摩擦和损坏 检查门扇打开、关闭状态 清洁滑动门站台侧	玻璃清洁专用工具	每两周
		同双周维护内容 检查开 / 关门运行时间，开门时间为（3±0.2）s，关门时间为（3.5±0.2）s 检查手动解锁装置（包括站台侧、轨道侧）	秒表 玻璃清洁专用工具	每月
		同月度维护内容 测试滑动门启动力（不超过 150 N） 测试障碍物探测功能 清洁滑动门轨道侧 调整滑动门关门间隙（10 mm 以内）	秒表 测力器 10 mm × 100 mm 木板 玻璃清洁专用工具	每季度
		同季度维护内容 检查门扇垂直高度（误差范围为 ±2 mm） 检查门扇中心到相邻门板尺寸误差（±2 mm） 调整门扇底部调节装置，从踏步板计算，控制门扇底部高度为（10±2）mm	秒表 测力器 10 mm × 100 mm 木板 玻璃清洁专用工具 水平仪 门扇底部调节装置调整专用扳手	每年
5	固定门	检测固定门外观，确保门扇表面无摩擦和损坏 清洁固定门站台侧	玻璃清洁专用工具	每两周
		同双周维护内容 清洁固定门轨道侧	玻璃清洁专用工具	每季度
6	应急门	检测应急门外观，确保门扇表面无摩擦和损坏 清洁应急门站台侧	玻璃清洁专用工具	每两周
		同双周维护内容 给限位装置加油，进行位置调整 清洁应急门轨道侧 检查手动解锁装置（包括站台侧、轨道侧）	玻璃清洁专用工具	每季度
7	端头门	检测端头门外观，确保门扇表面无摩擦和损坏 检查端头门门锁、闭门器 清洁端头门 检查手动解锁装置（包括站台侧、轨道侧）	玻璃清洁专用工具	每两周
		同双周维护内容 给限位装置加油，进行位置调整	玻璃清洁专用工具	每季度

续表

序号	维护对象	维护内容	专用工具	周期
8	顶盒	检查顶盒外观	—	每两周
		同双周维护内容 检查顶盒侧面与中间接入面板 检查顶盒内滑轮悬挂轨道有无异物 目测检查门机控制器与门锁定位置开关间的连接电线 清洁顶盒	—	每季度
		同季度维护内容 检查活动面板上的支撑、停靠、门铰链 清洁滑轮悬挂轨道 检查顶部门机外突支撑与自动运行横梁的连接 检查紧固顶盒内连线与端子 检查铠装电缆的固定件 检查端子区域塑料盖板	—	每年

等电位连接、电气绝缘与密封维护内容见表11–2。

表11–2　等电位连接、电气绝缘与密封维护内容

序号	维护对象	维护内容	专用工具	周期
1	等电位连接	检查导轨与门体等电位连接电缆的外观 检查站台板与门体间的等电位连接电缆外观	—	每两周
		同双周维护内容 检查、紧固导轨与门体等电位连接电缆 检查、紧固门机与门体间及门体与门体间的等电位连接电缆 检查、紧固导电碳刷和摩擦板 检查、紧固供电电缆 检测门机导电连续性	地阻仪 绝缘电阻测试仪	每年
2	电气绝缘	检测直流电源柜进线电缆相间的绝缘（AB、BC、CA相及相与接地之间的绝缘电阻大于0.5 MΩ） 检测门机绝缘（大于0.5 MΩ）	兆欧表	每半年
3	密封	检查站台门密封橡胶条 检查站台门上的毛刷	—	每两周
		同双周维护内容 紧固站台门密封橡胶条 紧固站台门上的毛刷	—	每年

监控系统维护内容见表 11–3。

表 11–3　　监控系统维护内容

序号	维护对象	维护内容	专用工具	周期
1	PSC	清洁 PSC 柜内，检查接线端子外观	PSC 柜钥匙	每半年
		同半年度维护内容 紧固接线端子	PSC 柜钥匙	每年
2	PSL	测试 PSL 灯 检查 PSL 外观，确保无明显部件遗失或移动	—	每两周
		同双周维护内容 检查 PSL 按钮，试验功能	—	每月
		清灰 紧固 PSL 内的接线端子	吹尘机	每半年
3	PSA	检查 PSA 运行状态	—	每两周
		同双周维护内容 查阅 PSA 监测数据	—	每月
		同月度维护内容 PSA 数据汇总、存档	—	每季度
		同月度维护内容 清洁 PSA 检测系统软件功能	—	每半年
		同半年度维护内容 检查 PSA 与 MMS 通信接口	—	每年
4	PEC	检查 PEC/IBP 上指示灯的功能	—	每两周
		同双周维护内容 检查 PEC 上按钮的功能	—	每月
		清灰 紧固 PEC 内的接线端子	吸尘机	每半年
5	系统测试装置（PST）	PST 功能试验	计算机 系统测试软件	每半年
6	主监视系统（MMS）	检查 MMS 运行状态	—	每两周
		同双周维护内容 查阅 MMS 监测数据 用户权限维护	—	每月

续表

序号	维护对象	维护内容	专用工具	周期
6	主监视系统（MMS）	同月度维护内容 清洁 MMS 系统软件功能检测（密码修改、账户管理、数据备份、系统测试、参数设置、电源参数通信口检测） MMS 数据汇总、存档	—	每季度
		同季度维护内容 检查 MMS 与 DCU 通信接口 检查 MMS 与 PSA 通信接口	—	每年

门机维护内容见表 11–4。

表 11–4　　门机维护内容

序号	维护对象	维护内容	专用工具	周期
1	传动装置	清洁驱动螺栓或驱动皮带，检查更换 驱动螺栓、球状螺母上加涂油脂 在其余螺母上刷润滑油并清除残油 紧固连接件 进行手动开 / 关门试验，确保无异常运行，无开裂与磨损，无明显阻力与异常噪声	—	每年
2	传动装置与滑动门的接口结构	紧固球形滚珠轴承及叉行咬合装置的连接部分 检查驱动叉上的模块钉与薄垫圈有无缺失 检查连接臂是否完好	—	每年
3	自动锁定装置	检查滚轮 进行手动关门试验，检查锁定销落位情况	—	每年
4	自动解锁装置	进行手动开门试验，检查锁定销解锁情况	—	每年
5	手动解锁装置	紧固解锁装置 用解锁把手手动打开门扇，进行开门试验 检查解锁把手复位情况	—	每年
6	手动解锁开关	紧固手动解锁开关端子 进行手动解锁试验	—	每年

续表

序号	维护对象	维护内容	专用工具	周期
7	门锁定位置检测开关	紧固门锁定位置检测开关端子 进行关门试验，检查门锁定情况	—	每年
8	电动机装置	紧固电动机接线端子 紧固电动机与球状轴承固定件 紧固电动机板固定件	—	每年
9	DCU	清洁 DCU 表面 紧固接线端子	—	每年
10	LCB	紧固接线端子 进行就地控制功能试验	—	每年
11	开门指示灯	巡视检查开门指示灯	—	每两周
		同双周维护内容 紧固开门指示灯接线	—	每年
12	蜂鸣器	巡视检查蜂鸣器	—	每两周
		同双周维护内容 紧固蜂鸣器接线	—	每年

供电系统维护内容见表 11-5。

表 11-5　　供电系统维护内容

序号	维护对象	维护内容	专用工具	周期
1	电源自切装置	模拟交流进线电源故障，检查电源自切功能 检查电气连接情况是否正常，有无过热现象	—	每半年
		同半年度维护内容 紧固接线端子 清灰	吸尘机	每年
2	充电模块	检查充电装置的连接器有无过热现象及其他明显的功能故障 检查充电电流	—	每半年
3	微机监控装置	检查微机监控装置运行状态	—	每两周
		同双周维护内容 查阅微机监控装置监测数据	—	每月

续表

序号	维护对象	维护内容	专用工具	周期
3	微机监控装置	同月度维护内容 清洁微机监控装置 检测系统软件功能 检查逆变器，确保逆变器能正常向工业控制机和监视器供电	—	每半年
4	馈线回路	检查馈线回路连接器有无过热现象及其他明显的功能故障	—	每半年
		同半年度维护内容 紧固接线端子 清灰	—	每年
5	蓄电池	检查蓄电池是否有渗液 检查蓄电池是否变形 检查站台门管理室温度、湿度	—	每两周
		检查单节电池电压 蓄电池驱动试验（市电中断） 蓄电池供电情况下的开 / 关门测试（上、下行各 3 次）	电压表	每半年
		清洁蓄电池充电单元 检查、紧固接线端子 蓄电池活化保养 检查电源模块的充电状态 检查电源模块的温升（小于等于 20 ℃）	放电器	每年

11.4.3 设备寿命与大修周期

1. 主要易损件的更换标准

（1）推杆锁在保险机构断或锁舌断或连杆弯曲无法使用时更换。

（2）端头门门体在门框变形或无法锁住或玻璃有裂纹时更换。

（3）各类继电器每 3 年更换一次。

（4）限位开关每 2 年更换一次。

（5）门把手每 2 年更换一次。

（6）站台门滑轨每 2 年更换一次。

（7）开门指示灯每 2 年更换一次。

（8）端子排断路器每 2 年更换一次。

（9）蓄电池每 3 年更换一次。

2. 大修周期

（1）PSA、MMS 每 5 年大修一次，厂商大修时进行软件更新。

（2）部件大修只要遵循规程执行适当的维护，5 年内不需要更换大件。

（3）只要按照站台门操作维护规程进行正确的操作，执行恰当的维护，站台门使用寿命就能超过 30 年。

（4）预防性部件更换周期见表 11–6。

表 11–6　　预防性部件更换周期

序号	部件名称	更换周期（年）
1	电动机和变速箱	10
2	驱动皮带和驱动丝杆	10
3	门支承滚轮	10
4	碳刷组件	5

11.5　常见故障处理

11.5.1　门机系统机械结构常见故障处理

1. 个别滑动门无法正常开 / 关

在滑动门开 / 关过程中，个别滑动门与其他部件摩擦或无法锁定与解锁，需要车站工作人员在站台侧进行就地操作。

（1）检查站台门门槛活槽中是否有异物卡住滑动门，若有，则清除异物。

（2）检查锁钩或锁体是否失效，若失效，则更换锁钩或锁体。

（3）检查门锁导轨是否出现故障或传动带是否断裂，若是，则调整或更换。

（4）检查电磁锁是否出现故障，若是，则维修或更换电磁锁。

（5）检查滑动门的惰轮或定向惰轮是否有故障，若有，则调整或更换惰轮或定向惰轮。

（6）检查滑动门门体是否下垂，与门槛卡住，若是，则调整滑动门，排除故障。

（7）检查滑动门手动解锁顶杆或钢丝是否松动，若是，则调整或更换。

（8）检查滑动门等电位接地铜刷是否松动致脱落，若是，则装上等电位接地钢刷并紧固。

（9）检查滑动门密封橡胶是否脱落致卡住上封板或门槛，若是，则装上密封橡胶并紧固。

（10）检查站台门密封件毛刷是否脱落或变形，若是，则调整或更换密封件毛刷。

（11）若滑动门玻璃破碎，门体变形，则更换滑动门。

（12）若滑动门被乘客推挤后引起报警，则就地进行临时应急处理，待列车离开后，断电后再推上开关即可。

（13）若滑动门门体倾斜，则需调整门扇垂直度。打开活动面板，使门处于关闭状态，在门扇的顶端中间部位放置水平尺，松开门扇紧固螺钉，调整调节门扇高度的吊紧螺钉，使门扇上的水平尺达到水平，然后紧固门扇紧固螺钉。

2. 个别滑动门开 / 关缓慢

（1）检查滑动门丝杆螺母副摩擦力是否增大或滑动门传动带是否松动，若是，则添加润滑脂或更换丝杆螺母副，调整或更换传动带。

（2）检查滑动门下滑槽是否与门槛活槽摩擦，若是，则调整滑动门下滑槽。

（3）检查滑动门惰轮与滑槽是否有异物，若有，则清除异物。

（4）检查滑动门惰轮或皮带惰轮是否松动或变形，若是，则紧固或更换。

（5）检查滑动门惰轮滑槽是否变形，若是，则更换惰轮滑槽。

（6）检查滑动门等电位接地铜刷是否松动，若是，则紧固等电位接地铜刷。

（7）检查滑动门上封板是否松动，若是，则调整或更换上封板。

3. 端头门、应急门无法正常开 / 关

（1）检查端头门、应急门的铰链是否松动或变形，若是，则调整或更换铰链。

（2）检查端头门、应急门锁杆或锁头是否松动或变形，若是，则调整或更换锁杆或锁头。

（3）检查端头门、应急门锁块是否松动或失效，若是，则调整或更换锁块。

（4）检查端头门、应急门下部挡板是否松动或变形，若是，则调整或更换下部挡板。

（5）检查端头门、应急门上封板是否松动，若是，则调整或更换上封板。

4. 滑动门、端头门、应急门手动解锁无法打开

检查解锁装置，用手推动门机里的解锁装置使偏转轴转动，检查锁定滑轮转动时是否能带动锁定销转动，使锁定滚轮脱离锁定槽。如果不能使锁定滚轮脱离锁定槽，则要调整解锁钢绳，使解锁钢绳外层蛇皮管金属套固定件后退，使解锁装置能够解锁，最后紧固螺钉。如果用手推动门机里的解锁装置使偏转轴转动，能使锁定滚轮脱离锁定槽，就说明门机解锁装置是正常的，问题是由门扇上的连杆传动滚轮不到位引起的。

检查过程如下：在门关闭时，进行手动解锁，检查是否能够把门机里解锁装置的偏转轴旋转到足够的角度，若不能，则检查在门关闭时门中缝是否能对准门洞中间，若不能对准，则调整门中缝位置；如果是门扇上端连杆转动角度不够，则调整门扇中的解锁机构。门扇解锁机构调整方法如下。

（1）站台侧

1）检查滑动门、端头门、应急门的锁块是否松动致脱落，若是，则调整或更换锁块。

2）检查滑动门、端头门、应急门的锁杆是否松动或变形致卡住，若是，则调整或更换锁杆。

3）检查滑动门、端头门、应急门的三角锁头是否磨损或断裂，若是，则更换三角锁头。

（2）轨道侧

1）检查滑动门、端头门、应急门的手动解锁把手或推杆是否松动或变形，若是，则调整或更换手动解锁把手或推杆。

2）检查滑动门、端头门、应急门的上封板是否松动致脱落，若是，则调整或更换上封板。

11.5.2 门机系统电气部分常见故障处理

1. 个别滑动门无法正常开 / 关

（1）检查故障门门头内单门微型电路断路器（MCB）是否跳闸，若是，则合上MCB。

（2）用笔记本式计算机（内有站台门编程逻辑软件）检查故障门的 DCU 是否有故障，若有，则更换 DCU。

（3）检查故障门的 LCB 是否有故障，若有，则更换 LCB。

（4）检查故障门的电动机是否有故障，若有，则更换电动机。

（5）检查故障门的地址码座或接插件是否正常，若不正常，则调整或更换地址码座或接插件。

（6）检查故障门的就地供电单元（LPSU）是否正常，若不正常，则更换 LPSU。

（7）检查故障门的门锁定位置开关（LLS）是否有故障，若有，则更换 LLS。

（8）检查故障门的各接线是否松动，若是，则紧固接线。

（9）检查故障门的电磁锁电气部分是否有故障，若有，则更换电磁锁。

（10）检查故障门的红外线安全探测装置是否有故障，若有，则修复或更换红外线安全探测装置。

（11）检查故障门的接近开关是否有故障，若有，则更换。

2. 多组滑动门无法正常开 / 关

（1）检查站台门的主控系统（MCS）配电柜（PDP）上的驱动或控制分段开关是否跳闸，若是，则合上跳闸的驱动或控制分段开关。

（2）检查故障门 DCU 连接线是否松动，若是，则紧固连接线。

（3）检查故障门驱动接线是否松动，若是，则紧固驱动接线。

（4）检查站台门 UPS 分段开关是否跳闸，若是，则合上跳闸的 UPS 分段开关。

（5）检查站台门的主控系统配电柜上的继电器或接触器是否有故障或接线是否松动，若是，则更换继电器或接触器，或紧固接线。

3. 整侧站台门无法正常开 / 关

（1）用笔记本式计算机（内有站台门编程逻辑软件）检查故障侧的站台门主控系统配电柜上的 PSC 是否有故障，若有，则更换 PSC。

（2）检查故障侧的 PSL 是否有故障，若有，则修复 PSL。

（3）检查故障侧的 PEC 是否有故障，若有，则修复 PEC。

（4）检查故障侧门头内驱动或控制接线是否松动或损坏，若是，则紧固接线或更换损坏线缆。

11.5.3　供电系统常见故障处理

1. 整侧站台门无法正常开 / 关

（1）检查故障侧的站台门主控系统配电柜上的驱动或控制开关是否跳闸，若是，则合上跳闸的驱动或控制开关。

（2）检查站台门 UPS 分段开关是否跳闸，若是，则合上跳闸的 UPS 分段开关。

（3）检查故障侧配电柜上的驱动或控制接线是否松动，若是，则紧固驱动或控制接线。

（4）检查故障侧配电柜上的继电器或接触器是否有故障，若有，则更换继电器或接触器。

2. 全部站台门无法使用

（1）检查站台门 UPS 总开关是否跳闸，若是，则合上 UPS 总开关。

（2）检查站台门双电源自切柜是否有故障，若有，则排除双电源自切柜故障。

（3）检查站台门 UPS 驱动或控制模块是否有故障，若有，则动用旁路电源（直接供电），修复 UPS 驱动或控制模块。

11.5.4　门体绝缘、电气绝缘与密封常见故障处理

1. 门体打火

（1）检查打火处的接轨道地的站台门门体与不接轨道地的其他设备是否间距过小（20 mm 内）或接触，若是，则调整维修，使间距大于 20 mm。

（2）检查打火处的绝缘材料是否损坏，若是，则更换绝缘材料。

2. 门体绝缘被破坏

（1）检查接轨道地的站台门门体与不接轨道地的其他设备或土建结构（包括装饰结构）是否导通，若是，则处理及清理。

（2）检查站台门门体内的电缆是否破损，若是，则更换破损的电缆。

（3）检查站台门门体是否渗水，若是，则解决渗水问题。

（4）检查站台门门体的绝缘材料处是否结灰，若有，则清理。

（5）分段检查绝缘被破坏的一侧门体，即断开相应的门头连接板、接地铜排、站台门地坎、线槽，拆下相应的固定门、固定门连接板、固定门上盖板和活动盖板，用兆欧表（500 MΩ）检测，重复该流程，直至找出被破坏的绝缘点并修复。

3. 电气绝缘故障

（1）检查故障侧的站台门主控系统配电柜内的配线是否损坏，若是，则修复或更换损坏的配线。

（2）检查站台门系统的安全接地装置是否损坏，若是，则修复或更换损坏的安全接地装置。

（3）检查站台门系统安全接地点的线缆连接是否脱落，若是，则接上脱落的线缆。

4. 密封故障

（1）检查故障处的滑动门上方毛刷、密封橡胶及橡胶门封是否损坏，若是，则修复或更换损坏密封件。

（2）检查故障处的端头门、应急门上方的密封橡胶及橡胶门封是否损坏，若是，则修复或更换损坏密封件。

11.5.5 监控系统常见故障处理

1. 监视和操作显示器显示不正常

（1）检查液晶显示器（LCD）的通信线缆接口插件是否脱落或损坏，若是，则接上或更换接口插件。

（2）检查站台门系统通信线缆是否损坏，若是，则更换通信线缆。

（3）检查监视和操作显示系统硬件是否有故障，若有，则修复硬件。

（4）用笔记本式计算机（内有站台门编程逻辑软件）检测监视和操作显示系统软件是否有故障，若有，则用笔记本式计算机（内有站台门编程逻辑软件）重新安装相关软件。

2. 监视和操作显示器不显示

（1）检查监视和操作显示器的电源是否正常，若不正常，则修复电源。

（2）检查监视和操作显示系统硬件是否有故障，若有，则修复硬件。

（3）用笔记本式计算机（内有站台门编程逻辑软件）检测监视和操作显示系统软件是否瘫痪，若瘫痪，则用笔记本式计算机（内有站台门编程逻辑软件）重新安装相关软件。

11.6 安全探测装置

11.6.1 光束探测系统

1. 设置原则

（1）直线车站应以每侧为一个防护分区，设置一套光束探测系统。

（2）曲线车站宜按车站曲率划分相应的防护分区，按防护分区设置多组光束发射器和光束接收器，并集中为一套光束探测系统。

2. 系统组成

每套光束探测系统由探测控制主机、光束发射器、光束接收器、声光显示装置和电源系统五部分组成。

（1）探测控制主机。探测控制主机安装在站台端头车头位置，应按防护分区提供探测信号联锁输出、联锁旁路、触发启动、延时停止、探测信息存储、故障报警等功能。

（2）光束发射器。光束发射器根据划分的防护分区布设在站台门与轨道站台边缘之间，用于发射探测光束。

（3）光束接收器。光束接收器与光束发射器成对安装，用于接收探测光束。

（4）声光显示装置。声光显示装置按照防护分区显示所有防护分区的光束探测信息、系统故障报警和旁路报警信息等，具有声光显示、报警功能，宜与 PSL 集成在同一界面上。

（5）电源系统。电源系统为光束探测系统供电，应接入站台门系统的供电回路中。

3. 系统功能

（1）探测功能。当有障碍物持续遮挡探测光束 2 s 以上时，视为防护区间有障碍物，应输出报警信号。要求在系统运营过程中，持续遮挡时间无须进行系统改造即可人为调整，调整范围至少为 0 ~ 5 s。

（2）安全保护功能。光束探测系统应具备接入站台门系统安全回路的功能。接入安全回路时，光束探测系统的报警应使站台门系统无法向信号系统发送所有门“关闭并锁紧”的信号。

（3）旁路功能。PSL 应具有旁路隔离光束探测系统的功能。隔离后，光束探测系统应仍正常工作并在 PSL 上报警，但站台门系统安全回路不再检测光束探测系统的状态信号。

（4）声光报警功能。光束探测系统的声光报警功能宜集成在 PSL 上，并在 PSA 上显示其工作状态及报警信息。单侧设多组光束探测器时，所有探测器的信息应集成在一个探测控制主机并显示在一个 PSL 终端上。

（5）开机自检功能。

（6）报警及故障信息自动记录存储和查询功能。每侧光束探测系统的报警及故障信息的存储时间应不小于 1 个月。

（7）防震动功能。在列车进站速度小于等于 60 km/h 的条件下，光束发射器和光束接收器不应发生水平及垂直方向的偏移和倾斜。

4. 技术要求

（1）系统应可识别车门与站台门间隙中的不透明物体，能完全识别的物体几何尺寸为高度大于 100 mm，厚度大于 30 mm。

（2）探测光束应不少于三束，光束发射器安装位置不能侵入设备限界。

（3）系统应满足城市轨道交通机电设备电磁兼容性标准的要求。

（4）探测控制主机防护等级大于IP55，光束发射器/光束接收器防护等级大于IP65。

（5）支架与站台绝缘电阻大于等于0.5 MΩ。

（6）系统整体使用寿命不小于20年。

5. 工作流程

光束探测系统实现对城市轨道交通列车与站台门门体间隙的实时监视，在间隙内有人体或物品等障碍物滞留时，自动切断站台门系统安全回路，禁止列车启动，同时向列车驾驶员发出声光报警，提醒驾驶员不要启动列车，障碍物清除时即可停止报警，允许列车启动。系统工作流程如下。

（1）光束探测系统处于24 h探测工作状态。

（2）只要整侧站台门处于“关闭并锁紧”状态，光束探测系统就始终在PSL上显示探测结果。若整侧站台门不处于“关闭并锁紧”状态，则光束探测系统不在PSL上显示探测结果。

（3）乘客上下车完毕，整侧站台门“关闭并锁紧”后，站台门系统向信号系统发出安全信号，同时开始检测光束探测系统的状态信号，检测过程需一定时间。在检测延时期间，若探测到有障碍物持续遮挡探测光束2 s（0～5 s可调）以上时，站台门系统应中止向信号系统发出安全信号，待障碍物清除，且确认所有滑动门/应急门“关闭并锁紧”并收到光束探测系统的安全信号后，重新向信号系统发出安全信号并再开始检测计时。若检测延时期间未探测到障碍物，则安全回路不再检测光束探测系统的状态信号。检测延时时间宜为30 s，该延时时间应在系统运营过程中无须进行系统改造即可人为调整，调整范围至少为0～60 s。

6. 安装要求

（1）一侧站台为一个防护分区时，光束发射器和光束接收器应通过支架安装在端头门之外的站台上。以车厢划分防护分区时，光束发射器和光束接收器应通过支架安装在固定门中央轨道侧的站台上。

（2）最底部光束发射器/光束接收器的高度宜大于等于100 mm，最顶部光束发射器/光束接收器的高度宜大于等于900 mm。

7. 运营维护

（1）安全检查。应每日检查安装支架是否倾斜，紧固件是否松动等，排除威胁列车运行安全的隐患。

（2）功能检查。应定期检查光束发射、接收功能，并进行灯光、蜂鸣器功能测试。

（3）电气检查。应定期检查控制箱内交流电源电压、开关电源输出直流电压的稳定性。

11.6.2 光带

1. 设置原则

（1）在直线地下车站每侧站台靠近车尾处安装光带，辅助列车驾驶员进行站台瞭望。

（2）曲线地下车站及所有高架和地面车站不设光带。

2. 装置组成

每套光带装置主要由电气控制箱、光带底座、光带和工作电源四部分组成。

（1）电气控制箱。电气控制箱用绝缘材料制作，防护等级大于IP55，内设空气开关。

（2）光带底座。光带底座用于固定光带，其与地面应用化学膨胀螺钉连接。

（3）光带。光带由高亮度、黄色光LED灯带组成，采用常亮方式。

（4）工作电源。工作电源应通过配电箱供电，配电箱内应配备断路器，可独立开/关电源。既有线路输入电源宜就近从配电箱引出；新线交流电宜取自站台门双电源自切柜，站台每侧安装一个直流开关电源。光带LED工作电源应为24 V直流。

3. 技术要求

（1）光带长度宜为1 800 mm。

（2）光带光点应具备良好的光线穿透和视觉效果，应采用节能型LED。光带光点数量宜为每排90个，兼顾车站照明环境。应根据驾驶员的瞭望要求，布设单排或双排LED。

（3）在光带前方1 m、高1.7 m处测LED照度，照度不应低于150 lx。

（4）光带整体工作性能稳定、可靠，平均故障间隔时间大于等于50 000 h。

（5）光带外壳应采用可增强光带强度的材质，并具备一定的抗冲击能力，防止外壳表面受力变形。

（6）应具备较好的防震动和防倾斜能力，光带底座与地面应用化学膨胀螺钉连接。

（7）光带底座与站台绝缘电阻大于等于0.5 MΩ。

（8）应采用低烟无卤阻燃铠装电缆，电源线用护套线并穿镀锌钢管。

（9）光带采用常亮方式。

4. 基本操作

列车发车前，驾驶员通过列车与站台门之间的缝隙观察光带发出的醒目黄色光，根据光带发光面积判断在列车与站台门之间是否有人或物，以便采取安全措施，达到保护乘客人身安全的目的。

5. 安装要求

（1）水平允许偏差为 ±2 mm，垂直允许偏差为 ±3 mm。

（2）光带与背面侧墙预置件紧固到位，不能有晃动、松脱现象。

（3）电缆应从站台外侧钻墙孔进入配电箱。

（4）应结合土建限界、设备限界、车辆限界，现场确定安装位置。

6. 运营维护

（1）安全检查。应每日检查光带底座的固定螺钉并适当加固。

（2）功能检查。光点应无坏点，发光亮度应符合要求，以免产生误判。

（3）电气检查。应定期检查控制箱内交流电源电压、开关电源输出直流电压的稳定性，以防止电压波动过大，影响 LED 使用寿命。

（4）绝缘检查。配电箱应可靠接地，馈线护套应无破损，系统周围不应潮湿。

技能要求

站台门安装及施工

操作要求

1. 能够确定站台门安装工艺。
2. 能够根据安装工艺正确断开与 PSL 的信号。
3. 能够更换站台门 PSL 配件。
4. 能够恢复与 PSL 的信号。

操作设备与工具

1. 车站站台门系统。
2. 活动扳手。
3. 十字旋具。
4. 一字旋具。
5. 尖嘴钳。
6. 电笔。

7. 万用表

操作步骤

步骤 1 正确找到与 PSL 的信号接线，并拆下。

步骤 2 正确更换站台门 PSL 配件。

步骤 3 确定 PSL 配件安装正确，PSL 具备使用条件，连接与 PSL 的信号接线。

注意事项

操作过程中不应违反规范。

第12章

项目管理

学习目标

- ☑ 了解立项管理
- ☑ 了解施工项目管理

知识要求

12.1　项目前期管理

项目前期管理是项目管理的起始阶段，一个项目能否成功与其有直接的关系。工程项目的前期管理是指工程项目施工前的决策和计划阶段的管理。

12.1.1　立项管理

1. 项目可行性报告

根据国家发展改革委与住房和城乡建设部发布的《建设项目经济评价方法与参数》、国家发展改革委审定发行的《投资项目可行性研究指南》、上海申通地铁集团有限公司颁布的《轨道交通大修、更新改造项目管理规定》中的要求，项目可行性报告一般包括以下内容：

（1）项目概况（项目建设背景、目标和任务）；

（2）项目建设必要性（项目实施前的现状分析、项目实施的必要性）；

（3）项目实施的可行性，包括地理位置、交通运输条件、通信条件、人员实施等，以及建设地点、建设单位、建设年限、建设方案、投资估算等；

（4）项目的效益（通过对项目实施可行性研究，对项目实施后产生的社会效益和经济效益进行预期分析）。

2. 项目初步设计

完成可行性研究后，项目进入初步设计阶段。初步设计一般包括形成设计说明书、设计图、主要设备材料表和工程概算四部分。

3. 投资估算编制

投资估算编制内容包括估算说明和总投资估算表、单项工程投资估算表、仪器设备投资估算表。

投资估算依据采用当地或行业部门现行的投资估算指标、概算定额的，要说明这些指标、定额的颁布部门及颁布时间；采用主管部门有关项目投资估算编制要求文件的，要说明文件名称与文号。

4. 立项报告编写

立项报告主要论证项目建设的必要性，建设方案和投资估算比较概括，投资估算误差为 30% 左右。

立项报告是由项目投资方向其主管部门上报的文件，广泛应用于国家立项审批工作中。它从宏观上论述项目设立的必要性和可行性，把项目投资设想变为概略的投资建议。立项报告可供项目审批机关作出初步决策。它可以减少项目选择的盲目性，为下一步工作打下基础。

（1）立项报告的主要内容

1）项目投资方的名称、生产经营概况、法定地址、法人代表的姓名和职务、主管单位名称。

2）项目建设的必要性和可行性。

3）项目建设内容。

4）生产技术和主要设备（需要说明技术和设备的先进性、适用性和可靠性），以及重要技术经济指标。

5）主要原材料及水、电、气供给情况，运输等需求量及其解决方案。

6）员工数量、构成和来源。

7）投资估算，需要说明要投入的固定资金和流动资金。

8）投资方式和资金来源。

9）经济效益初步估算。

（2）立项流程。设计院完成项目初步设计、项目投资估算后，由第三方投资监理审价公司进行立项审价，出具投资监理立项审价咨询意见。项目建设单位根据设计院的方案和投资监理审价公司的审价咨询意见编写项目建议书、填写立项申请表后，上报集团立项。

集团的设施设备部、技术中心与相关职能部门进行会审，报集团领导批准后，下发同意立项批复。

12.1.2 项目招标管理

根据《中华人民共和国招标投标法》，在中华人民共和国境内进行大型基础设施、公用事业等关系社会公共利益、公众安全的工程建设项目，全部或者部分使用国有资金投资或者国家融资的工程建设项目，使用国际组织或者外国政府贷款、援助资金的工程建设项目，项目的勘察、设计、施工、监理以及与工程建设有关的重要设备、材料等的采购必须进行招标。

1. 招标形式

《中华人民共和国招标投标法》规定，招标分为公开招标和邀请招标。公开招标是指招标人以招标公告的方式邀请不特定的法人或者其他组织投标。邀请招标是指招标人以投标邀请书的方式邀请特定的法人或者其他组织投标。招标人具有编制招标文件和组织评标能力的，可以自行办理招标事宜。任何单位和个人不得强制其委托招标代理机构办理招标事宜。对于依法必须进行招标的项目，招标人自行办理招标事宜的，应当向有关行政监督部门备案。

2. 招标技术文件编写

对于系统性大修、改造及资本性项目，设计院完成项目初步设计后进行专家评审，设计院根据专家评审意见编制招标项目技术规格书。

3. 招标技术文件审核

项目管理部门负责将招标项目技术规格书提交给集团技术中心进行审核。设计院根据集团技术中心审核意见修改招标项目技术规格书。

4. 项目招标流程

项目管理部门负责申报招标计划，在申报项目前认真对所要招标的项目进行调研和专家论证，并出据项目论证报告书（技术规格书、设计方案）以及建议投标单位资质条件等。项目招标流程如图 12-1 所示。

图 12-1　项目招标流程

12.1.3　合同签订

1. 设计联络会的内容

项目招标完成后，项目管理单位组织施工单位、设计单位、监理单位等召开设计联络会。设计联络会由项目管理单位主持，施工单位、设备供货商与设计单位之间就设计方案进行澄清、优化、文件确认等。

2. 合同签订的主要内容

根据招标项目技术规格书，项目管理单位和中标单位就招标文件的具体技术参数和具体文件响应情况进行技术澄清及合同条款商谈。

12.2 施工项目管理

12.2.1 施工准备阶段管理

1. 施工准备阶段的工作内容

（1）业主方。落实“三通一平”，即水通（专指给水），电通（指将施工用电接到施工现场，满足施工条件），路通（指场外道路已铺到施工现场周围入口处，满足车辆出入条件），场地平整（指现场基本平整，无须机械平整，人工简单平整即可进入施工状态）。

（2）施工方。落实项目部办公地点；成立项目组织机构，并报监理方、业主方审批；编制施工组织设计等资料并报批；机械、人员、物资进场；申报“开工令”。

（3）监理方。成立项目组织机构，并报业主方审批；编制监理规划、实施细则等资料并报批；审核“开工令”并签章。

2. 设计交底与施工图会审

为使参与工程建设的各方了解工程设计的主导思想、建筑构思和要求、采用的设计规范、确定的抗震设防烈度、防火等级、基础、结构、内外装修及机电设备设计，掌握对主要建筑材料、构配件和设备的要求，所采用的新技术、新工艺、新材料、新设备的要求，以及施工中应特别注意的事项，保证工程质量，设计单位必须依据国家设计技术管理的有关规定，进行设计交底与施工图会审。

12.2.2 施工过程管理

一个工程项目能否在预定的时间内施工并交付使用，这是投资者特别是生产性或商业性工程的投资者最为关心的问题，这直接关系到投资效益的发挥。因此，为使工程在预定的工期内完工交付使用，工程项目的进度控制是一项非常重要的工作。

工期是由从开工到竣工验收的一系列工序所需要的时间构成的，工程质量是施工过程中由各施工环节保障的，工程投资也是在施工过程中发生的。施工管理过程中，在进行质量控制和投资控制时，都是在总的计划下按照具体的进度计划确定成本预算和进行成本分析的。

加快进度、缩短工期会引起投资增加，但项目提前生产和使用会带来提早获得效益的好处。进度快，有可能影响质量，而质量的严格控制又有可能影响进度，但在严格控制质量下，因为不返工又会加快进度。因此，工程项目中的进度控制不是单单以工期为衡量标准的，而是在一定的约束条件下，寻求发挥三者效益，恰到好处地处理好三者之间的关系。进度控制还需要各阶段和各部门之间的紧密配合和协作。只有这样，才能有效地进行建设项目的进度控制。

1. 施工工期控制

（1）明确工程进度管理控制要点。

（2）制订科学合理的工期总控计划。

（3）制订科学合理的阶段目标控制计划。

（4）制订周密细致的材料和设备采购计划。

（5）制订切实可行的专业分包进场计划。

（6）制订详细的月、周、日施工计划，并进行检查、监督和跟踪，确保每个阶段目标的实现。

（7）充分协调各参建单位之间的关系，包括业主方、设计方、施工方（总包、分包）、监理方、跟踪审计方、供货商之间的关系，从而使施工中的每个单位都不拖延，每个环节都按照既定的计划进行。

2. 工期计划目标控制

（1）合同制约法。在签订总承包或施工合同时，明确工期目标和阶段性目标及对应的奖惩措施，对承包商的阶段性目标完成度进行奖励或惩罚。

（2）阶段目标控制法。一开始就制订项目阶段目标计划，保证每个阶段目标的实现。实施阶段进度控制涉及工程建设各阶段的工作内容、工作程序、持续时间和衔接关系，应根据进度总目标及资源优化配置的原则编制计划体系并付诸实施，然后在进度计划的实施过程中经常检查实际进度是否符合计划要求，对出现的偏差情况进行分析，采取补救措施或调整、修改原计划后再付诸实施。

12.2.3 施工质量控制

施工质量控制是施工管理的核心内容之一。施工技术组织措施的实施与改进、施工规程的制定与贯彻、施工过程的安排与控制，都是以保证工程质量为主要前提的。施工质量控制是最终形成工程质量和工程项目使用价值的保证。

1. 施工质量控制的中心任务

施工质量控制的中心任务是要通过建立健全有效的质量监督工作体系来确保工程

质量达到合同规定的标准和等级要求。根据工程质量形成的时间阶段，施工质量控制可分为质量事前控制、质量事中控制和质量事后控制。其中，工作的重点应是质量事前控制。

2. 施工质量控制的基本方法

工程项目施工过程中，为了保证工程施工质量，应对工程建设对象的施工生产进行全过程、全方位的质量监督、检查与控制，包括事前的各项施工准备工作质量控制，施工过程中的控制，以及各单项工程及整个工程项目完成后对建筑施工及安装产品质量的事后控制。

3. 质量事故原因分析

（1）违背基本建设程序。基本建设程序是工程项目建设过程及其客观规律的反映。有些工程不按基本建设程序进行，导致质量事故。

（2）地质勘查问题。未认真进行地质勘查，勘探时钻孔深度、间距、范围不符合规定要求，地质勘查报告不详细、不准确、不全面反映实际地基情况等，使得对地下情况不清楚，对基岩起伏分布误判等，这些均会导致采用不恰当或错误的基础方案，造成地基不均匀沉降、失稳，使上部结构或墙体开裂、破坏，或引发建筑物倾斜、倒塌等质量事故。

（3）对不均匀地基处理不当。对软弱土、杂填土、冲填土、大孔性土、湿陷性黄土、膨胀土、红黏土、岩溶、土洞、岩层出露等未进行处理或处理不当也是导致重大质量事故的原因。必须根据不同地基的特点，从地基处理、结构措施、防水措施、施工措施等方面综合考虑，加以治理。

（4）设计计算问题。盲目套用图样，采用不正确的结构方案，计算简图中的相关数据与实际受力情况不符，荷载取值过小，内力分析有误，沉降缝或变形缝设置不当，悬挑结构未进行抗倾覆验算，计算错误等都是质量事故隐患。

（5）建筑材料及制品不合格。

（6）施工与管理问题。

（7）自然条件影响。暴雨、风、浪、洪水、雷电、日晒等均可能成为质量事故的诱因，施工中应特别注意并采取有效的预防措施。

12.2.4 施工安全控制

施工安全控制是施工过程中涉及的计划、组织、监控、调节和改进等一系列致力于保证施工安全所进行的管理活动。

1. 施工安全控制的目标

施工安全控制的目标是减少和消除施工过程中的事故，保证人员健康安全和财产免受损失，具体包括：减少或消除人的不安全行为的目标；减少或消除设备、材料的不安全状态的目标；改善施工环境和保护自然环境的目标。

2. 施工安全控制的特点

由于大部分建设改造项目工程规模大，专业接口多，工艺复杂，工序多，且在施工过程中流动作业和高处作业多，作业位置变化多，遇到的不确定因素多，因此施工安全控制工作涉及范围大，控制面广。

3. 施工安全控制的程序

（1）确定每项具体施工工程的安全目标。按目标管理方法，制定项目管理系统每个岗位的安全目标，实现全员安全控制。

（2）编制安全技术措施计划。工程施工安全技术措施计划是用技术手段对施工工程中的不安全因素加以消除和控制的文件，是落实“预防为主”方针的具体体现，是进行工程项目安全控制的指导性文件。

（3）落实和实施安全技术措施计划。落实和实施安全技术措施计划包括建立安全生产责任制，设置安全生产设施，采用安全技术应急措施，进行安全教育和培训、安全检查、事故处理，沟通和交流信息，通过贯彻一系列安全技术措施，使生产作业的安全状况处于受控状态。

（4）验证安全技术措施计划。验证安全技术措施计划是指通过施工过程中对安全技术措施计划的实施情况进行检查，改善不符合安全技术措施计划的情况，保证安全技术措施计划贯彻和实施。

12.3 项目成本管理

12.3.1 项目成本控制的目的

项目成本控制的目的是降低项目成本，提高经济效益。降低项目成本除了要控制成本支出外，还必须增加预算收入。只有在增加预算收入的同时节约成本支出，才能提高施工项目成本管理水平。

12.3.2　项目成本控制的作用

项目成本控制的作用是在项目成本的形成过程中，对生产经营所消耗的人力资源、物质资源和费用开支进行指导、监督、调节和限制，及时纠正将要发生和已经发生的偏差，把各项生产费用控制在计划成本的范围之内，保证成本目标的实现。

12.3.3　项目成本控制的方法

项目成本控制的方法包括两类：一类是通过分析和预测项目影响要素的变动与项目成本发展变化趋势来进行项目成本控制；另一类是通过控制各种要素变动来进行项目成本控制。

项目成本有三种：确定性成本、风险性成本和不确定性成本。

项目不确定性成本的成因有三个方面：项目具体活动本身的不确定性（可发生或不发生），活动规模及其所消耗资源数量的不确定性，项目活动所消耗资源价格的不确定性（价格可高可低）。

项目成本控制的关键是项目不确定性成本控制。项目不确定性成本控制的根本任务是识别和消除不确定性事件，从而避免不确定性成本发生。

12.3.4　项目成本控制的流程

项目成本控制的流程如图 12-2 所示。

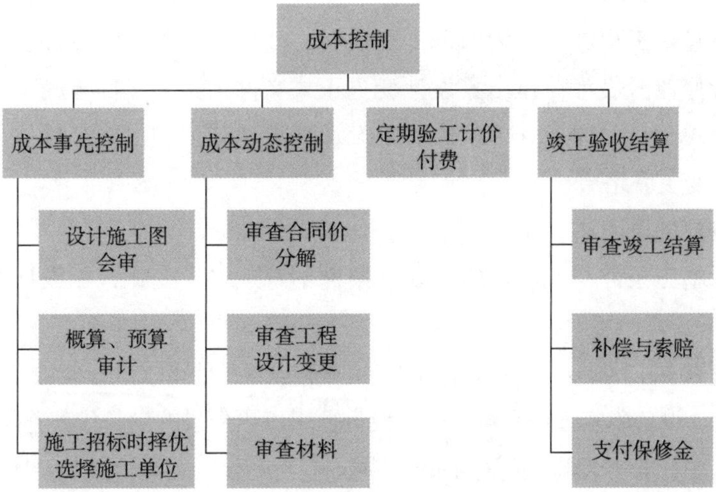

图 12-2　项目成本控制的流程

12.3.5 概算控制

1. 项目概算控制

项目方案通过评审后，项目管理单位根据最终方案上报项目概算，上报集团投资监理进行项目概算审核。

2. 立项预算控制

项目管理单位在收到投资监理项目概算审核意见和项目建议书后上报集团投资管理部审批。集团投资管理部正式批复项目报告，项目组根据正式批复项目报告进行项目方案深化，编制详细的立项预算，上报集团投资监理进行招标或直接委托的限价审价。

3. 合同价控制

施工单位通过招标或竞争性谈判确定项目正式合同价，项目组根据中标通知书或谈判会议纪要和施工单位签订正式合同。签订双方要在合同中对付款方式进行明确约定。

（1）进度款控制。项目组根据合同要求和现场实际工作量按时付款。施工单位提出进度付款申请，监理或车间出具审核意见，项目组对施工单位的进度付款申请和监理或车间的审核意见进行复核。项目组及时按照合同完成付款。

（2）项目结算。项目施工完成后，施工单位按照所签订的合同要求和现场实际工作量进行项目结算。

12.3.6 项目设计变更

1. 设计变更的概念

设计变更是指工程施工中为保证工程质量、优化和完善工程设计、纠正设计错误而进行的设计修改。设计单位出具设计变更正式文件，这个文件与施工图具有同等效力。设计变更单包括由原设计单位出具的设计变更通知单和由施工单位征得原设计单位同意的设计变更联络单。

2. 设计变更的原因

（1）实际施工条件与原设计施工要求条件不符或发生变化，原设计有关部分需要修改。

（2）建设方要求的局部使用功能改变，设计方为满足要求进行修改、变动。

（3）材料、设备确实无法采购，或建设方要求以更先进的设备代替并经设计方同意。

（4）施工中，各方发现图样确有误、漏、不当之处，需要修改。

（5）其他原因。

属于设计变更范畴的，应该由设计单位下发设计变更通知单。设计变更将增加造价，应征得建设方同意，所增加的造价按设计变更处理。涉及结构改动的设计变更应经审图办审查。

3. 设计变更的依据

由于设计图和现场施工情况发生冲突或项目组根据现场运行管理提出新需求，造成施工单位无法按图施工时，设计单位提出设计变更。对于重大设计变更，设计单位必须得到项目组负责人的同意许可后出具设计变更通知单。

12.4 项目资料管理

12.4.1 项目资料管理的意义

项目资料包括工程资料和施工资料。

工程资料是建设施工中的重要组成部分，是工程建设及竣工验收的必备条件，也是对工程进行检查、维护、管理、使用、改建和扩建的原始依据。住房和城乡建设部与各省市相关部门对工程资料管理工作都非常重视，多次强调要做好工程资料管理工作，明确指出：任何一项工程，如果工程资料不符合标准规定，则判定该项工程不合格。

施工资料是单位工程施工全过程的原始资料，是反映工程内在质量的凭证。施工资料不仅能为工程事故调查和正确处理提供有力的依据，而且也是工程使用过程中维修、扩建、改建、增层等重要的参考资料。做好施工资料管理工作，对保证工程结构安全和使用功能、提高工程质量有着十分重要的意义。

12.4.2 项目资料收集

1. 施工管理资料

施工管理资料包括工程概况表、施工进度计划分析、项目大事记、施工日志、不合格项处置记录、工程质量事故报告、建设工程质量事故调（勘）查笔录、建设工程质量事故报告书及施工总结。

2. 施工技术资料

施工技术资料包括工程技术文件报审表、技术管理资料、技术交底记录、施工组织设计、施工方案、设计变更文件、施工图审查记录、设计交底记录，以及设计变更、洽商记录。

3. 工程质量控制资料

工程质量控制资料包括单位、分部、分项、检验批等施工质量验收及核查记录等。

4. 工程技术控制资料

工程技术控制资料包括施工图会审资料、技术联系变更资料、结构检测资料，以及施工过程中建设、监理方面的相关技术文件。

5. 工程测量资料

工程测量资料包括基槽验线、标高抄测、定位、放线等方面的资料。

6. 原材料检验资料

原材料检验资料包括物资进场合格证、原材料二次复试报告、成品及构配件（试块、钢筋接头等）检测试验报告。

12.4.3 竣工资料编制

1. 竣工资料包括竣工图和工程管理文字材料。竣工资料是工程建设的全面总结，是基本建设的重要技术档案，是工程项目投产后的生产管理、维修、改造、扩建的依据。竣工资料必须完整、准确、系统。

2. 竣工资料必须与工程建设的实际相符，要在工程建设的程序中形成和积累，确保真实性、准确性。应严格按照国家有关要求编制竣工资料，做到图物相符，技术数据准确可靠，签字手续完备。

3. 建设工程竣工档案的组卷应遵照国家标准《科学技术档案案卷构成的一般要求》（GB/T 11822—2008）和《建设工程文件归档规范》（GB/T 50328—2014）的要求和建设工程竣工档案的专业特点进行。

4. 竣工图是竣工资料的重要组成部分，是真实记录和反映地上与地下的建筑物、构筑物或管线工程的技术材料，各施工单位和主管部门都要重视竣工图的编制。

12.5 竣工验收

工程项目的竣工验收是施工全过程的最后一道程序，也是工程项目管理的最后一项工作。它是建设投资成果转入生产或使用的标志，也是全面考核投资效益、检验设计和施工质量的重要环节。

12.5.1 竣工验收的准备工作

1. 完成收尾工程

收尾工程的特点是零星、分散，工程量小，但分布面广。如果不及时完成收尾工程，就会直接影响项目的竣工验收及运营使用。做好收尾工程，必须明确收尾工程项目，应通过竣工前的预检做一次彻底的清查，按设计图和合同要求，逐一对照，找出遗漏项目和需修补的工作，制订作业计划，相互穿插施工。

2. 竣工验收资料准备

竣工验收资料是工程项目竣工验收的重要依据，从施工开始就应完整地积累和保管，竣工验收时应经编目建档。

3. 竣工预验收

竣工预验收是初步鉴定工程质量、避免竣工进程拖延、保证项目顺利投产使用不可缺少的工作。通过竣工预验收，可及时发现遗留问题，事先予以返修、补修。

12.5.2 竣工验收的依据

竣工验收的依据主要有城市轨道交通设计规范、设计文件、施工图和说明书，设备技术说明书，招标投标文件和工程合同，施工图会审记录、设计修改签证和技术核定单，现行的施工技术验收标准及规范，协作配合协议，以及施工单位提供的有关质量保证文件和技术资料等。工程项目的规模、工艺流程、工艺管线、生产设备、土地使用、建筑结构、建筑面积、内外装修、质量标准等，必须与上述文件所规定的内容一致。

12.5.3 竣工验收的流程

1. 工程完工后，施工单位向建设单位提交竣工报告，申请竣工验收。对于实行监理的工程，竣工报告必须经总监理工程师签署意见（施工单位在竣工前，通知质量监督部门对工程实体进行质量监督检查）。

2. 建设单位收到竣工报告后，对于符合竣工验收要求的工程，组织勘察、设计、施工、监理等单位和其他有关方面的专家形成验收组，制订验收方案。

3. 建设单位应当在竣工验收 7 个工作日前将验收的时间、地点及验收组名单通知给负责监督该工程的工程监督机构。

4. 建设单位组织竣工验收，具体包括以下流程。

（1）建设、勘察、设计、施工、监理等单位分别汇报工程合同履行情况，以及在工程建设各个环节执行法律、法规和工程建设强制性标准的情况。

（2）审阅建设、勘察、设计、施工、监理等单位提供的工程档案资料。

（3）查验工程实体质量。

（4）对工程施工质量、设备安装质量和各管理环节等方面做出总体评价，形成竣工验收意见，由验收人员签字确认。

5. 当参与竣工验收的建设、勘察、设计、施工、监理等各方不能形成一致意见时，应请当地相关行政主管部门或监督机构进行协调，待意见一致后，重新组织竣工验收。

12.5.4 竣工验收的必备条件

1. 已完成设计和合同规定的各项内容。

2. 单位工程所含分部（子分部）工程均验收合格，符合法律、法规、工程建设强制性标准、设计文件规定及合同要求。

3. 项目资料符合要求。

4. 单位工程所含分部工程有关安全和功能的检测资料完整，主要功能项目的抽查结果符合相关专业质量验收规范的规定。

5. 单位工程观感质量符合要求。

6. 各专项验收及有关专业系统验收全部通过。

12.6 项目后评估及项目总结

项目后评估是指在项目已经完成并运行一段时间后，根据项目的目的、执行过程、效益、作用和影响，进行系统的、客观的分析和总结的一种技术经济活动。

12.6.1 项目后评估

1. 项目后评估的目的

项目后评估的目的是确认项目预期目标是否达成以及主要效益指标是否实现，查找项目成败的原因，总结经验教训，及时有效反馈信息，提高未来新项目管理水平，以及为项目投入运营中出现的问题提出改进意见和建议，以提高投资效益。

2. 项目后评估的方式

项目后评估根据时间可以分为项目跟踪评估、项目实施效果评估和项目影响评估。

项目跟踪评估是指项目开工后到项目竣工验收前任一时间所进行的评估，又称项目中间评估。

项目实施效果评估是指项目竣工一段时间后所进行的评估。

项目影响评估是指项目后评估报告完成一定时间之后所进行的评估，又称项目效益评估。

12.6.2 项目总结

1. 项目总结的目的

（1）了解项目全过程的工作情况及相关团队或成员的绩效情况。

（2）了解出现的问题并总结改进措施。

（3）了解项目全过程中值得吸取的经验并进行总结。

2. 项目总结报告的内容

项目总结报告的内容一般包括项目基本情况、项目计划和技术指标、项目完成情况、取得的主要成就、采取的做法和措施、经验和体会、存在的主要问题、下一步工作打算和建议、大事件。

第13章

综合素质

学习目标

- ✔ 掌握上海地铁企业文化的基本理念
- ✔ 掌握技师论文写作
- ✔ 掌握答辩技巧
- ✔ 了解计算机的工作原理与分类
- ✔ 掌握日常基础英语和维护保障专业英语

知识要求

13.1 上海地铁企业文化

13.1.1 企业文化基础知识

1. 企业文化的定义

广义的企业文化是指企业所创造的具有自身特点的物质文化和精神文化，由企业的组织结构、技术特点、经营思想、人员状况及内外环境共同影响形成。

狭义的企业文化包括企业的使命、愿景、价值观、规章制度、礼仪和庆典等，其中使命、愿景、价值观是核心。

2. 企业文化的主要内容

（1）经营哲学。经营哲学也称企业哲学，是一个企业特有的从事生产经营和管理活动的方法论，是指导企业行为的基础。

（2）企业价值观。企业价值观是指企业员工对企业的存在意义、经营目的、经营宗旨等的价值评价和群体意识，是企业全体员工共同的价值准则。

（3）企业精神。企业精神是指企业基于自身特定的性质、任务、宗旨、发展方向等，经过精心培养而形成的成员群体精神风貌。企业精神要通过企业全体员工有意识的实践活动体现出来。

（4）企业道德。企业道德是调整本企业与其他企业之间、企业与顾客之间、企业内部员工之间关系的行为规范的总和。它从伦理关系的角度，以善与恶、公与私、荣与辱、诚实与虚伪等道德范畴为标准来评价和规范企业行业。

（5）团体意识。团体意识是指团体成员的集体观念。团体意识是企业内部凝聚力形成的重要因素。

（6）企业形象。企业形象是企业通过外部特征和经营实力表现出来的、被公众所认同的企业总体印象。由外部特征（如招牌、门面、徽标、广告、商标、服饰、营业环境等）表现出来的企业形象称为表层形象；通过经营实力（如人员素质、管理水平、资本实力、产品质量等）表现出来的企业形象称为深层形象，它是企业内部要素的集中体现。

（7）企业制度。企业制度是在生产经营实践活动中所形成的，对人的行为有强制性，并能保障一定权利的各种规定。企业制度是精神文化的表现形式，是物质文化实现的保证。

3. 企业文化与企业竞争力

（1）企业文化是企业竞争力的核心要素。企业竞争力反映在三个层面：第一层面是产品层面，包括企业产品生产及质量控制能力、服务能力、成本控制能力、营销能力、技术发展能力等；第二层面是制度层面，包括各经营管理要素组成的结构平台，企业内外的人、事、物、环境、资源关系，企业运行机制，企业产权制度等；第三层面是核心层面，包括企业文化、企业形象、企业创新能力、企业特色、财务情况、发展目标等。

企业要有竞争力，必须在企业文化上下功夫。技术、制度等可以学，但企业文化是很难移植和模仿的。从这个意义上来说，企业文化已经成为企业竞争力的核心要素。

（2）企业文化是企业竞争力的源泉。文化本身就是一种生产力。文化既是一定的生产力、生产组织方式的反映，又与一定的生产力、生产组织方式相适应。

企业经营战略是建立在一系列的假设、前提与信念的基础之上的。在基本假设正确的前提下，许多企业仍难以实施其战略，主要原因往往是企业文化与企业经营战略不协调。企业文化对企业经营战略有重要作用。一方面，企业文化引导经营战略的定位。现代企业的经营战略是在符合企业价值观等企业文化核心要素的总体经营思想、路线和方针的指导下产生的。另一方面，企业文化引导经营战略的实施。企业经营战略需要企业全体员工共同自觉地贯彻执行，否则再完美的企业经营战略也只是纸上谈兵。企业文化正是以其所营造的价值取向、经营观念和行为方式潜移默化地引导企业全体员工贯彻执行既定的战略，保证战略目标的实现。

良好的企业文化有助于形成一种有利于员工创造性发挥，倡导创新意识，运用创新思维，精通创新之道，敢于创新竞争，鼓励尝试风险的企业环境。良好的企业文化氛围不仅有助于新思想的产生，而且能使这些新思想迅速而有效地应用到实际中去。知识经济时代的创新特征是团队创新，企业文化可内化为团队精神，将个体创新的分力整合为团队创新的合力。从这个意义上讲，企业文化是企业创新能力的原动力。

13.1.2 上海地铁企业文化的发展与建设

1. 上海地铁管理体制历经的变化

1988年2月，上海市地铁工程建设指挥部成立，负责领导和协调上海地铁1号线的工程建设。

1991年8月，上海市地铁运营管理处成立，负责上海地铁的运营管理。

1992年10月，上海市地铁总公司成立，负责上海地铁的项目融资、工程建设、运营管理、经营开发管理。

1998年1月，为使上海地铁工程建设管理从上海市地铁总公司管理体系中分离出来，由社会资本合股组建成立了上海城市轨道交通建设有限公司。

2000年4月，上海市人民政府再次对上海地铁管理体制进行改制，提出“投资、建设、运营、监管”四分开的管理模式，撤销了上海市地铁总公司、上海城市轨道交通建设有限公司等，组建了上海申通集团有限公司、上海地铁建设有限公司、上海地铁运营有限公司，而后又成立了上海现代轨道交通股份有限公司。上海申通集团有限公司负责上海地铁投融资管理，上海地铁建设有限公司负责工程建设管理，上海地铁运营有限公司和上海现代轨道交通股份有限公司负责运营管理。

2004年6月，经上海市人民政府批准，上海申通集团有限公司和上海地铁建设有限公司重组合并，成立新的上海申通集团有限公司。

2005年7月，上海地铁运营有限公司从上海城市交通管理局划转至上海申通集团有限公司。

2007年4月，上海现代轨道交通股份有限公司划转至上海申通集团有限公司，上海申通集团有限公司更名为上海申通地铁集团有限公司。

2. 上海地铁企业文化发展的思想基础

随着我国改革发展的推进，加强社会主义文化建设、弘扬先进文化思想、践行社会主义核心价值观的重大意义越来越被公众所认识，企业文化建设的作用、意义也得到社会的广泛认同。在文化发展的大背景下，上海地铁企业文化建设乘势而行，逐步推进。特别是上海申通地铁集团有限公司成立后，上海地铁管理体系发生了根本变化，投资、建设、运营、资产经营开发、设计的一体化管理促进了上海地铁企业文化建设的全面统筹规划，促使上海地铁从更高的视角确定其企业文化建设的战略目标。上海地铁企业文化的精髓及文化建设的优秀品质得到了传承，这些宝贵财富为当今上海地铁企业文化建设发展打下了坚实的基础。

3. 上海地铁企业文化建设的指导思想、基本原则和目标

（1）指导思想。高举中国特色社会主义伟大旗帜，坚持以马克思列宁主义、毛泽东思想、邓小平理论、“三个代表”重要思想、科学发展观、习近平新时代中国特色社会主义思想为指导，紧密团结在以习近平同志为核心的党中央周围，深入贯彻学习党的十九大和习近平总书记系列重要讲话精神，紧紧围绕“五位一体”总体布局和“四个全面”战略布局，牢固树立和贯彻落实创新、协调、绿色、开放、共享的发展理念，准确把握企业文化建设的时代主题和历史使命，以社会主义核心价值观为引领，以推动城市创新驱动发展、经济转型升级为根本，以促进企业改革发展和员工全面发展为己任，遵循企业文化发展规律，内铸精神、外塑形象，不断增强企业活力和竞争力，为上海继续当好改革开放排头兵、创新发展先行者，迈向卓越的全球城市，实现“两个一百年”奋斗目标和中华民族伟大复兴的中国梦贡献力量。

（2）基本原则。上海地铁企业文化具有鲜明的社会性、民生性、人文性、宣传性等特点。根据这些特点，开展企业文化建设要坚持“四个结合”的原则。

1）企业文化建设要与企业特性和企业发展愿景相结合。企业文化是企业的经营管理文化。要围绕集团的使命、目标，倡导集团的核心价值理念，把企业的发展愿景、目标融合在企业文化建设之中，用企业文化来引导、宣传和践行企业愿景，使企业文化成为广大员工共同追求的思想基础。开展企业文化建设要围绕企业的中心工作，把企业价值观和企业精神渗透到企业的制度和规范中，让广大员工自觉地执行各项规章制度，进一步加强企业管理。

2）企业文化建设要与精神文明建设相结合。企业文化建设与精神文明建设相辅相成。社会主义精神文明是企业文化的灵魂，企业文化建设为精神文明建设提供了有效的载体，丰富了精神文明建设的内容和形式。要坚持以科学理论武装人、高尚情操鼓舞人、先进文化熏陶人、真切情感关爱人，培养员工良好的文化素养，引导员工恪守社会公德、职业道德和家庭美德，不断增强思想政治工作的说服力和感染力，提升员工的整体素质。

3）企业文化建设要与继承、创新相结合。先进的企业文化是在长期积累和培育中逐步形成的。集团经历了整合、发展、提高的过程，企业文化也相应地得到了继承、融合和创新发展。在集团核心价值观等的指导下，企业文化在融合中不断发展、不断升华，同时借鉴国内外优秀企业的经验，相融互补、推陈出新。

4）企业文化建设要与城市发展、市民参与相结合。上海地铁是申城国际大都市的公共服务窗口，具有很强的公众性、社会性和互动性。开展企业文化建设要融入时代发展的步伐，把社会发展的时代特征和先进文化思想理念有效地折射到企业文化建设中，努力建设受市民乘客欢迎的、体现时代进步的企业文化。

（3）目标。上海地铁企业文化建设目标是基本形成具有时代特征、上海特点、地铁特色的企业文化体系，实现企业与员工、社会、自然和谐共同发展，为实现上海城市轨道交通远景网络目标打下坚实的思想文化基础。

1）上海地铁企业文化建设成为行业品牌。大力培育各类先进典型，形成学先进、争先进的氛围，实现企业文化建设和精神文明建设有机融合、相互促进，推出1~2个具有全市影响力的上海地铁先进典型或服务品牌；培育一批新的全国劳动模范、全国五一劳动奖章（奖状）获得者、上海市劳动模范先进集体和先进个人；保持交通运输部文明行业单位和上海市文明单位殊荣，争创部级企业文化建设先进单位；上海地铁企业文化建设得到社会的广泛认同。

2）班组建设在全国同行中名列前茅。围绕员工思想文化建设重点和服务管理工作难点，突出企业管理和人文建设的和谐发展，夯实班组建设基础。通过学习引导、文化倡导、思想疏导，基本实现文明班组全覆盖，25%的班组成为“工人先锋号”班组，15%以上的班组成为集团层面以上（包括集团层面）的学习型班组、优秀班组。

3）社会公益宣传成为全市服务窗口的标杆。坚持承担社会责任的意识，充分运用地铁的宣传媒介平台和窗口服务的资源优势，传播先进文化，引导社会文明，展示城市魅力，确保地铁公益宣传不低于广告总量的15%，地铁车站展示先进文化阵地总量逾70座（处），地铁公益宣传景观达到3处，使上海地铁成为全市窗口行业社会公益宣传的标杆。

4）地铁志愿者成为倡导城市文明的典范。坚持地铁志愿者“服务社会、倡导文明”的目标，员工志愿者服务的年参与率达到90%以上。地铁志愿者管理实现网络化、信息化，运用网络进行报名、培训、服务时间考勤、服务质量评定、服务情况统计。力争上海地铁志愿者的参与人数、队伍规模、规范管理、服务成效、社会影响力等在全市志愿者队伍中均名列前茅。

4. 上海地铁企业文化的基本理念

（1）共同使命——申城地铁，通向都市新生活。构建科技、人文、绿色的申城轨道交通网络，提供安全、高效、便捷的人性化城市轨道交通服务，拓展都市空间，引导都市布局，提升都市功能，创造全新的都市出行、消费、居住模式；依托城市轨道交通网络化管理平台，完善建设模式，提升运营效能，输出技术管理，形成一流的网络综合集成能力，实现企业和员工共同成长。

（2）核心价值观——社会责任第一、安全质量第一、团队协作第一

1）社会责任第一。始终把社会效益放在首位，确保运营畅通有序、市民出行安全便捷，努力为社会提供优质服务；始终坚持以民为本、服务社会的理念，主动发挥地铁文明引领城市文明的先导作用，把地铁建成展示社会先进文化的实践基地；高度重视人与自然和谐发展，注重生态环境保护，为建设资源节约型、环境友好型社会做出不懈努力。

2）安全质量第一。按照“管建并举”的指导思想，坚持以管理为重、以安全运营为本，强化安全质量意识，树立脚踏实地、一丝不苟的科学态度，严格规范制度和操作程序，广泛采用高新技术和先进管理手段，努力向社会和公众提供优质的工程和优良的服务，确保施工安全、资金安全、运营安全和队伍安全。

3）团队协作第一。大力倡导培育集团内部单位之间的团队合作精神，依靠集体的智慧和力量攻克城市轨道交通基本网络管理过程中的难点；大力倡导培育集团和其他行业单位、周边地区的同创联建精神，恪守诚信，坚持公平、公正、公开，与工作伙伴和协作单位建立良好的合作关系，主动服务，实现互利共赢。

（3）经营理念——以人为本、精细管理、以诚取信、和谐共赢

1）以人为本。坚持服务至上、乘客为先的理念，尽最大努力满足乘客的需要，从设计建设到运营服务管理，牢固树立以人为本、服务乘客的意识，方便乘客的出行，提高乘客出行的舒适度和满意度。坚持员工是企业主人、员工是企业第一资源的理念，使管理层与员工沟通的渠道畅通，激发员工的主体意识，点燃员工的工作热情，培育员工对企业的忠诚度，开发员工队伍的巨大潜能，并将以人为本的理念贯彻到各项具体工作中，渗透到管理、服务的各个环节上。

2）精细管理。坚持细节决定成败的理念，牢固树立精细管理的意识，把握好每个管理环节，控制住每个管理细节，精益求精，追求卓越，大力推行标准化作业法，以严谨的管理作风杜绝各类事故隐患，以精细管理保障上海城市轨道交通工程管理、运营管理、资产管理和资金管理安全高效。通过精细管理，力争做到服务高质量、管理高水平、工作高效率、队伍高素质。

3）以诚取信。确立“诚信是企业发展的生命”这一理念，严守诚信，保证企业在

社会公众面前的良好形象，促进企业健康发展，提供快速准时的安全运营服务。坚守向社会和公众做出的庄重承诺，每个地铁人自觉践行诺言，真诚地对待同事，真诚地对待合作伙伴和服务对象，以真诚的态度和行为取得社会各方的信任和支持，把对人民群众的真情体现在建设和运营管理工作的全过程中，树立城市轨道交通行业诚实守信的形象。

4）和谐共赢。确立荣辱与共、协同发展的理念，正确处理国家、企业与员工的利益关系，营造和谐共赢的环境和氛围，促进企业、员工共同发展。要建立企业与协作单位之间和谐共赢的关系，共同推进上海城市轨道交通事业的发展。要建立企业与社会、广大人民群众之间和谐共赢的关系，共同为建设和谐社会和惠及百姓的城市轨道交通事业做出贡献。

（4）企业精神——敬业、奉献、求实、创新

1）敬业，让员工在地铁事业中实现人生价值。

2）奉献，使乘客在乘坐地铁时感受温馨服务。

3）求实，让平安在地铁管理中体现民本理念。

4）创新，使地铁在城市发展中永葆生机活力。

（5）行为准则——严字当头、爱岗敬业、忠于职守

1）严字当头。严格履行职责，自觉且出色地做好本职工作，同事间相互信任、相互帮助，发生问题时勇于承担责任，查找自身原因，自觉遵守法律法规、集团规章制度和职业道德操守。

2）爱岗敬业。热爱自己的工作，勤奋好学，兢兢业业，以认真负责的态度、孜孜不倦的精神全身心投入工作并乐在其中，在工作中实现个人价值与企业价值。

3）忠于职守。养成对工作的责任感和对事业的高度忠诚，自觉遵守职业操守和职业规范，学习并掌握新技术、新工艺，对每一项工作不仅做到合格、规范，而且注重细节，追求卓越。

13.1.3 上海地铁企业文化的氛围营造

1. CIS 标识

上海申通地铁集团有限公司统一建立了 CIS（企业识别系统）。企业识别系统由标志、标准字、标准色三要素组成。其中，标志是由“上海地铁”的英文 Shanghai Metro 的单词首字母“S”和“M”组成的圆形图案（该标志经社会征集确定），代表地铁环城行驶、四通八达；标准字“上海地铁”采用综艺变体字，代表地铁快速、便捷和地

铁事业发展速度快；标准色由红、黑、白三种颜色组成（标志为红色，标准字为黑色，底色为白色），红色象征上海地铁事业朝气蓬勃、蒸蒸日上，黑色象征上海地铁企业肩负历史重任的坚定信念和追求，白色象征上海地铁员工将以智慧、才华和拼搏精神描绘辉煌灿烂的企业宏图。

2. 司旗

集团司旗（见图 13–1）为白底，上有红色“申通地铁集团”综艺变体字和红色企业标识。

图 13–1　集团司旗

3. 司歌

《地铁之歌》

穿越时空的长廊，我在追逐美丽的梦想。
踏着都市的节奏，我在感受便捷的流畅。
是谁创造了奇迹，是谁创造了奇迹，让我飞驰在彩虹的桥梁。
穿越不夜的长廊，我在收获多彩的希望。
触摸网络的情怀，我在伸展轻轻的翅膀。
是谁创造了神话，是谁创造了神话，让我体验着心灵的翱翔。
啊，地铁地铁，我奉献的乐章，弹奏我的追求，我的理想；
啊，地铁地铁，我心弦的激昂，是我生命的旋律飞扬。

4. 吉祥物

为进一步展现上海城市形象和提升上海地铁功能，集团深入践行“申城地铁，通向都市新生活”主旨，开展地铁吉祥物设计方案公开征集活动。通过征集和专家评审，富有创意、动感和视觉美感的吉祥物“畅畅”成为上海地铁的对外形象代言人，在企业文化建设和对外宣传活动中发挥了不可替代的作用。上海地铁吉祥物“畅畅”已经成为上海地铁文化的象征，被广大市民所熟知和喜爱。“畅畅”的形象是一个象征未来的小机器人，流线型设计动感十足，微笑的眼睛透露亲切，现代化的装备科技感十足。“畅畅”是上海地铁人的形象化身，微笑自信的表情诠释出上海地铁积极进取、开拓无限的品牌形象。

5. 职业装

上海地铁职业装以红色为主色调，象征生命、活力、热情，也代表上海城市轨道交通积极向上、蓬勃发展的前景。

上海地铁职业装设计体现了舒适、简洁、职业、时尚的特点。春秋装以绛红色与深灰色为主，给人热情温暖的感觉；冬装为黑色调，寓意深沉、稳重、安全；夏装则以粉红色与中灰色为主，符合上海都市浪漫的时尚气息。绛红色体现温雅，粉红色体现柔和，灰色则体现朴素、安定和含蓄，总体色彩给人以温馨和谐的感觉。

窗口服务人员的职业装上还增加了小配饰，胸前与手臂上配有上海城市轨道交通标志徽章，其以城市轨道交通基本网络线路的标志色组合成背景色。同时，窗口服务人员胸前都配有工号牌，根据数字和字母，乘客能够方便地识别其工作的线路、岗位等。

6. 服务承诺

上海地铁实行“五项服务承诺”。第一，窗口服务实行首问责任制，讲普通话，使用“十字文明用语”（您好、请、谢谢、对不起、再见）。第二，首末班次列车正点运行。第三，列车延误 15 min 以上，办理退票并致歉。第四，地铁服务热线（021-64370000）全年无休，全天 24 h 为市民服务，乘客投诉 3 个工作日内必须回复。第五，革命伤残军（警）人、烈士家属、离休干部、盲人凭证免费乘坐地铁，对残障人士提供特殊服务。

13.2 技师论文

13.2.1 撰写技师论文的意义

1. 撰写技师论文是检查、考核申请者的重点项目

技师论文是技师（二级）综合能力考核中的重点项目，也是全面考查、衡量技师申请者综合能力的重要环节之一。申请者必须自己独立撰写技师论文，在论文答辩合格后，才能取得相关证书。

2. 撰写技师论文是由“工”转变为“师”的必要台阶

从高级工到技师是一个全新的转变过程，是一个由“工”转变为“师”的过程。“工”主要以自己实际操作为主，以解决现场技术问题为辅，一般只管操作，不管培训；“师”是以传授知识技能、答疑解惑为主。表达乃是“师”的基本功，能说、能写是作为“师”的基本技能。只能做、不能说，或只能做、不能写，都很难担当起“师”的重任。技师是以解决现场技术问题、解决技术关键问题、传授知识技能和培训为主，以自己实际操作为辅的，把自己的所思所想通过语言和文字表达出来的能力对技师而言是必不可少的。“工”和“师”之间还是有很大区别的，要想跨上这个台阶，需要付出努力，需要再学习、再拼搏。

13.2.2 撰写技师论文的目的

1. 考核综合能力

撰写技师论文的基本目的就是对技师申请者进行一次较为全面的实际综合能力考核，着重检查技师申请者能否灵活运用知识创造性地解决实际生产中的技术问题。

2. 提高创新能力

撰写技师论文可以促进技师申请者在实际生产中加强创新意识和创新精神，使其掌握更多、更好的创新方法，开拓创新思路，提高创新能力。

3. 培养科研能力

撰写技师论文可以培养技师申请者的科学研究能力，使技师申请者初步掌握科研的基本程序和基本方法，学会调查研究，学会检索和整理资料并提炼有价值的信息，学会提出问题、分析问题和解决问题的科学方法，并会用书面形式将创新成果完整、准确地表达出来。

4. 促进用好、用活综合知识的能力

撰写技师论文可以促进技师申请者用好、用活综合知识的能力。撰写技师论文的过程是专业知识的运用过程，是学习、再学习专业知识和其他综合知识的过程，是理论和实践相结合的过程，同时是技师申请者充分运用自己所掌握的综合知识，全面分析、研究生产技术上的实际问题，并寻找最佳解决办法的过程。

13.2.3 技师论文的基本体例格式

1. 技师论文的封面格式

×××技师论文

（上空四行，三号仿宋字，居中）

×××××职业文章（二号黑体字，居中）

文章类型：××××××××（注明是技师论文）

文章题目：××××××××××××××

（上空两行，前空四字，四号宋体字）

姓名：

职业：
准考证号：
工作单位：

年　月　日

（宋体）

（所有行距为单倍行距）

2. 技师论文的主体格式

标题（二号黑体字，居中）

单位、姓名（四号宋体字，居中）

摘要：（正文摘要，四号楷体字，行间距为固定值22磅）

关键词：（四号楷体字，行间距为固定值22磅）

（正文，四号宋体字，行间距为固定值22磅，3 000字以上）

注释：（小四号宋体字，单倍行距）

参考文献（小四号宋体字，单倍行距）

13.2.4 技师论文的层次编排格式

技师论文的层次编排有三种方法：传统编排法、国际标准编排法和混合编排法。在编写技师论文时，三种方法都可以用，最常用的是传统编排法或混合编排法，而用于国际、国内发表和交流的技术论文要用国际标准编排法。

1. 传统编排法

第一章 ×××
第二章 ×××
第三章 ×××
} 居中标题，大多数不设篇，从章开始。

一、×××
（一）×××
1. ×××
} 占行标题，可设“(一)”层，但大多数不设。在“一、”前可不空格。

（1）××××××
1）××××××　　不占行标题。
①×××××××

绪言（或绪论）一般放在章前，与章同层次，当内容较多时可编为第一章。

附录与参考文献一般放在末章后，与章同层次。如果参考文献分别放在每章之后，则与节同层次。

2. 国际标准编排法

0　引言

1. ×××　　顶格，占行标题。大多数设 3 层即可，即可不设 1.1.1.1。
1.1×××　　引言或绪论也可不编 0 号，当内容较多时，也可编为“1”号。
1.1.1×××　　此后的序号递加 1。
1.1.1.1×××　　在 1.1.1.1 标题后空格接排。

（1）××××××
a. ××××××　　不占行标题，空一格接正文。

附录与参考文献放在最后，与“1.”同层次，参考文献也可分别在“1.”“2.”……后设置。

3. 混合编排法

运用混合编排法的论文的篇、章设置同传统编排法，篇、章以下设置同国际标准编排法，大部分只设章而不设篇；附录和参考文献设置同前两种编排法。

13.2.5　技师论文基本要素的写作要求

1. 摘要

（1）摘要的定义。摘要是技师论文的重要组成部分之一，它是以提供技师论文内容梗概为目的，不加评论和补充解释，简明、确切地记述技师论文中重要内容的精练短文。技师论文的摘要通常放在标题之后，位于技师论文开端。如果技师论文能够正式发表，那么技师论文的摘要常常会被文献检索系统所收集。

联合国教科文组织规定全世界公开发表的科技论文不管用什么文字写成，都必须附有一篇短小、精悍的摘要。为方便国际学术交流，国内发行的技术期刊除了要求有中文摘要外，还要求有英文摘要，并要求英文摘要与中文摘要相对应。目前，国内对技师论文的考核还没有英文摘要方面的要求。

摘要一般不分段，不列图表，也不引用参考文献。

（2）摘要的主要作用

1）便于快速了解技师论文的内容。在确定技师论文选题前，可以在网上有关资料库里进行检索，查看相关技师论文的摘要，这样就无须花费太多的时间，既可了解相关的第一手资料，又可了解在相关领域中有多少人在做研究及进展如何。通过查看技师论文的摘要，可以快速了解相关研究内容的信息，看出技师论文的水平、方法及创新之处，进而决定是否有必要花时间提取原文进行阅读。

2）为数据库检索提供方便。著名的世界检索数据库 SCI（科学引文索引）、EI（工程索引）等都以摘要的形式收录论文。只要技师论文摘要写得好，发表之后也有可能被著名的世界检索数据库收录，或者被读者查阅引用。

因此，技师论文的摘要十分重要，通常被看作技师论文的“名片”。

（3）摘要的四要素。技师论文摘要的四要素包括目的、方法、结果和结论。

1）目的。摘要的目的部分应简要说明研究、创新的目的，说明提出问题的缘由，表明研究、创新的范围及重要性。目的是研制、创新、攻关、革新、改造等工作的前提，也可以理解成是工作的背景，即要提出、解决什么问题。有关目的方面的介绍不宜多写，一般只需要一两句话来表达即可，通常放在技师论文摘要的开端。因此，在许多技师论文的摘要中，常常可以看到“为了……”这种目的状语的写法。

2）方法。摘要的方法部分主要应说明研究、解决技术问题所用的基本设计、基本方法，即说明具体解决问题过程中使用了什么材料、工具、夹具、刀具、设备以及方法，如何进行分组对比，数据是如何取得的等。研究、解决技术问题的方法是技师论文内容的主要组成部分，也是技师论文摘要的主要内容。

3）结果。摘要的结果部分要列出研究、解决技术问题的主要成果和数据，说明其价值及局限。叙述要具体、准确，并需给出结果的可信值。结果包括小改革、小制作，电气、电子、集成电路的改造、改进，工艺路线、工艺方法的调整，工装、夹具、设备的改造、改进，操作方法的改进、创新等解决具体技术问题的结果，也包括节能降耗、提高效益方面的结果。结果部分同样是技师论文内容的主要组成部分，也是技师论文摘要的主要内容。

4）结论。结论是一个简要的总结，指出方法的特点、优点、适用范围及所得到的启发等。同时，这里也应该简要说明技师论文已经取得成果的应用价值，是否值得在同行和相关行业中进行推广。需要注意的是，摘要的结论只需突出技师论文中的创新内容，用几句话来概述即可。技师论文的结论必须是事实，要用事实和数据来表述。因此，在结论中不可使用过分夸张的语言，尤其要避免使用“……在……方面已取得了重大成果”或“……在……方面取得了巨大突破”等语句。不要在结论中进行自我评价，更不要进行自我吹捧。

（4）摘要的类型。摘要一般分为三类：报道性摘要、指示性摘要、报道性和指示性结合的摘要。

报道性摘要主要介绍技师论文改进、创新及解决问题的主要方法，以及成果等，对技师论文的提示比较全面。指示性摘要只是简要地叙述技师论文的成果（数据、看法、结论），对改进、创新及解决问题的主要方法等均不提及，通常用于创新内容较少的技师论文。报道性和指示性结合的摘要介于上述两者之间，以报道性摘要的形式表达技师论文中信息价值较高的部分，而以指示性摘要的形式表述其余部分。

一般技师论文都应采用报道性摘要的形式。

（5）摘要的写作要点

1）摘要一般应该在技师论文定稿之后再撰写。

2）摘要的主要内容应从技师论文中直接摘录出来。

3）摘要应是技师论文的主要内容、观点和结论的浓缩。

4）摘要应该是经过提炼的、直接陈述的、不带自评的文摘。

（6）摘要的写作要求及注意事项

1）摘要的写作要求

①摘要的长度。中文摘要字数一般为 300 字左右。

②摘要的内容。摘要的内容应包括目的、方法、结果和结论四个方面，重点是要写出解决问题的具体结果，特别是创新之处。

2）摘要的注意事项

①摘要应包含技师论文正文中的要点。

②摘要中的内容应在正文中出现过，而不是对正文进行补充和修改。

③摘要中不要写本职业、本行业、本专业、本领域已成常识的内容，尽量删掉选题的背景信息。

④不要在摘要中简单地重复技师论文标题。

⑤不要在摘要中标榜自己的研究成果。

⑥用第三人称进行叙述，不要用“本文”“作者”“文章”等词做摘要的主语。

⑦使用规范化的名词、术语。

⑧尽量少用、不用通过计算机键盘不能直接打出的特殊字符。

⑨避免使用图、表和化学结构式。

⑩对于只为同行所熟悉的缩略语，应在标题、摘要或关键词中至少出现一次全称；对于为大众所熟悉的缩略语，可直接使用。

⑪完成摘要初稿之后，还必须对摘要进行逐字推敲、反复修改，认真检查其语法、用字、用词、标点符号等有无错误。

（7）摘要的写作示例。摘要的写作示例如下：

为了提高×××复合冲裁模具的使用寿命和工作可靠性，调整在正常使用条件下的合理间隙是十分重要的［1］。×××复合冲裁模具间隙的大小是影响产品质量和模具冲裁刃使用寿命的主要因素［2］。

研究在不同×××复合冲裁模具间隙下，对产品进行了冲裁和调试［3］。结果表明冲裁间隙是控制产品质量、影响模具使用寿命的主要因素，并得到冲裁间隙与模具使用寿命图表的验证［4］。

在以上摘要示例中，［1］是目的，［2］是结论，［3］是方法，［4］是结果。

2. 关键词

关键词一般位于摘要之下、正文之上。

（1）关键词的意义

1）关键词是技师论文的标引与检索标志，是表达技师论文主题概念的自然语言词汇。

2）关键词应该直接从技师论文的标题、摘要和正文中选出来。

3）关键词是直接反映技师论文主题内容的词、词组和术语。

（2）关键词的词类。技师论文中适合作关键词的一般都是名词，这类名词在技师论文中有两种：叙词和自由词。

1）叙词。叙词是指已经被收入《汉语主题词表》中，可用于标引技师论文主题内容的词汇，即经过规范化的词或词组。

2）自由词。自由词是指直接从技师论文的标题、摘要、层次标题或其他内容中抽出来，能反映该篇论文主题内容的自然词汇（词或词组），即《汉语主题词表》中找不到的词汇。

（3）关键词的标引。关键词的标引质量是影响技师论文检索效率的重要因素之一。标引是检索的前提，没有正确的标引就不可能有正确的检索。

国家标准《科学技术报告、学位论文和学术论文的编写格式》（GB/T 7713—1987）规定：每篇论文应该选取3～8个词作为关键词，并以显著的字符另起一行，排在论文摘要的下方。如有可能，要尽量采用《汉语主题词表》等词表中提供的规范词汇。

《汉语主题词表》有一定的更新周期，如果出现下列几种情况，就可以采用自由词作为关键词进行标引。

1）主题词表中明显漏选词。

2）表达新学科、新理论、新技术、新材料等新出现的概念及内容。

3）词表中未收入的地区、人物、文献、产品等名称及重要数据名称。

4）某些概念、内容采用组配，其结果多义时，被标引概念、内容也可用自由词。

5）自由词尽可能选自其他词表或较权威的参考书和工具书，应是在本职业、本工种、本专业领域的文献和论文中经常出现的名词、术语，选用的自由词最好文字简练、词义明确、实用性强，并严格遵守一词一义的原则。

（4）关键词的提炼步骤和示例

1）关键词的提炼步骤

①对技师论文进行主题分析，理清技师论文的主题概念和中心内容。

②尽可能从标题、摘要、正文的重要段落中抽取关键词。

③对所选取的词进行排序，对照《汉语主题词表》，找出哪些词可以直接作为叙词进行标引，哪些词可以规范化为叙词。无法规范化为叙词的词只要是表达主题概念所必需的，都可以作为自由词进行标引。

2）关键词的提炼示例

①从技师论文的主题中提炼。例如，在技师论文《巧车 45° 分型面的橡胶模》一文中，主题是“45° 分型面”“橡胶模”，那么“45° 分型面”及“橡胶模”就应作为关键词。

②从技师论文的主题研究途径中提炼。例如，在技师论文《巧车 45° 分型面的橡胶模》一文中，主题的研究途径是上、下模圆弧 R 槽车削，因此“R 槽车削”应作为关键词。

③从技师论文的难点中提炼。例如，技师论文《巧车 45° 分型面的橡胶模》的难点是橡胶模的上、下两模在 45° 分型面合模后 R 槽轴线能完全重合，因此“R 槽轴线”和“完全重合”也应作为关键词。

④从技师论文的问题解决办法中提炼。例如，在技师论文《巧车 45° 分型面的橡胶模》一文中，在找正方法方面采用了“平行四边形”，解决了 45° 分型面的橡胶模上、下两模在合模后 R 槽轴线要完全重合的问题，因此“平行四边形”也应作为关键词。

3. 引言

引言相当于正文的引子，是技师论文正文的先导文字部分，又称为前言、导言、导论、绪论或概述，是技师论文的序幕和开场白。

（1）引言的作用

1）简要交代技师论文的研究背景。

2）简要指明技师论文的研究范围。

3）简要说明技师论文的研究目的。

4）引出正文。

（2）引言的要求

1）篇幅自由，可长可短，长则几百个字，短则几十个字。

2）开门见山，具有定向的引导作用。

3）突出重点，不需要面面俱到。

（3）引言的注意事项

1）不要把引言写成摘要。

2）不要把引言与结论混淆。

3）不要把引言与正文混淆。

4）引言中不应出现图、表，不要介绍基本理论和基本方法。

（4）引言的示例

1）开门见山型。技师论文《小专利大作用》的引言采用了开门见山的写法：

许多车工都遇到过没有车孔刀用的情况，特别是没有挖槽刀用，此时基本上都要自己费时、费力去手工磨出车刀（提出了现实的问题），运用时又往往不够理想。虽然现在机夹式内孔刀具的品种和规格较多，但是如果要加工某个特殊形状的内孔，不一定能找到合适的刀具（提出了传统产品的不足之处）。本人就该难题，结合多年实践经验，谈谈运用自己发明的专利刀具来解决问题的方法（创新产品的成果和意义）。

2）突出重点型。技师论文《车窗锁片45°倒角装夹方法的改进》的引言采用了重点突出的写法：

某工程车的车窗锁片体积小、厚度小，在加工三处45°倒角时，装夹极不方便（提出技术问题），若采用常规的单件加工方法，不但费力费时，而且质量稳定性和加工进度难以保证。为了抢占市场，提高产品质量和生产率，需要改进装夹方法。

4. 正文

（1）正文的地位

1）技师论文的主体。正文是技师论文的主体，占技师论文的篇幅最大（约80%）。

2）技师能力的展示平台。正文是展示技师申请者学术理论水平、技术水平、操作技能技巧、科研和创新才能的平台。技师申请者应把重要的实际成果充分地展示给参与答辩的高级考评员，因为技师论文的答辩实际上就是一场综合性的大型竞技较量，谁的综合技能水平出众，谁就能够出线。因此，技师申请者应尽最大努力发挥出自己的最高水平。

（2）正文的任务

1）提出问题。

2）分析问题。

3）解决问题。

（3）正文的写作要求

1）突出论点，不蔓不枝。一篇技师论文的论点只能有一个，不能有多个。技师论文应围绕一个论点，用有限的笔墨将技术问题和解决方法讲清楚、说明白。

2）尊重事实，强调科学。尊重事实就是在技师论文写作中要坚持实事求是，不弄虚作假，不提供有技术性错误的数据、文字、表格、图样、公式和方法等。强调科学就是强调在解决技术问题时，要正确地运用科学的研究方法。

3）充分论证，表述完整。在技师论文写作中，仅有论点是不够的，只有把论点、论据有机地联系在一起，用论据去说明论点，才能够写成一篇水平比较高的技师论文。这个说明、说理的过程就是论证。技师论文的论证过程不仅要说明“怎么做”，而且要说明“为什么这样做”，这能反映技师申请者分析问题的能力和思考问题的深度，是技师申请者展示才华的关键环节，是衡量技师论文写作质量好坏、写作水平高低的重要指标。技师论文常用的论证基本方法见表 13–1。

表 13–1　　论证基本方法

论证方式	定义	基本方法
一般实例证明	通过列举一个或几个事物之间的共同特性来证明论点的方法	列举经过科学实验验证过的客观事实 列举大家可以理解的事例 大量运用图表数据
实例因果证明	通过分析事物发生、发展和消亡的客观原因和结果的必然性来证明论点的方法	从原因到结果进行推理，以事实的因果关系证明 从事实的结果到原因进行分析论述
实例比较证明	通过列举正、反两种对立实例或对同类的几个事实加以对比来证明论点的方法	对相同条件下同类事物中的对立两极进行比较 对同一事物在不同条件下所得到的结果进行比较 （可以用文字，也可以用图表形式表达）

续表

论证方式	定义	基本方法
引证证明	引用前人或他人的论点作为论据的方法	应用经典著作中的公式、公理、定理 引用权威人士的话 引用前人或他人的研究成果 引用作者自己发表过的已被证明且未被人驳倒推翻的论点和论据

5. 结论

结论是技师论文的总结部分，是技师论文研究、解决问题的结果归纳，也可以是启示或下一步的研究方向。

（1）结论的写作要求

1）前后呼应。在技师论文写作中，需要注意引言与结论前后呼应。

2）简明扼要。结论既要注意表述完整，又要注意简明扼要，即不要展开讨论，不要重复阐述。

（2）结论的写作示例

1）技师论文《扩大国产数控折弯机的加工范围》的结论体现了前后呼应：

对国产数控折弯机的修改方案经多年实践验证，不但能满足折弯机国产化的需求，而且还符合出口要求，并有效地扩大了该设备的使用范围。

2）技师论文《车削大导程非标准螺纹的方法》的结论体现了简明扼要：

通过加工实践证明，普通机床经过改造，完全能够完成大导程非标准螺纹加工。加工的螺纹套筒及齿轮轴五线螺纹副完全符合设计图样及新品研制使用要求，组件经装机试验运行性能良好。

6. 致谢

技术创新往往不是一个人完成的，在完成的过程中可能得到他人的帮助。技师论文的写作也可能得到他人的指导。因此，对于在技师论文写作中给予指导或帮助的人或单位，应向其表示感谢。

致谢一般单独写成一段，并放在结论之后。致谢不是技师论文的必要组成部分，也就是说，技师论文中可以不包含致谢。

7. 参考文献

参考文献用于罗列在撰写技师论文过程中所查阅、参考过的重要书籍、杂志、技术标准、技术规范等，是技师论文的重要组成部分，一般放在技师论文的最后。对于一篇完整的技师论文，参考文献是不可缺少的，这一点一定要引起技师申请者的重视。

（1）参考文献的作用

1）通过参考文献，考评员既可以了解技师申请者的科学态度和文章的水准，又可以了解技师申请者的研究起点和深度。

2）著录参考文献能方便地把技师申请者的知识成果与前人的知识成果区分开，表明技师申请者对他人的知识成果和劳动的尊重。

3）是否著录参考文献可作为审查技师论文是否符合规范的一个重要依据。

（2）参考文献的著录要求

1）著录最主要、最有代表性的论文、著作等，一般可列 3 ~ 8 条。

2）重点著录已经公开发表、公开出版的资料。

3）一定要采用规范化的著录格式。

（3）参考文献的著录格式

1）一般格式规范如下：

[序号] 主要责任者 . 题名（书名）[文献类型标识]. 其他责任者 . 版本项 . 出版地：出版者，出版年 .

2）文献类型标识见表 13–2。

表 13–2　　文献类型标识

参考文献类型	专著	汇编	报纸	期刊	标准	专利
文献类型标识	M	G	N	J	S	P

（4）参考文献的著录示例

[1] 库恩 . 科学革命的结构：第 4 版 [M] . 金吾伦，胡新和，译 . 2 版 . 北京：北京大学出版社，2012.

[2] 贯恒旦 . 员工职业规范指导手册 [M] . 北京：机械工业出版社，2009.

13.2.6　技师总结与技师论文的区别

技师总结与技师论文在内容和形式上有相同点也有不同点。

1. 两者的相同点

（1）技师总结与技师论文均为技术性文章。

（2）技师总结与技师论文阐述的内容基本相同，都反映技术研究、技术攻关、技术革新、技术创新等方面的情况，都描述事实。

2. 两者的不同点

（1）技师总结侧重于叙述技术研究、技术攻关、技术革新、技术创新等方面的事实和结果，而技师论文则侧重于解决技术性的问题，并从技术分析的角度进行学术性探讨。

（2）在内容上，技师总结是以叙述课题的操作程序、工艺方法、改造流程及总结经验教训为主，而技师论文则是以叙述、论证其中的创新性部分为主。

（3）在文体上，技师总结属于说明性文体，而技师论文则属于论述性文体。

13.2.7 技师论文答辩

1. 技师论文答辩的一般程序

（1）提交技师论文。技师申请者必须在答辩会举行的前一周将技师论文一式三份交给答辩委员会，先由答辩委员会的主答辩高级考评员在规定的时间里仔细研读技师论文，并准备要提出的 3 ~ 5 个问题，再举行技师论文答辩会。

（2）自述技师论文。在技师论文答辩会上，一般先由技师申请者用 8 ~ 10 min 的时间简述技师论文的核心内容及选择该选题的原因，并较详细地介绍技师论文的主要论点、创新点及解决问题的要点。

（3）答辩委员提问。先由主答辩高级考评员向技师申请者提问，一般提问 3 ~ 5 个问题，再由其他答辩委员提问。

（4）技师申请者回答问题。主答辩高级考评员提问后，部分技师论文答辩会规定可以让技师申请者独立准备 15 ~ 20 min 后再回到答辩现场回答问题，而大部分技师论文答辩会则规定主答辩高级考评员提出问题后，技师申请者要当场立即做出回答（没有准备时间），即随问随答。答辩形式既可以是一问一答，也可以是主答辩高级考评员一次性提出 3 ~ 5 个问题，技师申请者在听清问题并记录下来后再按顺序逐一做出回答。根据技师申请者回答问题的具体情况，主答辩高级考评员和其他答辩委员可以随时提出新的问题。技师论文答辩时间一般控制在 15 ~ 20 min 内。

（5）答辩结束。技师申请者在逐一回答完所有问题后，听到主答辩高级考评员宣布答辩结束即可离场。答辩委员会根据每一位技师申请者提交的技师论文的价值、质量和答辩情况，按技师论文评审标准及答辩评分细则进行各自的评定，再召开技师论文答辩委员工作会议，确定所有技师申请者论文和答辩的成绩。

2. 技师论文评审标准及细则

技师论文评审标准及细则见表 13-3。

表 13-3　　技师论文评审标准及细则

序号	考核内容			配分（分）	评分标准	得分（分）
1	选题	创新	是否具有新颖、独到的解决方法或见解	15	有新颖、独到的解决方法，得 15 分；能涉及创新，有比较独到的方法或见解，得 8 分	
2		实用	是否紧扣本企业、本职业（工种）的实际生产，是否具有实用性	20	实用价值高或技术难度大，得 20 分；实用价值较高或技术难度较大，得 15 分；具有一定的实用价值，得 8 分	
3		先进	是否具有先进性	5	没有先进性，不得分	
4		推广	是否能够推广应用	5	没有推广价值，不得分	
5	内容	结构	结构是否合理，论点是否明确，层次是否分明	15	结构合理，论点明确，层次分明，得 15 分；结构比较合理，论点比较明确，层次比较分明，得 10 分；结构基本合理，论点基本明确，得 5 分	
6		论证	论证是否具有科学性，论据是否翔实	16	论证科学，论据翔实，令人信服，得 16 分；论证比较科学，论据比较翔实，有一定说服力，得 8 分	
7		规范	论文格式是否规范	5	完全符合规范，得 5 分；基本符合规范，得 3 分	
8		语言	语言表述是否正确	8	语句结构完整，没有语病，读起来顺口，得 8 分；有 2～5 处语病，得 6 分；有 6～10 处语病，得 3 分	
9		图表	是否合理运用图表	6	图表与论文的内容融为一体，得 6 分；两者缺少一项，得 3 分	
10		可读性	是否通俗易懂、深入浅出、富有文采、引人入胜	5	可读性强，得 5 分；可读性较强，得 3 分；有可读性，得 1 分	

续表

序号	考核内容	配分（分）	评分标准	得分（分）
11	加分项	具有下面三种情况之一者，可加分： （1）这个项目已经取得国家实用新型专利，可加 10 分 （2）这个项目已经得到省级以上表彰，可加 10 分；已经得到市级以上表彰，可加 6 分 （3）这个项目已经为本企业创造经济效益 10 万元以上，可加 10 分；已经为本企业创造经济效益 5 万元以上，可加 5 分		
12	否定项	具有下面四种情况之一者，被视为不合格： （1）选题内容不符合国家职业技能标准要求，不能反映技师水平 （2）论文观点不正确 （3）论文内容空洞，没有解决生产中的任何实际问题 （4）论文主要内容抄袭或由他人代笔		
总分				

3. 答辩前的准备

（1）在思想上做好充分准备。技师申请者要十分重视技师论文答辩，要做好充分的思想准备，要明确技师论文答辩的目的，要端正技师论文答辩的态度，要把技师论文答辩看成是对自己多年来工作、学习、解决技术问题能力的全面检验，以及获得技师证书的综合考核，以此来树立信心。

（2）事先写好技师论文简介。技师论文简介的内容应包括选题背景及选题意义，撰写的目的，解决的生产技术问题或技术关键，在技术上的创新点，对推动技术创新、技术进步、技术发展的意义，并将上述内容做成 PPT 或 Word 文件，以便在答辩时使用。

（3）全面熟悉技师论文。技师申请者要重点把握技师论文的主体部分和结论部分，弄懂所引用的基本概念、基础理论和专业理论，反复推敲论文是否有矛盾、错误、问题及薄弱的地方，并力争把论文的主体部分背下来，以便在答辩会上能做到脱稿讲解，这样能给考评员留下更好的印象。

（4）掌握与技师论文相关的知识。相关的知识主要包括相关职业、工种的专业基础知识和相关的企业管理知识等，主要还是围绕技师论文所涉及的相关领域。

（5）准备好必要的辅助用品。要事先准备好必要的图样、实物、模型、参考资料等辅助用品，这些辅助用品有助于提高答辩效果。

（6）进行试答辩。在技师论文答辩前的 2～3 天，技师申请者最好能在一起轮流试讲，并模拟技师论文答辩的程序进行试答辩，这样可以有效提高自己的临场应对能力，增强参加技师论文答辩的信心。

4. 答辩时容易出现的失误

绝大多数技师申请者都是第一次参加技师论文答辩，出现失误在所难免，只要自己重视，准备充分、到位，并且了解已往技师申请者在技师论文答辩中出现失误的原因，就可以有效地防止或减少失误。技师论文答辩时，技师申请者容易出现的失误及其原因如下。

（1）讲解不够清楚

1）平时锻炼不够。上场出现紧张情绪，讲解技师论文时显得十分呆板，只会照本宣科，重点不突出，难以使答辩委员立即把握论文的要点和主要内容。

2）准备不够充分。事前准备不充分，对论文内容不够熟悉，把握不住重点，在讲解技师论文时，要么介绍得太简单，要么讲得过于复杂，让人很难理解。

（2）提问记录不全面、不准确

1）提问记录不全面。部分技师申请者在记录主答辩高级考评员的提问时出现问题记不全的现象，影响问题回答效果。

2）提问记录不准确。部分技师申请者对主答辩高级考评员提出的问题记录得不准确，也没有向主答辩高级考评员核对问题，导致答非所问。

（3）回答问题有困难

1）理论知识基础差。基础理论知识和专业理论知识掌握得不牢，导致对实际技术问题解释不清。

2）表达能力差。语言表达能力差，知道怎么做却不知道怎么说，导致表达不出意思或表述得不够准确和规范。这主要是准备不充分和平时缺少表达锻炼造成的。

3）声音太小。回答问题时声音太小，吞吞吐吐，使考评员很难听清楚。这主要是在技师论文答辩时缺乏自信心，过于紧张造成的。

4）准确度低。技师申请者回答问题时或答非所问，或离题太远，或抓不住要点。这主要反映技师申请者在该问题所涉及方面的能力比较薄弱，有待加强。

5. 答辩注意事项

技师申请者若想顺利通过技师论文答辩，并在答辩时真正发挥出应有的水平，除了要在答辩前做好充分准备外，还要了解和掌握答辩要领和答辩技术。

（1）携带技师论文和辅助用品

1）参加技师论文答辩会时，技师申请者一定要记得携带自己撰写的论文底稿，最好还能带上论文的幻灯片文件和参考资料。在部分技师论文答辩会上，主答辩高级考评员向答辩人提出问题后，允许技师申请者有一定的准备时间，准备完毕后再回答问题。在这种情况下，携带论文底稿和参考资料的作用就十分明显了。即使是提出问题后不给技师申请者一定的准备时间，要求当场回答问题，也是允许翻看论文底稿和参考资料的。答辩时，技师申请者虽然不能完全依赖资料，但是当遇到某些内容记不起来时，可通过稍微翻阅一下资料得到帮助。

2）记得带上笔和记录本，以便及时记录主答辩高级考评员或其他答辩委员所提出的问题和有价值的见解。技师申请者通过做笔记不仅可以缓解答辩时的紧张情绪，还可以更好地理解考评员所提问题的要点和实质，以便更好地思考。

（2）树立信心，避免紧张。在技师论文答辩会上，技师申请者一定要有充足的自信心，消除和克服紧张、慌乱的心理，以自然的心态对待答辩，避免因过度紧张使本来可以回答出来的问题答不上来。技师申请者只有充满自信、沉着冷静，才能在技师论文答辩时有良好的表现，而自信心主要来自技师论文答辩前的充分准备。

（3）听清问题再作答。主答辩高级考评员或其他答辩委员在提出问题时，技师申请者要集中注意力，认真聆听，及时将问题记录在笔记本上，并仔细、反复地推敲问题的要点是什么，切忌在没有真正听清楚问题的意思时就匆忙回答。如果技师申请者没有听清问题，可以礼貌地请求重复一遍。如果对问题中的有些概念或提法还不太理解，可以礼貌地请提问者适当地做些解释，或把自己对问题的理解先说出来，并请示是否理解正确，等得到肯定答复后再作答。只有这样，技师申请者才可以有效地避免答非所问，真正地回答到要点上。

（4）回答应简明扼要、层次分明。在弄清了主答辩高级考评员或其他答辩委员所提问题的确切含义后，技师申请者要在较短的时间内做出反应。在回答问题时要简单明了、提纲挈领，把要点表述出来，千万不要犹犹豫豫、答非所问，使人听后不得要领。总之，技师申请者在回答问题时要注意：抓住要害，简明扼要；力求全面、正确；条理清晰，层次分明；吐字清晰，声音大小适中。

（5）对回答不出的问题不可强辩。若主答辩高级考评员或其他答辩委员对技师申请者的回答不太满意，还会进一步提出新的问题，以求了解技师申请者是否切实明白和掌握解决了某个技术问题。遇到这种情况，技师申请者如果有把握讲清楚，那么可以直接答辩；如果把握性不大，可以审慎地试着回答，量力而行，即使回答得不很确切也不要紧，只要跟问题有关，答辩委员就会引导或启发技师申请者切入正题；如果确实不清楚，就应该实事求是地讲明自己对该问题还没有完全明白，并表示今后一定会认真地研究，切不可强词夺理，进行狡辩。主答辩高级考评员或其他答辩委员对该问题可能有专门的研究，不懂装懂会给答辩委员留下不好的印象。其实，技师申请者在答辩会上被某个问题难住并不奇怪，因为主答辩高级考评员和其他答辩委员一般都是本职业、本工种、本专业的专家，其提出的问题均有一定的水平。当然，技师申请者如果对所有提出的问题都答不上来，一问三不知，那就极不正常，也就很难过关了。

（6）合理地运用目光和手势。技师论文答辩虽然以口头回答为主，但是如果技师申请者能主动、合理地运用目光与技师论文答辩委员们进行眼神交流，或者配合手势等肢体语言来解释，效果会更好。

（7）有争议时要适当辩论。当技师论文中的主要观点与主答辩高级考评员的观点相左时，应与之展开适当的辩论。在技师论文答辩中，有时主答辩高级考评员会提出与技师论文中的基本观点不相同甚至相反的观点，请技师申请者谈谈看法。此时，技师申请者应适当地为自己的观点进行辩护，阐明自己观点的依据。

如果技师论文的基本观点是经过深思熟虑的，又言之有理、持之有据，并经实践检验过，就不要因为主答辩高级考评员提出不同看法或见解而随声附和，放弃自己的观点。放弃观点就等于否定自己，也否定了自己辛辛苦苦写成的技师论文。要知道有的主答辩高级考评员提出的与论文相左的观点并不一定就是其本人的观点，提出来也许只是想听听技师申请者对这种观点的评价和看法，或者是考察技师申请者的答辩能力或对自己观点的坚持程度。

即使主答辩高级考评员有自己不同的观点，技师申请者也可以与之展开辩论，不过要注意掌握分寸，并适当地运用辩术。一般来说，应以维护自己的观点为主、反驳对方的观点为辅。要尽可能采用委婉的方式、请教的方式不露痕迹地把自己的观点传达给主答辩高级考评员，让其信服。

值得注意的是，在所提出的问题中，有的可能是基础知识性的问题，有的可能是专业技术性的问题。对于基础知识性的问题，技师申请者要做出正确、全面的回答，不具有商讨性。而对于专业技术性的问题，是非和正误有时并没有定论，可以持有不同观点，进行互相切磋。

6. 答辩后反思总结

技师论文答辩结束后，技师申请者不仅要关心自己的答辩成绩，而且要及时总结本次技师论文答辩的经验教训，这样才有利于自己今后的提高和发展。

（1）认真分析。技师论文答辩结束后，技师申请者应及时、认真地分析论文和论文答辩的整体情况，对答辩委员在答辩中提出的问题和质疑进行仔细研究，弄清楚其中的可取之处，寻找论文的缺陷和不足，进而全面深入地修改技师论文的内容及结构，使之更加完善，并探索自己下一步的学习、研究和发展方向。

（2）反思成败

1）掌握方法方面。技师申请者应反思通过技师论文写作自己学习和掌握了哪些科学研究方法，技师论文写作的“三部曲”（提出问题、分析问题、解决问题）是否已经掌握，写作水平是否得到提高及是否还需要进一步加强。

2）答辩表述方面。技师申请者应回顾在技师论文答辩过程中的以下几点：一是介绍技师论文时是否重点突出、图文并茂、讲解生动；二是回答问题时是否简单明了、层次分明、表述清楚、思维敏捷；三是是否正确、合理地运用了目光和手势，有哪些优点又有哪些不足，还需要怎样改进。

7. 技师论文答辩评分细则

技师论文答辩评分细则见表 13-4。

表 13-4　　技师论文答辩评分细则

序号	考核内容			配分（分）	评分标准	得分（分）
1	自述	内容	在规定的时间内，自述重点是否突出	10	自述论文的背景、论文的重点内容清楚，得10分；自述论文的重点内容比较清楚，得6分；能自述论文的重点内容，得3分	
2			自述是否简明扼要	5	自述简明扼要，层次分明，得5分；自述比较简明，层次比较分明，得2分	
3			是否脱稿	5	完全脱稿，得5分；部分脱稿，得2分	
4		形式	是否采用PPT	5	采用了PPT讲解，得5分；没有采用，不得分	
5		用品	是否采用挂图、辅助用具	5	采用挂图、辅助用具，得5分；采用其中的一项，得2分；没有采用，不得分	

续表

序号	考核内容			配分（分）	评分标准	得分（分）
6	回答问题	主要问题	是否能准确、流利地回答	30	每准确、流利地回答1个主要问题，得10分	
7		次要问题	是否能准确、流利地回答	15	每准确、流利地回答1个次要问题，得5分	
8		思路	思路是否正确	5	思路完全正确，得5分；思路基本正确，得3分	
9		表述	口语表述是否清楚	5	表述清楚，声音洪亮，得5分；表述比较清楚，声音能听到，得2分	
10		理论知识	是否能用理论知识解释问题	10	能用理论知识全面解释问题，得10分；能用理论知识解释部分问题，得5分	
11		简明扼要	是否简明扼要	5	简明扼要，得5分；比较简明扼要，得3分	
12	加分项		具有下面两种情况之一者，可加分： （1）在答辩时，能合理地运用肢体语言回答问题，可加8分 （2）在答辩时，能与答辩委员进行技术交流，可加10分			
13	否定项		具有下面四种情况之一者，被视为不合格： （1）答辩者的水平太低，没有达到技师的标准 （2）论文观点不正确 （3）关键问题答辩错误 （4）论文主要内容抄袭或由他人代笔			
总分						

13.3 计算机

13.3.1 微电子技术

1. 电子管

电子管（见图13–2）管内抽成真空，有利于电子运动，同时能有效降低灯丝氧化损耗。电子管工作状态稳定，寿命长，但体积大，耗电多，易破碎。

图 13-2　电子管

2. 晶体管

晶体管（见图 13-3）是一种半导体器件，是现代电子电路的基本构建块。

晶体管响应速度快、准确性高，可用于各种各样的数字系统和模拟系统。晶体管可独立包装于一个非常小的区域中，部分集成电路可容纳一亿或更多个晶体管。

图 13-3　晶体管

晶体管主要分为两大类：双极性晶体管（BJT）和场效应晶体管（FET）。晶体管有三个极。双极性晶体管的三个极分别是发射极、基极和集电极；场效应晶体管的三个极分别是源极、栅极和漏极。

双极性晶体管因为有三种极性，所以也有三种使用方式，分别是发射极接地（又称共射放大、CE 组态），基极接地（又称共基放大、CB 组态）和集电极接地（又称共集放大、CC 组态、发射极随耦器）。

3. 集成电路

（1）集成电路基础。集成电路是一种微型电子器件或部件，如图 13–4 所示。它采用一定的工艺把一个电路中所需的晶体管、电阻器、电容器、电感器等元器件及导线互连在一起，制作在一小块或几小块半导体晶片或介质基片上，并封装在一个管壳内，成为具有所需电路功能的微型结构。集成电路中的所有元器件在结构上已组成一个整体。集成电路使电子元器件向着微小型化、低功耗化、智能化和高可靠性方向迈进了一大步。

图 13–4　集成电路

集成电路封装外壳有圆壳式、扁平式、双列直插式等多种形式。集成电路技术包括芯片设计与制造技术，主要体现在加工设备、加工工艺、封装测试、批量生产、设计创新等能力上。

（2）超大规模集成电路。从 Intel 386 芯片开始，每块芯片都包含了几十万个晶体管，如图 13–5 所示，制作工艺已经达到 0.13 μm 级的光刻精度，这只是 400 个原子的宽度。

图 13–5　超大规模集成电路（芯片）

（3）集成电路设计和制作

1）传统集成电路设计和制作。先由工程技术人员按照集成电路所要完成的功能设计并绘制电子线路图，然后把集成电路的电子线路图变成电子元器件及走线在芯片上的布局图，再将这些图样数字化，成为在制造芯片时要使用的“掩膜”图样，利用上述图样和“掩膜”等技术就可以在半导体材料（如硅晶片）上进行镀膜、光刻、酸洗、烧结等。这些步骤往往要反复多次进行才能得到所需要的产品。对集成电路的测试工作都由计算机测试系统自动进行，最后的工序是把合格芯片的引脚焊接出来后进行烧结封装。

2）使用硬件描述语言设计和制作集成电路。用硬件描述语言（HDL）设计集成电路时，主要的设计文件是用 HDL 编写的源程序，用以描述硬件电路的功能、信号连接关系及定时关系，编写出相应的逻辑表达式或真值表，这大大降低了硬件电路设计难度。这类文件具有便于保存、便于修改、阅读方便等优点。

语言设计一般采用自上而下的方法。设计者将自上而下分成三个层次对系统硬件进行设计。第一层次为行为描述，实质上是对整个系统的数学模型的描述；第二层次为寄存器传输方式描述，是对寄存器一级数据和控制信号传输情况的描述；第三层次为逻辑综合描述，是对最低层的逻辑电路行为的描述。在系统设计过程中，一般进行对应于设计方法的三级仿真，即行为层次仿真、寄存器传输层次仿真和逻辑门级层次仿真。最后，由生产线全自动地生产出所要求的芯片。

4. 可编程逻辑器件

可编程逻辑器件（PLD）是一类通用性很强的大规模集成电路，人们可以利用器件生产商所提供的编程语言（类似于计算机高级语言），按自己的需要输入、输出逻辑关系，写出相应的程序，通过专用的开发和调试设备进行程序调试和修改，调试完成后，把逻辑关系输入并固定到 PLD 芯片中，即烧结芯片，使其成为一块用户专用的集成电路芯片。

PLD 的主要特点是规模大、体积小、加密性好、可靠性高，有利于电子设计自动化。

5. 数字信号处理器

数字信号处理器（DSP）是一种具有特殊结构的微处理器。

DSP 芯片有各种各样的型号，专门用来处理复杂的图形、图像、视频和音频数字化信息。人们熟悉的 DVD（高密度数字视频光盘）设备、EVD（增强型多媒体盘片系统）设备、数码相机、数码摄像机等都要用到 DSP 芯片。DSP 系统以数字信号处理为基础，与其他以现代数字技术为基础的系统或设备相互兼容，采用的系统接口与模拟系统接口相比，在编程、调试、控制、升级等方面都要方便得多。

微电子技术的应用已渗透到现代社会的各个领域，成为衡量一个国家综合国力的重要标志。集成电路作为微电子技术的核心，其集成度也越来越高。

13.3.2 计算机工作原理

1. 计算机的基本组成

数学家冯·诺依曼提出的计算机结构一直沿用至今，这种结构的计算机由五大部分组成，即运算器、控制器、存储器、输入设备和输出设备。

（1）运算器。运算器完成各类运算功能。

（2）控制器。计算机的一切操作、所有部件之间的联系都受控制器的控制。微型计算机把运算器和控制器制作在同一个芯片里，这个芯片称为“中央处理单元”，又称“CPU”。

（3）存储器。存储器分主存和辅存。

1）主存。主存又称内存，由许多存储单元组成。每个存储单元有一个编码，称为“地址码”，便于计算机“寻址”，地址码由小到大顺序增加。存储单元里的二进制信息称为“内容”，它是由 0 和 1 排列组合而成的有序二进制数字串，被定义成程序或数据。计算机输入、输出的数据都先经过内存，计算的结果也先存放在内存中。

2）辅存。辅存又称外存，常用的有软盘存储器、硬盘存储器和光盘存储器。计算机无法直接读取外存信息，必须先将外存上的信息调入内存后方可使用。信息处理完毕后，必须及时将内存信息存放到外存中，因为关机后内存中的信息会丢失。与内存相比，外存的读写速度要慢得多。

（4）输入、输出设备。输入、输出设备是计算机和用户之间进行信息交换的装置。人们约定：人机交互信息时，以计算机为主体，计算机从外界获取信息称为“输入”，计算机向外界传送信息称为“输出”；在计算机内部，内存从外部设备获得信息称为“读”，内存向外部设备输出信息称为“写”；CPU 从内存获取信息称为“读”，CPU 向内存送出信息称为“写”。

2. 计算机总线

总线是计算机各种功能部件之间传送信息的公共通信干线，它是由导线组成的传输线束。按照计算机传输的信息种类，计算机总线可以分为数据总线、地址总线和控制总线，分别用来传输数据、数据地址和控制信号。总线也是一种内部结构，它是CPU、内存、输入设备、输出设备传递信息的公用通道。微型计算机是以总线结构来连接各个功能部件的，主机的各个功能部件通过总线相连接，外部设备通过相应的接口电路再与总线相连接，从而形成了计算机的硬件系统。

总线按功能和规范可分为五大类型。

（1）数据总线。数据总线用于CPU与RAM之间来回传送需要处理或储存的数据。

（2）地址总线。地址总线用于指定在RAM中储存数据的地址。

（3）控制总线。控制总线将微处理器控制单元的信号传送到周边设备。

（4）扩展总线。扩展总线可连接扩展槽和计算机。

（5）局部总线。局部总线可取代更高速数据传输的扩展总线。

3. 计算机外部设备

常用计算机外部设备大致可分为以下三类：人机交互设备，如打印机、显示器、绘图仪、语言合成器等；计算机信息存储设备，如磁盘、光盘、磁带等；计算机通信设备，如两台计算机之间可利用电话线、通过调制解调器进行通信。

外部设备对数据起着传输、转送和存储的作用，是计算机系统中的重要组成部分。下面对几种外部设备分别进行介绍。

（1）键盘。键盘属于计算机硬件的一部分，它是输入指令和操作计算机的主要设备之一，中文汉字、英文字母、数字符号及标点符号等就是通过键盘输入计算机的。

（2）鼠标。鼠标是计算机的基本控制输入设备，由于Windows系统具有的图形特性需要用鼠标指定并在屏幕上移动点击，因此鼠标比键盘更容易使用。

（3）显示器。显示器是一种输出设备，它通过15Pin D型接头接受R（红）、G（绿）、B（蓝）信号和场同步信号来达到显示的目的。显示器要兼容多种显示模式、行频的频带宽，如常见的SVGA（超级视频图形陈列）显示器的行频为31.5～38 kHz，而且显示器要根据不同显示自动调整行频、场频、显示画面的幅度和亮度等参数。

（4）打印机。打印机是把计算机里的文档和图片打印出来的输出设备，针式打印机、喷墨打印机和激光打印机最为常用。

13.3.3 计算机软件

计算机软件总体上分为系统软件和应用软件两大类。

1. 系统软件

系统软件负责管理计算机系统中各种独立的硬件，使其可以协调工作。

系统软件主要包括以下四类：

（1）服务性程序，如诊断程序、排错程序、练习程序等；

（2）语言程序，如汇编程序、编译程序、解释程序等；

（3）操作系统；

（4）数据库管理系统。

2. 应用软件

应用软件是为了某种特定的用途而被开发的软件。它可以是一个特定的程序，如一个图像浏览器；也可以是一组功能联系紧密、互相协作的程序集合，如微软的 Office 软件。

较常见的应用软件有：

（1）文字处理软件，如 WPS、Word 等；

（2）信息管理软件；

（3）辅助设计软件，如 AutoCAD 等；

（4）实时控制软件，如电子教室等。

13.3.4 计算机的分类

计算机及其相关技术的迅速发展带动计算机类型不断分化，形成了各种不同种类的计算机。计算机按结构原理可分为模拟计算机、数字计算机和混合式计算机；按用途可分为专用计算机和通用计算机；按运算速度、字长、存储容量等综合性能指标，可分为巨型计算机、大型计算机、中型计算机、小型计算机、微型计算机。

1. 高性能计算机

高性能计算机也称超级计算机、巨型计算机。目前国际上对高性能计算机最为权威的测评是"全球超级计算机 500 强"，通过测评的超级计算机是目前世界上运算速度和处理能力堪称一流的计算机。

2. 微型计算机

大规模集成电路及超大规模集成电路的发展是微型计算机得以产生的前提。通过集成电路技术可将计算机的核心部件——运算器和控制器集成在一块大规模或超大规模集成电路芯片上，这块芯片称为 CPU。CPU 是微型计算机的核心部件，是微型计算机的心脏。目前，微型计算机已广泛应用于办公、学习、娱乐等，是发展最快、应用最广泛的计算机。人们日常使用的台式计算机、笔记本式计算机、掌上型计算机等都是微型计算机，如图 13–6 所示。

图 13–6　微型计算机

3. 工作站

工作站是一种高档的微型计算机，通常

配有高分辨率的大屏幕显示器、容量很大的内存储器和外存储器，主要面向专业应用领域，具备强大的数据运算与图形、图像处理能力，如图 13–7 所示。工作站主要是为满足工程设计、动画制作、科学研究、软件开发、金融管理、信息服务、模拟仿真等专业领域需求而设计开发的高性能微型计算机。

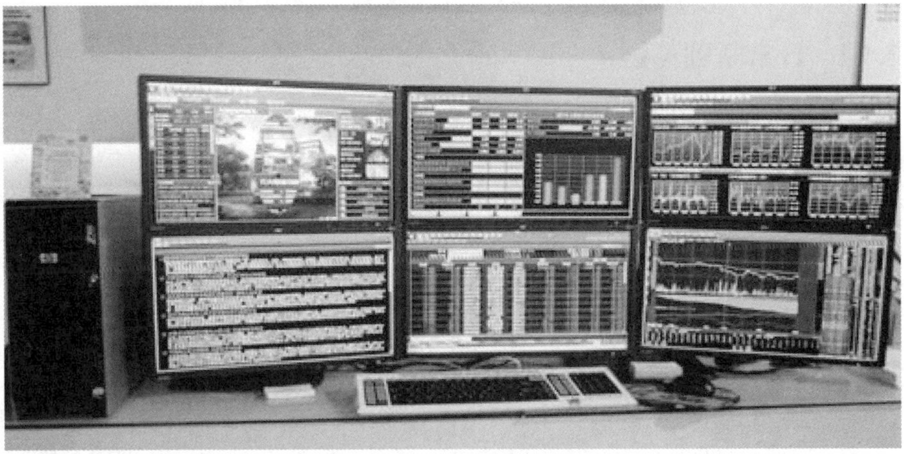

图 13–7　工作站

需要指出的是，这里所说的工作站概念不同于计算机网络系统中的工作站概念，计算机网络系统中的工作站指的是网络中的任何一台普通微型计算机或终端，是网络中的任一用户节点。

4. 嵌入式计算机

嵌入式计算机（见图 13–8）是指嵌入对象体系中，实现对象体系智能化控制的专用计算机。嵌入式计算机是以应用为中心，以计算机技术为基础，适用于应用系统对功能、可靠性、成本、体积、功耗等有严格要求的专用计算机系统。它一般由嵌入式微处理器、外围硬件设备、嵌入式操作系统及用户的应用程序四个部分组成，用于实现对其他设备的控制、监视、管理等功能。日常生活中使用的

图 13–8　嵌入式计算机

电冰箱、全自动洗衣机、空调、电饭煲、数码产品等都采用了嵌入式计算机技术。

13.4 技师英语

13.4.1 日常基础英语

1. Introduction（介绍）

（1）Words and Phrases（词汇和短语）

introduce *vt.* 介绍，引进，提出，采用

introduce myself 自我介绍

introduce others 介绍他人

name *n.* 名称，名字，姓名

welcome *n.* & *v.* 欢迎

See you later. 再见。

How are you? 你好吗?

May I... 请允许我……可以吗?

Nice to see you. / Nice to meet you. 很高兴认识你。

（2）Dialog（对话）

1）Dialog 1

A：I'd like to introduce my friend to you. This is Linda.

我想介绍我的朋友给你认识。这是琳达。

B：Nice to meet you, Linda. I'm Mike.

很高兴认识你，琳达。我叫迈克。

C：Nice to meet you, too. How are you today?

我也很高兴认识你。今天过得好吗?

B：I'm fine, thank you. See you later.

很好，谢谢。回头见。

C：See you.

再见。

2）Dialog 2

A：May I know your name，please?

请问你叫什么名字?

B：I'm Jack.

我叫杰克。

A：I'm Leo.

我叫利奥。

B：Nice to meet you.

很高兴认识你。

A：Nice to meet you, too.

我也很高兴认识你。

2. Help（帮助）

（1）Words and Phrases（词汇和短语）

pass *v.* 通过，经过

trouble *n.* 麻烦，烦恼，故障

could you... 可否……

Sure. / Of course. / Certainly. 当然可以。

Give you a hand. 给你帮忙。

Here you are. 给你。

Can you help me? / Can you do me a favor? 可以帮我一下吗?

Can I help you? / Do you need any help? 我能帮你吗? / 你需要帮助吗?

（2）Dialog（对话）

1）Dialog 1

A：Can you help me?

可以帮我一下吗?

B：Sure!

当然可以!

A：Could you pass me that box?

你能把那个箱子递给我吗?

B：Here you are.

给你。

2）Dialog 2

A：I have a little trouble.

我有一些小麻烦。

B：Let me give you a hand.

让我来帮你。

3. Gratitude and Apologies（感谢和道歉）

（1）Words and Phrases（词汇和短语）

Thank you. / Thanks. / Thanks a lot. / Thank you very much. 感谢。

You are welcome. / Not at all. / It's my pleasure. 不客气。

Excuse me. / Sorry. / Pardon me. 对不起。

That's all right. / Never mind. / Forget it. / It doesn't matter. 没关系。

（2）Dialog（对话）

1）Dialog 1

A：Thank you for your help.

感谢你的帮助。

B：You are welcome.

不客气。

2）Dialog 2

A：Thank you very much.

非常感谢你。

B：It's my pleasure.

不客气。

3）Dialog 3

A：I'm so sorry, I'm late.

我很抱歉，我迟到了。

B：Never mind.

没关系。

4）Dialog 4

A：Sorry, it's all my fault.

对不起，这都是我的错。

B：It doesn't matter.

没关系。

4. Time（时间）

所有的时间都可以用“小时 + 分钟”直接读写。

例如：6：10　six ten

8：30　eight thirty

2：40　two forty

如果所表述的时间的“分钟”部分在半小时以内，可以用“分钟 + past + 小时”来表达。

例如：6：10　ten past six

4：20　twenty past four

10：25　twenty-five past ten

如果所表述的时间的“分钟”部分在半小时以上，可以用“（相差的）分钟 + to +（下一）小时”来表达。

例如：10：35　twenty-five to eleven

5：50　ten to six

9：49　eleven to ten

如果所表述的时间的“分钟”部分恰好为半小时，可以用“half + past + 小时”来表达。

例如：11：30　half past eleven

2：30　half past two

如果所表述的时间的“分钟”部分和 15 有关，可以用“quarter”来表达。

例如：9：15　a quarter past nine

3：45　a quarter to four

英语中的 noon 和 midnight 可分别直接表示白天和夜晚的 12 点。

例如：It's noon. 现在是中午 12 点。

It's midnight. 现在是凌晨零点。

英语中可以用 a.m. 和 p.m. 来表示上午和下午。

例如：It's thirteen past six a.m. 现在是上午 6 点 13 分。

It's four o'clock p.m. 现在是下午 4 点。

5. Days and Dates（星期和日期）

（1）Words（词汇）

1）星期的表达

Monday　星期一

Tuesday　星期二

Wednesday　星期三

Thursday　星期四

Friday　星期五

Saturday　星期六

Sunday　星期日

2）日期的表达

①月份的表达

January　一月

February　二月

March　三月

April　四月

May　五月

June　六月

July　七月

August　八月

September　九月

October　十月

November　十一月

December　十二月

②日期的表达顺序。年 / 月 / 日翻译为英语时顺序是月 / 日 / 年，并且要用逗号分隔日和年。

例如：2002 年 1 月 17 日应翻译为 January 17，2002。

（2）Dialog（对话）

A：What time is it now?

现在几点?

B：It’s ten o’clock.

现在 10 点。

A：What day is today?

今天是星期几？

B：It's Wednesday.

今天是星期三。

A：What's the date today?

今天是几号？

B：It's July 15th.

今天是 7 月 15 号。

13.4.2 客运服务英语

1. Words and Phrases（词汇和短语）

delay *v.* 延期；耽搁

driver *n.* 驾驶员

dispatcher *n.* 调度员

crew *n.* 乘务人员（多指船员或者飞机乘务人员）

arrive *vi.* 到达

service *n.* 服务

service center 服务中心

computer *n.* 计算机

destination *n.* 目的地

clear *vt.* 清除，清空

cancel *v.* 取消，撤销

gate *n.* 闸机；门

change *n.* 零钱

station master 站长

emergency exit 紧急出口

Automatic Vending Machine（AVM） 自动售票机

security check 安检

mind the gap 小心台阶间跨度

2. Useful Expressions（常用表达）

（1）Sorry sir, the train was delayed. Please wait a moment.

对不起先生，这班地铁延误了。请稍等片刻。

（2）Please wait in the waiting area.

请在候车区内候车。

（3）Please stand in line, let passengers get off first.

请排队上车，先下后上。

（4）No smoking, please.

请不要吸烟。

（5）Please line up.

请按顺序排队。

（6）Get through the gate one by one, please.

请依次通过闸机。

（7）How can I change to Line 2, please?

请问在哪里换乘 2 号线？

（8）I want to go to the EXPO, which line should I take?

我想去世博会，该乘地铁几号线？

（9）You can take Line × ×, and then get off at × × × Station.

您可以乘坐 × × 号线，到 × × × 站下车。

13.4.3 维护保障专业英语

1. Words and Phrases（词汇和短语）

machine　*n.* 机器，机械

cab　*n.* 驾驶室

re–railing　*n.* 复轨

control　*vt.* 控制

fan　*n.* 风机，风扇

fault　*n.* 故障，缺点

check　*v.* 检查，核查

a six–car train　一列 6 节编组的列车

pantograph　*n.* 受电弓

emergency braking　紧急制动

spring　*n.* 弹簧

third rail　第三轨

earthing protection　接地保护

overhead line system　接触网

load　*n.* 负荷，负载

rolling stock　机车车辆

Global Position System（GPS）　全球定位系统

Automatic Train Control（ATC）　列车自动控制

Automatic Train Supervision（ATS）　列车自动监控

Automatic Train Protection（ATP）　列车自动防护

Automatic Train Operation（ATO）　列车自动运行

Fire Alarm System（FAS）　火灾报警系统

Platform Screen Door（PSD）　站台门

No Fire　严禁烟火

exit　*n.* 出口

No Entry　禁止入内

No Smoking　禁止吸烟

2. Reading（阅读）

Electricity

Of all the forms of energy, electricity is the most useful. Electricity gives us light and heat. It also gives us power to run machines. Electricity makes radio communication possible.

Where does electricity come from? It comes from thermal power stations. It also comes from water power stations and nuclear power stations.

Electricity is convenient to use. With a switch, we can turn electricity on or off easily. When the switch is on, the circuit is open and electricity goes through. When the switch is off, the circuit is closed and electricity doesn't go through.

With the development of our socialist construction, we will need more and more electric power. We will build more stations to meet the needs of the four modernizations of our country.

操作技能考核模拟试卷

注 意 事 项

1. 考生根据操作技能考核通知单中所列的试题做好考核准备。

2. 请考生仔细阅读试题单中的具体考核内容和要求，并按要求完成操作或进行笔答或口答，若有笔答，请考生在答题卷上完成。

3. 操作技能考核时要遵守考场纪律，服从考场管理人员指挥，以保证考核安全顺利进行。

注：操作技能鉴定试题评分表是考评员对考生考核过程及考核结果的评分记录表，也是评分依据。

智能楼宇管理师（城轨车站）（二级）操作技能考核通知单

姓名：

准考证号：

考核日期：

试题 1

试题代码：1.1.1。

试题名称：消防水管更换施工。

考核时间：45 min。

配分：50 分。

试题 2

试题代码：1.2.1。

试题名称：站台门安装及施工。

考核时间：45 min。

配分：50 分。

试题 3
试题代码：2.1.1。
试题名称：轨道交通 PLC 人机界面应用（水泵启动）。
考核时间：45 min。
配分：50 分。

试题 4
试题代码：2.2.1。
试题名称：三相全控桥式整流阻性电路（电阻负载 $\alpha=15°$）。
考核时间：45 min。
配分：50 分。

试题 5
试题代码：3.1.1。
试题名称：车站大系统火灾工况联动试验。
考核时间：45 min。
配分：50 分。

试题 6
试题代码：3.2.1。
试题名称：站台门系统验证与评估（验收范围）。
考核时间：45 min。
配分：50 分。

智能楼宇管理师（城轨车站）（二级）操作技能鉴定试题单

试题代码：1.1.1。

试题名称：消防水管更换施工。

考核时间：45 min。

1. 场地设备及工具要求

（1）车站消防系统。

（2）车站消防系统图。

2. 工作任务

（1）制订消防水管更换施工方案。

（2）正确更换水管。

3. 技能要求

（1）能够制订施工方案。

（2）能够根据施工方案正确进行消防水管停水。

（3）能够更换消防水管配件。

（4）能够恢复消防供水。

4. 质量指标

（1）正确制订施工方案。

（2）正确进行消防水管停水。

（3）在规定时间内正确更换消防水管配件。

（4）正确恢复消防供水。

（5）考核过程中没有出现违规操作。

智能楼宇管理师（城轨车站）（二级）操作技能鉴定试题评分表

考生姓名：　　　　　　　　　　　　　　准考证号：

试题代码：1.1.1。

试题名称：消防水管更换施工。

考核时间：45 min。

序号	配分（分）	评分细则描述	得分（分）
1	5	**正确写出施工前的现场排摸注意事项**	
		正确写出注意事项①得 2 分，正确写出注意事项②得 2 分，正确写出注意事项③得 1 分	
2	5	**正确写出施工前的准备工作**	
		正确写出准备工作①得 2 分，正确写出准备工作②得 1 分，正确写出准备工作③得 2 分	
3	5	**正确写出施工过程中的相关事项**	
		正确写出相关事项①得 1 分，正确写出相关事项②得 2 分，正确写出相关事项③得 2 分	
4	5	**正确写出施工的结束工作**	
		正确写出结束工作①得 2 分，正确写出结束工作②得 3 分	
5	5	**正确找出阀门并关闭**	
		正确找出阀门得 3 分，正确关闭阀门得 2 分	
6	15	**在规定时间内正确更换消防水管配件**	
		在 10 min 内按步骤正确更换消防水管配件得 15 分，在 15 min 内按步骤正确更换消防水管配件得 10 分，在 20 min 内按步骤正确更换消防水管配件得 5 分，超过 20 min 或者没有按步骤正确更换消防水管配件不得分	
7	5	**正确判断阀门安装已完成，正确安装阀门并开启**	
		正确判断阀门安装已完成得 1 分，正确找出阀门位置得 2 分，正确开启阀门得 2 分	

续表

序号	配分（分）	评分细则描述	得分（分）
8	5	**考核过程中没有出现违规操作**	
		考核过程中出现违规操作不得分	
合计			

智能楼宇管理师（城轨车站）（二级）操作技能鉴定试题单

试题代码：1.2.1。

试题名称：站台门安装及施工。

考核时间：45 min。

1. 场地设备及工具要求

（1）车站站台门系统。

（2）活动扳手。

（3）十字旋具。

（4）一字旋具。

（5）尖嘴钳。

（6）电笔。

（7）万用表。

2. 工作任务

（1）制定站台门安装工艺。

（2）根据安装工艺正确安装站台门 PSL 配件。

3. 技能要求

（1）能够制定站台门安装工艺。

（2）能够根据安装工艺正确断开站台门系统与 PSL 的信号。

（3）能够更换站台门 PSL 配件。

（4）能够恢复站台门系统与 PSL 的信号。

4. 质量指标

（1）正确制定安装工艺。

（2）断开站台门系统与 PSL 的信号。

（3）在规定时间内更换站台门 PSL 配件。

（4）正确恢复站台门系统与 PSL 的信号。

（5）考核过程中没有出现违规操作。

智能楼宇管理师（城轨车站）（二级）操作技能鉴定试题评分表

考生姓名：　　　　　　　　　　　准考证号：

试题代码：1.2.1。

试题名称：站台门安装及施工。

考核时间：45 min。

序号	配分（分）	评分细则描述	得分（分）
1	6	**正确写出站台门限界、标高要求**	
		正确写出限界得 2 分，正确写出门体距轨道中心线距离得 2 分，正确写出标高得 2 分	
2	7	**正确写出进场前施工条件**	
		正确写出施工条件①得 2 分，正确写出施工条件②得 1 分，正确写出施工条件③得 2 分，正确写出施工条件④得 2 分	
3	7	**正确写出站台门系统安装后的验收项目**	
		正确写出验收项目①得 2 分，正确写出验收项目②得 1 分，正确写出验收项目③得 2 分，正确写出验收项目④得 2 分	
4	5	**正确找到站台门系统与 PSL 的信号接线并拆下**	
		正确找到站台门系统与 PSL 的信号接线得 2 分，按步骤正确拆下信号接线得 3 分	
5	15	**在规定时间内正确更换站台门 PSL 配件**	
		在 10 min 内按步骤正确更换站台门 PSL 配件得 15 分，在 15 min 内按步骤正确更换站台门 PSL 配件得 10 分，在 20 min 内按步骤正确更换站台门 PSL 配件得 5 分，超过 20 min 或者没有按步骤正确更换站台门 PSL 配件不得分	
6	5	**正确判断 PSL 配件安装正确，正确连接信号线**	
		正确判断 PSL 配件安装正确得 2 分，正确连接站台门系统与 PSL 的信号线得 3 分	

续表

序号	配分（分）	评分细则描述	得分（分）
7	5	**考核过程中没有出现违规操作**	
		考核过程中出现违规操作不得分	
合计			

智能楼宇管理师（城轨车站）（二级）操作技能鉴定试题单

试题代码：2.1.1。

试题名称：轨道交通 PLC 人机界面应用（水泵启动）。

考核时间：45 min。

1. 场地设备及工具要求

（1）装有 FX2N-MR，带有模拟输入开关（按钮）和输出指示灯，并装有人机界面触摸屏的考核箱。

（2）装有三菱编程软件（SWOPC-FXGP/WIN-C）的计算机。

2. 工作任务

（1）设 Y0、Y1、Y2、Y3、Y4、Y5 为一号泵至六号泵的启泵信号，按下单号运行开关（按钮）后，一号泵、三号泵、五号泵轮流运行，每个泵运行 15 s；按下双号运行开关（按钮）后，二号泵、四号泵、六号泵轮流运行，每个泵运行 20 s；按下全部停止开关（按钮）后，所有泵停止运行（蓝色为开启状态，红色为关闭状态）。

（2）将 PLC 系统与 HMI 系统连接，HMI 系统的设计要求是所有的操作开关、按钮及输出信号均在人机界面触摸屏上显示。

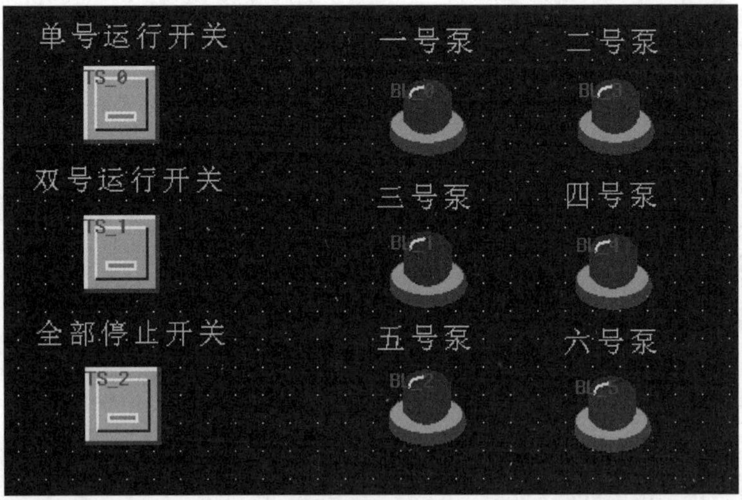

3. 技能要求

（1）能够配置输入 / 输出端口。

（2）能够画出流程图。

（3）能够编制语句表或梯形图。

（4）能够使用软件输入指令。

（5）能够调试设备。

4. 质量指标

（1）输入 / 输出端口配置符合调试要求。

（2）流程图符合设备动作顺序。

（3）语句表或梯形图与流程图一致。

（4）在计算机中找到正确软件并打开。

（5）在软件中输入编制的语句表或梯形图。

（6）按照考核要求调试设备。

智能楼宇管理师（城轨车站）（二级）操作技能鉴定试题评分表

考生姓名：　　　　　　　　　　　　准考证号：

试题代码：2.1.1。

试题名称：轨道交通 PLC 人机界面应用（水泵启动）。

考核时间：45 min。

序号	配分（分）	评分细则描述	得分（分）
1	10	**正确配置输入 / 输出端口**	
		正确配置输入端口得 5 分，正确配置输出端口得 5 分	
2	10	**正确画出流程图**	
		正确画出单号泵运行流程得 4 分，正确画出双号泵运行流程得 4 分，正确画出停泵流程得 2 分	
3	10	**正确编制语句表或梯形图**	
		正确编制单号泵运行的语句表或梯形图得 4 分，正确编制双号泵运行的语句表或梯形图得 4 分，正确编制停泵的语句表或梯形图得 2 分	
4	10	**正确使用编程软件输入指令**	
		正确打开编程软件并新建程序得 2 分，按语句表或梯形图正确输入指令得 7 分，正确上传指令至 PLC 得 1 分	
5	5	**在编程软件中正确画出图形**	
		在编程软件中正确画出图形得 3 分，在编程软件中正确配置输入 / 输出端口得 1 分，正确连接 PLC 系统与 HMI 系统得 1 分	
6	5	**在规定时间内正确调试设备**	
		在 5 min 内按要求正确调试设备得 5 分，在 10 min 内按要求正确调试设备得 3 分，在 15 min 内按要求正确调试设备得 2 分，超过 15 min 或者没有按要求正确调试设备不得分	
合计			

智能楼宇管理师（城轨车站）（二级）操作技能鉴定试题单

试题代码：2.2.1。

试题名称：三相全控桥式整流阻性电路（电阻负载 α=15°）。

考核时间：45 min。

1. 场地设备及工具要求

（1）有三相交流电源的电力电子实训台。

（2）双踪示波器。

（3）电阻–电感负载箱。

（4）万用表。

2. 工作任务

（1）在下图中，根据已知整流变压器 TR 和同步变压器 TS 的连接组别号，画出其接线图，标明相序，并画全三相全控桥式整流电路带电阻性负载（白炽灯）的系统接线图，然后在电力电子实训台上完成其接线。

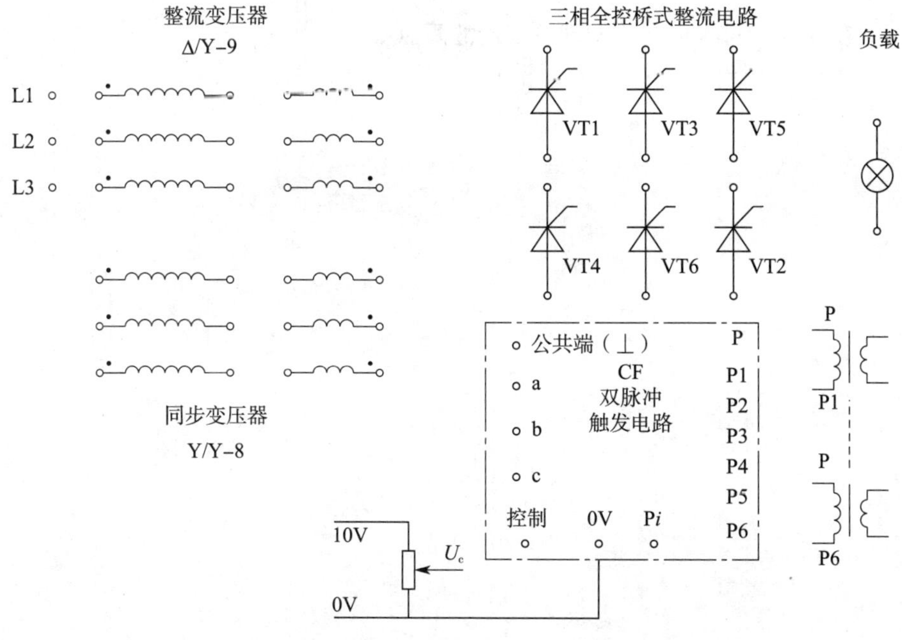

（2）测定交流电源的相序，正确选择“单脉冲”或“双脉冲”，在触发电路正常后，适当调整同步电压相位调整电位器和总偏移电位器，使输入控制电压 U_c=0 时，初始脉冲对应在 α=120° 处，输出 u_d=0。用双踪示波器观察并记录同步电压 u_{sb} 及锯齿波电压 U_c 的波形。

（3）调节 U_c 电位器，用双踪示波器观察 α 从 120° → 0° 变化时 u_d 的波形，要求输出电压 6 个波头均匀平整，不缺相，并向考评员演示。同时，记录 α=15° 时的输出电压 u_d 和晶闸管 VT3 两端 u_{VT3} 的波形及触发脉冲 u_{P4} 的波形。

（4）根据故障现象，分析故障原因并排除故障，使系统能正常运行。

3. 技能要求

（1）根据给定的设备和仪器仪表，在规定时间内完成接线、调试、测量工作，达到考试规定的要求。调试过程中，一般故障自行解决。在规定时间内完成，不得延时。

（2）绘制 u_d、u_{P4}、u_{VT3}、u_{sb}、U_c 波形。

（3）排除故障。

4. 质量指标

（1）正确画出接线图。

（2）记录同步电压 u_{sb} 及锯齿波电压 U_c 的波形。

（3）正确记录 α=15° 时的输出电压 u_d 和晶闸管 VT3 两端 u_{VT3} 的波形及触发脉冲 u_{p4} 的波形。

（4）在规定时间内根据故障现象找出故障点。

智能楼宇管理师（城轨车站）（二级）操作技能鉴定试题评分表

考生姓名：　　　　　　　　　　　准考证号：

试题代码：2.2.1。

试题名称：三相全控桥式整流阻性电路（电阻负载 α=15°）。

考核时间：45 min。

序号	配分（分）	评分细则描述	得分（分）
1	20	**在规定时间内正确画出接线图**	
		在 10 min 内正确画出接线图得 20 分，在 15 min 内正确画出接线图得 15 分，在 20 min 内正确画出接线图得 10 分，超过 20 min 或者没有正确画出接线图不得分	
2	20	**正确画出 α=15° 时，u_d、u_{P4}、u_{VT3}、u_{sb}、U_c 波形**	
		正确画出 u_d 波形得 4 分，正确画出 u_{P4} 波形得 4 分，正确画出 u_{VT3} 波形得 4 分，正确画出 u_{sb} 波形得 4 分，正确画出 U_c 波形得 4 分	
3	10	**在规定时间内根据故障现象找出故障点**	
		在 5 min 内找出故障点得 10 分，在 10 min 内找出故障点得 5 分，在 20 min 内找出故障点得 3 分，超过 20 min 或者没有找出故障点不得分	
合计			

智能楼宇管理师（城轨车站）（二级）操作技能鉴定试题单

试题代码：3.1.1。

试题名称：车站大系统火灾工况联动试验。

考核时间：45 min。

1. 场地设备及工具要求

（1）车站 FAS。

（2）车站 EMCS。

2. 工作任务

（1）画出车站大系统图。

（2）进行车站大系统火灾工况联动试验。

3. 技能要求

（1）能够画出车站大系统图。

（2）在 EMCS 中正确进行车站大系统火灾工况联动试验。

（3）在环控电控室中正确进行车站大系统火灾工况联动试验。

（4）在现场正确进行车站大系统火灾工况联动试验。

4. 质量指标

（1）车站大系统图符合联动条件。

（2）在 EMCS 中找到进行车站大系统火灾工况联动试验所对应的设备，并根据工况要求按照顺序正确开启设备。

（3）在环控电控室中找到进行车站大系统火灾工况联动试验所对应的设备，并根据工况要求按照顺序正确开启设备。

（4）在现场找到进行车站大系统火灾工况联动试验所对应的设备，并根据工况要求按照顺序正确开启设备。

（5）考核过程中没有出现违规操作。

智能楼宇管理师（城轨车站）（二级）操作技能鉴定试题评分表

考生姓名：　　　　　　　　　　　　　准考证号：

试题代码：3.1.1。

试题名称：车站大系统火灾工况联动试验。

考核时间：45 min。

试题代码及名称		3.1.1　车站大系统火灾工况联动试验			考试时间					45 min
序号	评价要素	配分（分）	等级	评分细则	评定等级					得分（分）
					A	B	C	D	E	
1	画出车站大系统图	20	A	正确						
			B	错 1 项						
			C	错 2 项						
			D	错 2 项以上						
			E	未答题						
2	在 EMCS 中正确进行车站大系统火灾工况联动试验	10	A	正确						
			B	错 1 项						
			C	错 2 项						
			D	错 2 项以上						
			E	未答题						
3	在环控电控室中正确进行车站大系统火灾工况联动试验	10	A	正确						
			B	错 1 项						
			C	错 2 项						
			D	错 2 项以上						
			E	未答题						

续表

<table>
<tr><td colspan="2">试题代码及名称</td><td colspan="3">3.1.1　车站大系统火灾工况联动试验</td><td colspan="5">考试时间</td><td>45 min</td></tr>
<tr><td rowspan="2">序号</td><td rowspan="2">评价要素</td><td rowspan="2">配分（分）</td><td rowspan="2">等级</td><td rowspan="2">评分细则</td><td colspan="5">评定等级</td><td rowspan="2">得分（分）</td></tr>
<tr><td>A</td><td>B</td><td>C</td><td>D</td><td>E</td></tr>
<tr><td rowspan="5">4</td><td rowspan="5">在现场正确进行车站大系统火灾工况联动试验</td><td rowspan="5">10</td><td>A</td><td>正确</td><td rowspan="5"></td><td rowspan="5"></td><td rowspan="5"></td><td rowspan="5"></td><td rowspan="5"></td><td rowspan="5"></td></tr>
<tr><td>B</td><td>错 1 项</td></tr>
<tr><td>C</td><td>错 2 项</td></tr>
<tr><td>D</td><td>错 2 项以上</td></tr>
<tr><td>E</td><td>未答题</td></tr>
<tr><td colspan="2">合计配分</td><td>50</td><td colspan="7">合计得分</td><td></td></tr>
</table>

考评员（签名）：

等级	A（优）	B（良）	C（尚可）	D（差）	E（未答题）
比值	1.0	0.8	0.6	0.2	0

“评价要素”得分 = 配分 × 等级比值。

智能楼宇管理师（城轨车站）（二级）操作技能鉴定试题单

试题代码：3.2.1。

试题名称：站台门系统验证与评估（验收范围）。

考核时间：45 min。

1. 背景资料

为不影响城市轨道交通正常运行，在站台门系统安装前后应做好各项调试及测试。要保证设备达到安全状态，就要通过大量的测试来验证。安装站台门前要严格执行相应测试方案，如开 / 关门力测试、冲击力测试、寿命试验、障碍物探测等。在站台门系统安装过程中及安装完毕后，应严格对相应项目进行调试、测试（包括试运行测试、门体安装阶段测试、绝缘测试及接口测试）。只有测试结果达到规定的要求，才可投入运行。

2. 技能要求

（1）验收范围与操作条件相符合，没有遗漏与缺项。

（2）验收工具选择满足验收要求，符合验收规范。

（3）结合操作条件中提供的设备，与验收项目一一对应地编写验收标准。

智能楼宇管理师（城轨车站）（二级）操作技能鉴定试题评分表

考生姓名：　　　　　　　　　　　　准考证号：

试题代码：3.2.1。

试题名称：站台门系统验证与评估（验收范围）。

考核时间：45 min。

评价要素	配分（分）	得分（分）
验收范围确定	15	
验收工具选择	15	
验收标准编写	20	
合计	50	

考评员（签名）：

续表

缩写词	英文解释	中文解释
PA	Public Address	公共广播
PD	Protective Door	防护门
PIS	Passenger Information System	乘客信息系统
PLC	Programmable Logic Controller	可编程逻辑控制器
PSD	Platform Screen Door	站台门
SCADA	Supervisory Control And Data Acquisition	数据采集与监视控制
SIC	Station Integrated Control	车站集成控制
SIOP	Station Integrated Operation Platform	车站集成操作平台
SIOS	Station Integrated Operation System	车站一体化操作系统
TCP/IP	Transmission Control Protocol/Internet Protocol	传输控制协议 / 网际协议
UPS	Uninterrupted Power Supply	不间断电源

附录 1　缩写词解释

缩写词	英文解释	中文解释
ACS	Access Control System	门禁系统
AFC	Automatic Fare Collection	自动售检票
ATS	Automatic Train Supervision	自动列车监控
C/S	Client/Server	客户机 / 服务器
CCTV	Closed Circuit Television	闭路电视
CLK	Clock	时钟
CPU	Central Processing Unit	中央处理单元
DI/DO	Digital Input/Digital Output	数字输入 / 数字输出
EMCS	Electric and Mechanic Control System	机电设备监控系统
FAS	Fire Alarm System	火灾报警系统
FEP	Front End Processor	前端处理器
HMI	Human Machine Interface	人机界面
I/O	Input/Output	输入 / 输出
IBP	Integrated Backup Panel	综合后备盘
IIU	Integrated Interface Unit	集成接口单元
ILS	Intelligent Lighting System	智能照明系统
ISCS	Integrated Supervision and Control System	综合监控系统
KVM	Keyboard Video Mouse	多操作终端切换器
MBN	Main Backbone Network	主骨干网
MSS	Maintenance Support System	维护支持系统
MTBF	Mean Time Between Failure	平均故障间隔时间
MTTR	Mean Time To Repair	平均修复时间
OA	Office Automation	办公自动化
OCC	Operating Control Center	控制中心

《电气装置安装工程　接地装置施工及验收规范》（GB 50169—2016）

《电气装置安装工程　盘、柜及二次回路接线施工及验收规范》（GB 50171—2012）

《基于 Modbus 协议的工业自动化网络规范》（GB/T 19582）

《远动设备及系统　第 5-101 部分：传输规约　基本远动任务配套标准》（DL/T 634.5101—2002）

《远动设备及系统　第 5-104 部分：传输规约　采用标准传输协议集的 IEC 60870-5-101 网络访问》（DL/T 634.5104—2009）

（设施设备所涉及的产品标准、工程标准、验收标准等必须完全符合相关标准，出现两个标准不一致时，按高标准执行，且所有标准采用最新标准。）

附录 2　SIOP 遵循的技术标准

《地铁设计规范》（GB 50157—2013）
《城市轨道交通设计规范》（DG/TJ 08—109—2017）
《城市轨道交通综合监控系统工程技术标准》（GB/T 50636—2018）
《上海城市轨道交通工程技术标准（试行）》（STB/ZH—000001—2010）
《上海城市轨道交通服务中心建设指导意见》（STB-CZ-010001-2010）
《上海城市轨道交通车站控制室一体化操作建设指导意见》（STB-KZ-010003-2011）
《供配电系统设计规范》（GB 50052—2009）
《智能建筑设计标准》（GB 50314—2015）
《智能建筑工程质量验收规范》（GB 50339—2013）
《建筑电气工程施工质量验收规范》（GB 50303—2015）
《民用建筑电气设计规范》（JGJ16—2008）
《数据中心设计规范》（GB 50174—2017）
《建筑物防雷设计规范》（GB 50057—2010）
《火灾自动报警系统施工及验收标准》（GB 50166—2019）
《火灾自动报警系统设计规范》（GB 50116—2013）
《火灾报警控制器》（GB 4717—2005）
《消防联动控制系统》（GB 16806—2006）
《民用建筑供暖通风与空气调节设计规范》（GB 50736—2012）
《可编程序控制器》（GB/T 15969）
《地区电网调度自动化系统》（GB/T 13730—2002）
《远动终端设备》（GB/T 13729—2019）
《计算机软件文档编制规范》（GB/T 8567—2006）
《计算机软件需求规格说明规范》（GB/T 9385—2008）
《计算机软件测试文档编制规范》（GB/T 9386—2008）
《计算机软件测试规范》（GB/T 15532—2008）
《暖通空调制图标准》（GB/T 50114—2010）
《电磁兼容　试验和测量技术》（GB/T 17626）